普通高等学校"十四五"规划电子信息类特色教材
普通高等教育通信工程专业精品教材

移动通信基础

■ 主 编／高 翟 王德胜 张荣斌
■ 副主编／陈 朝 林宏志 周群群
　　　　　王 巍 李杏梅 吴让仲

U0279012

华中科技大学出版社
http://press.hust.edu.cn
中国·武汉

内 容 简 介

本书对移动通信的原理及系统作了较为细致的介绍。全书分为上、下两篇,上篇以讲述基本原理为主,包括绪论、信号的传播、噪声与干扰、抗衰落技术、组网原理,涉及通信电磁波的传播特性、噪声和干扰的类别及分析、检错与纠错编码、网络覆盖与性能评估指标等方面。下篇以描述实际系统为主,包括前三代移动通信系统、LTE系统、第五代移动通信、第六代移动通信、短距离移动通信,内容以系统的发展与演进为思路,涉及从第一代模拟移动通信系统到第六代移动通信系统,并选择性地介绍了短距离移动通信。

本书在编写过程中,力求做到内容条理清晰,叙述深入浅出,以便于教学和自学。每章开篇有引言,结尾有本章小结和复习题,便于预习和复习。文中穿插了一定数量的阅读材料和选学课文,供课外加深对正文内容的理解或扩大知识面之用,也可根据教学时长选择一部分选学课文在课内讲解,由教师灵活掌握。

本书可作为高等院校通信工程或相关专业的移动通信课程教材,也可作为从事通信专业的技术人员、管理人员及通信爱好者的自学参考书。

图书在版编目(CIP)数据

移动通信基础 / 高翟,王德胜,张荣斌主编. -- 武汉 : 华中科技大学出版社,2024.9. -- ISBN 978
-7-5772-1115-2

Ⅰ. TN929.5

中国国家版本馆 CIP 数据核字第 2024T3E497 号

移动通信基础
Yidong Tongxin Jichu

高　翟　王德胜　张荣斌　主编

策划编辑:王汉江
责任编辑:王汉江
封面设计:原色设计
责任监印:周治超
出版发行:华中科技大学出版社(中国·武汉)　　电话:(027)81321913
　　　　　武汉市东湖新技术开发区华工科技园　　邮编:430223
录　　排:武汉市洪山区佳年华文印部
印　　刷:武汉科源印刷设计有限公司
开　　本:787mm×1092mm　1/16
印　　张:16.25　插页:4
字　　数:398千字
版　　次:2024年9月第1版第1次印刷
定　　价:49.80元

插图一　烽火台(陕西临潼)

插图二　詹姆斯·克拉克·麦克斯韦
(1831—1879)

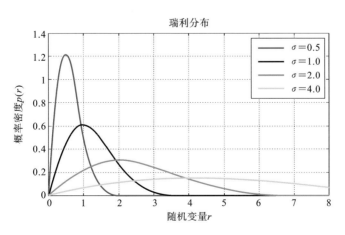

插图三　瑞利分布的概率密度

插图四　克劳德·艾尔伍德·香农(1916—2001)

插图五　马丁·劳伦斯·库帕和他的第一部手机

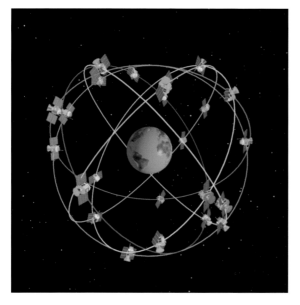

插图六　北斗卫星导航系统

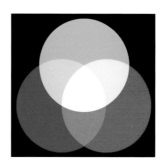

插图七　可见光通信三基色

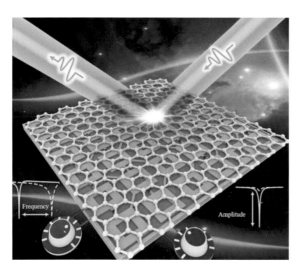

插图八　超表面天线

插图九　蓝牙耳机

插图十　蓝牙笔

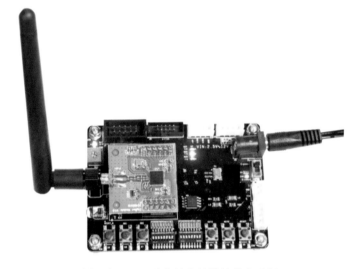

插图十一　一种紫蜂传输模块的电路板

插图十二　智能农业系统沙盘全景

前 言

进入 21 世纪以来,移动通信技术飞速发展。伴随着移动设备种类的不断增多,周围的每一个人都或多或少地享受到了移动通信带来的便利。人们不经意间拿起手机,使用上面的一项项快捷功能,似乎已成为日常生活中再平常不过的事情。

不过通信工程业内人士都知道,即使如此司空见惯的服务,背后也有着复杂而强大的移动通信系统作为支撑。从 20 世纪 70 年代第一台民用手机问世到今天,这套系统凝聚着全球通信界研究与设计人员的智慧;他们用心血和才华推动着这套系统在几十年的时间里不断地发展、革新和完善,因此才面向用户有了从通话到短信,再到互联网,再到多媒体互动等越来越强大的功能。不仅如此,移动通信还在持续地将受益面扩大,很多原本信息闭塞的地区因为有了移动通信的覆盖而与外界互联。外面的人由此看到了新奇的风景,里面的人由此见识了缤纷的世界。移动通信似乎成为世界的纽带,将全球化的资讯串联起来。

然而,正如世间的事并非那样一帆风顺,移动通信技术的前行亦伴随着不少艰辛与坎坷。从标准话语权的争夺,到设备市场份额的抢占,各层面的明争暗斗不胜枚举。这样的场景在国与国的竞争中尤为明显。我们能够真实感受到的是,为了阻断发展中国家在这一领域的崛起之路,某些发达经济体无视国际法律和贸易规则,肆意打压和制裁相应的个人、企业乃至国家。这是多年前人们完全不曾预料到的事情。

不得不说,移动通信的发展正遭遇着迷茫和曲折。处在这个节点上的我们,又该如何面对呢?

畏缩和逃避已不可能。在如今这个信息化的时代,越来越多的国家把移动通信的发展上升为国家战略,国际竞争只会变得更激烈。人们越来越清楚地认识到,谁率先抢占了本领域的制高点,谁就有能力在相关领域构成降维打击。因此,只有争分夺秒,迎难而上,始终向世界前沿水平看齐。好在中国通信工程界的斗士们一直就拥有这么一股子"犟"劲:他们在 3G 时代克服重重困难,于国际上留下了首个中国拥有自主知识产权的移动通信标准——TD-SCDMA;在 4G 时代,他们又将时分技术发扬光大,形成占有近半壁江山的 LTE TDD 标准;还有一批中国通信企业和设备制造商正顶住外部压力,用自己的产品打出国际市场上的一片天地。可以说,在赶超世界一流水平方面,本领域的前辈们已经作出了很好的榜样。而现在拿过接力棒的我们,毋需多言,唯有沿着他们的足迹继续向前。本教材的编写,也正是基于这样的动机。

＊　　　　　　＊　　　　　　＊

移动通信这门课讲什么？怎么讲？这是教学的核心问题，也是编写教材的核心问题。

如果将其定位为研究生课程，那么可以从本领域中提取出若干研究点，以专题的方式选择性地开展讨论，根据意向有重点地进行研究；如果将其定位为本科课程，那么应当从原理和实现两方面入手，让学生对移动通信有一个较为全面的认识。这本书为本科课程而设计，其中的内容被分为上、下两篇，上篇主要讲授基本原理，下篇重点介绍系统应用。顺序大体从理论到实践，细处互有穿插。系统应用以基本原理为指导，原理又被其应用进一步强化，如此互用，理论与实践共同得到提高。

不论对原理还是对应用，理解都需要兼顾广度和深度。面对一个通信系统，总体的把握不可缺少，它反映了宏观认知的能力；通信系统的功能模块数目大，功能实现的步骤多，对它们的认识又需要一定程度的微观理解能力。基于这一情形，本书始终注意总体和细节的平衡。例如在下篇中，引入新系统的章节一般会对该系统的总体结构进行描述，而上篇中的一些原理则作为系统功能的实现方式在下篇中重现，帮助理解系统运行的机理。由于教学时长和教材篇幅的限制，这里不可能覆盖移动通信的所有细节，所以本书有针对性地筛选了细节内容。各章节中进行微观描述的文字都具用意：要么是重要的思路，代表所在系统的核心技术；要么是典型的设计，可对邻近细节触类旁通；要么是系列的规划，便于不同通信制式间横向类比。

移动通信作为一门工科专业课，具有大部分理工科课程逻辑严谨的共性。任何一个数据的获得，任何一种方案的选定，必然经过规范的推理、计算或实验论证。唯有严谨，才能使结果具有说服力。为了整理出严谨的内容，编者常常在网上搜寻资料直到深夜，也常常用整个周末的时间前往图书馆亲自查阅相关文献；如此地"较真"恰恰因为严谨是这门课程的立足之本，不容许错误的思路和数据来误导读者。同时，移动通信又是一门年轻的课程，它涉及很多前沿技术，这些技术尚在不断地发展和完善中。保持发展的活力就需要其内容有一定的开放性，有一定的"弹性"，允许对前沿思想和新兴技术有不同的评价甚至大相径庭的改进。所以本书在定量的数据之外，亦有不少定性的说明，它们有些提示发展方向，有些引出话题供讨论，还有些显现相关指标的灵活性供自行选择或调整。从编排上看，这种开放性在介绍最新问世的系统或技术时体现得更明显。

综上所述，为了选材合适、讲解得法，本书在编写过程中以"三组融合"为特色，即理论与实践相融合、宏观与微观相融合、严谨与开放相融合，希望读者在学习移动通信这门课程的过程中，自身的知识储备得到扩充，认知能力和思辨能力也得到提升。倘若本书能激发出读者在学习之余对移动通信领域的研究兴趣，则再好不过了。

＊　　　　　　＊　　　　　　＊

本书的编写工作得到了中国地质大学机械与电子信息学院通信工程系的同事们、深圳市讯方技术股份有限公司研发中心同行们的大力支持，在此向他们表达诚挚的谢意！本书在编写过程中参考了许多移动通信及其他相关专业的书籍，在此也对这些书籍的作者和出版者表示感谢。

因编者水平有限，书中的疏漏和不妥之处在所难免，衷心希望广大读者批评指正。

编　者
2024 年 7 月于中国地质大学

CONTENTS

目录

第1章

绪　论

　　在通信行业中,移动通信是发展特别迅速的一个领域。在通信界,无论是基础研发人员还是面向客户的供应商,几乎无人质疑移动通信巨大的发展和应用前景。那么,什么是通信以及移动通信? 移动通信在我们身边以何种形式存在,对我们又有怎样的影响? 作为移动通信课程的开篇,本章将对上述基本问题作简要阐述。

1.1　人 与 通 信

1.1.1　通信中的"通"和"信"

　　通信这个概念已伴随人们很多年,然而要准确解释通信这个概念却不是件容易的事。对于初学者而言,我们不妨将通信这个词分解来看。首先是"通",既然说"通"那么就必然涉及至少两个对象,且它们之间有联系,不处于孤立状态;然后是"信",对象之间互通是为了什么? 为了交流这个"信",即传递信息。如果说共享"信"是目的,那么"通"则是手段。"通"的方式的不同,便有有线通信和无线通信之分;"信"的内容的不同,成就了通信在几乎所有行业中的应用。通信领域中的概念或专业术语,都至少与"通""信"中的一个范畴相关。

1.1.2　信息与数据

　　信息这个词几乎人人知晓,但要严格表达其概念却出乎意料的困难。而且,由于这个术语应用面太广,导致不同领域对它理解的侧重点也有所不同。例如,从哲学角度阐述,信息是一种带普遍性的关系属性,是物质存在方式及其运动规律、特点的外在表现。而以通信学观点来看,可以认为信息是生物体通过感觉器官或具有一定功能的机器通过特定装置与外界交换的内容的总称。信息可以有不同的表现形式,比如从原始的语音到文明社会中的文字。传递信息的实体是数据,而信息则是相应数据的内容或含义。通信中不论数据表达的内容如何,数据的形式必须明确,如确定的几何符号、数字、字母等。

 想一想 为什么嗅觉中的气味常常难以准确表达?

■■■ 1.1.3 人类通信的古与今

首先要明确,通信在生物界普遍存在,包括植物,不过这里我们仅考虑人与人之间的通信。从某种程度上说,通信活动一直伴随着人类的进化与人类文明的发展。烽火台(烽燧)是古代重要的军事通信设施,在防御外敌入侵时发挥着不可替代的作用(参见插图一)。除了将烽火应用于军事通信,借助信鸽传书也是古代人民间长距离通信的一种常见方式。

📖 阅读材料

从烽火台到长城

中国人都知道雄伟壮丽的万里长城,但了解长城结构起源的人并不多。早在春秋战国时期,燕、赵、秦三诸侯国为抵御北方的匈奴和东胡入侵,在北部边境上修建了彼此能够相望的烽火台。如遇敌情,则白天施烟,夜间点火;台台相连,传递军情。后来由于生产力的提高和防御工事需求的加强,在原有若干独立烽火台的基础上,利用原来的大河堤防或山脉地形,逐段构筑城墙和关塞并将它们连接起来,这就形成了长城的基本结构。秦始皇统一中国后,下令将原有的燕长城、赵长城与秦长城相连,使之成为一体而绵延数千里;后经由汉至明多朝代的修建与维护,成就了今天世人所见的万里长城。

近代通信的起步涉及两个重要的发明:一是美国人莫尔斯于1835年发明的有线电磁电报,他利用时间长短不一的电脉冲信号的不同组合来表示字母、数字和标点符号,这就是著名的莫尔斯电码;二是美国人贝尔于1876年发明了电话机,由于这项发明,多数通信业人士认为贝尔是现代电信的鼻祖。这种电话也成为有线通信的重要代表。

当今的通信业,除了有线通信依然广泛应用之外,移动通信与互联网通信正在以出人意料的速度飞速发展,其业务量和用户群呈爆炸式增长势头。看看身边的手机、PDA、计算机、遥控器、导航仪等设备,你一定能体会到当代通信给生活带来的巨大影响。

阅读材料

莫尔斯电码

莫尔斯电码的实现机理很简单。如果在均匀的时间维度上以笔迹记录高电平,以空白代表低电平,那么长时间高电平被记录成"划线",短时间高电平被记录成"点",低电平则成为"点"和"划线"中的"间隔"。例如,26 个英文字母可用莫尔斯电码表示如表 1-1 所示。

表 1-1　英文字母对应的莫尔斯电码

字母	电码	字母	电码	字母	电码	字母	电码	字母	电码
A	–·–	G	––·	M	––	S	···	Y	–·––
B	–···	H	····	N	–·	T	–	Z	––··
C	–·–·	I	··	O	–––	U	··–		
D	–··	J	·–––	P	·––·	V	···–		
E	·	K	–·–	Q	––·–	W	·––		
F	··–·	L	·–··	R	·–·	X			

1.2　从有线通信到移动通信

1.2.1　无线通信和移动通信

无线通信和移动通信是两个极为相近的概念,很多人认为移动通信就是无线通信。对于非通信专业的人,这样理解无可厚非。准确地讲,无线通信是利用电磁波信号可以在空间中自由传播的特性进行信息交换的一种通信方式,移动通信是通信中的一方或双方处于运动中的通信。在移动中实现的无线通信属于移动通信的范畴。从系统级角度看,无线通信侧重于无线电波收发双方(如基站和移动台)的通信机理,与有线通信严格对应,较微观和具体;而移动通信侧重于整个通信系统和网络对移动性的支持,讲究宏观性和整体性。考虑特殊情况:无线通信的双方可以不处于移动状态,移动通信系统中也可以包含有线通信的模块,这是二者之间的细微差别。由于无线通信比有线通信对移动性的支持度高很多,人们常将二者合称为无线移动通信。本书在不引起歧义的情况下,统一以移动通信来表述,讨论例外情形时会特别给予说明。

1.2.2　由来已久的移动通信

说到移动通信,大部分年轻人会首先想到手机,不过可千万不要认为移动通信从手机开始。生活中常常存在这种情形:老人们怀揣收音机一边散步一边不间断地收听广播,卧室里的电视红外遥控器不论在沙发上还是在床上都可以实现控制功能(电视间有障碍物阻挡的情况除外）。因此，在手机出现之前的收音机和红外遥控器都属于移动通信设备。不仅如此，它们还与手机有一个共同点：在空间中使用电磁波进行通信。基于近代物理的电磁理论，利用电和磁的技术实现通信目的，是近现代移动通信的重要特征。于是电磁波成为移动通信信号传播的重要载体，是每一个学习通信技术的人必须了解的对象。

 移动通信的载体是否仅为电磁波？

伴随着手机进入日常生活，各类其他移动通信设备如雨后春笋般地出现，除了功能类似的小灵通/大灵通，还有风靡一时的商务通、充当"家庭基站"的无线路由器、用户体验感优越的 iPad、随时为汽车出行导航的 GPS 系统，等等。它们给人们的生活带来便利和乐趣，是人类智慧的结晶。其中任何一项发明的技术内容都能写出厚厚几本书来，笔者在这里只是"抛砖引玉"，有兴趣的读者可查找相关资料作深入了解。

■■■ 1.2.3 为什么需要移动通信

有线通信曾占据统治地位相当长的时间。有了有线通信，为什么还需要移动通信？移动通信的优势正是集中体现在"移动"二字上。手机用户都能体会到，手机的使用比固定电话便利，外出时更是如此。站在更高的角度看，移动通信是实现个人通信的必经之路。同时也应认识到，移动通信不会完全取代有线通信，它与有线通信之间有竞争也有合作。随着通信技术的发展，二者越来越呈现互补融合、相辅相成的关系。有线通信会成为移动通信网络的组成部分，而原有的有线通信网可通过引入移动通信而使得用户体验感倍增。

📖 阅读材料

个人通信

个人通信是人类通信的最高目标。它可用"5 个 W"来概括，即用各种已有的网络技术实现任何人（whoever）在任何时间（whenever）、任何地点（wherever）与任何对象（whomever）进行任何种类（whatever）的信息交换。个人通信的主要特点是每一个用户有一个属于自己的唯一通信号码，取代以设备为基础的传统通信的号码（现在的电话号码、传真号码等是某一台电话机、传真机等的号码）。通信网随时跟踪用户并为其服务。不论被呼叫的用户在何处，通信网都能通过呼叫人所拨的个人号码找到他，接通电路提供通信，即用户通信完全不受地理位置的限制。

实现个人通信，必须要把各种技术的通信网组合到一起，把移动通信网和固定通信网结合在一起，把有线接入和无线接入结合到一起，才能综合成一个容量极大、无处不通的个人通信网，又称"无缝网"。这一设想是未来近百年通信技术发展的重要目标之一。

1.2.4 移动通信的特点

人类的移动通信从诞生至今,其发展历程取决于自身特点。移动通信的前景以及它与其他通信方式的关系,也是由自身特点决定的。概括起来,移动通信主要有以下特点。

1. 具有移动性

移动性是移动通信最原始、最本质的特点。移动通信必须有能力对移动状态中的通信端维持通信状态。绝大部分移动通信包含无线通信。

2. 电磁波传播模式复杂

电磁波是现今移动通信的主要载体,它在开放空间中传播以支持移动性。不过对于通信频段的电磁波而言,其传播质量往往受限。例如,电磁波会随着传播距离的增加而发生弥散损耗,也会受到地形、地物的遮蔽而产生阴影效应;电磁波信号经过多点反射,会从多条路径到达接收地点,接收信号是多个信号分量的合成,产生电平衰落和时延扩展;如果通信端在快速移动中进行通信,还会产生多普勒频移和随机抖动;在多用户通信中功率分配不当时,还可能产生远近效应"淹没"某些移动端……这些复杂的传播模式均会降低移动通信服务质量,也是移动通信无法完全取代有线通信的重要原因。

3. 噪声和干扰比较严重

开放空间中的信息传播不可避免地会面对噪声和干扰的影响。噪声和干扰的种类很多,来自系统外部的有天线干扰、工业干扰、信道噪声等;来自系统内部的有同频干扰、邻道干扰、互调干扰、阻塞干扰、多址干扰等。如何应对这些噪声和干扰,将其负面影响降到最低,是移动通信领域的重要研究课题。

4. 频段拥挤

电磁波的频率无限制,但用于通信的电磁波频段有限。目前各通信标准/制式都希望占用尽可能多的频段以增大系统容量,但合适的频段已被分配殆尽,因而每种通信制式只能在自身拥有的极其有限的频段上努力提高频谱利用率。如何提高频谱利用率也是移动通信的研究热点之一。

增加系统容量有两个途径:一是开拓新的通信频段用于通信,二是提高现有频谱的利用率。前一种途径面临的困难越来越大,因为并非所有频段都适用于地表通信,过高或过低频率的电磁波在损耗、反射、衍射等指标上存在无法改变的缺陷,且有可能对人体构成伤害,所以后一种途径成为主要的研究方向。目前已有多种技术用于提高频谱利用率,如频率复用技术、调制解调技术等。

📖 阅读材料

频段分配

对移动通信而言,频谱资源是非常珍贵的。出于制式共存的考虑,除非某一旧制式被淘汰,否则同一频段不允许分配给多个制式使用。到第三代移动通信系统为止,国际标准化组织为各民用通信制式分配的频段(800 MHz～2500 MHz)如图 1-1 所示。

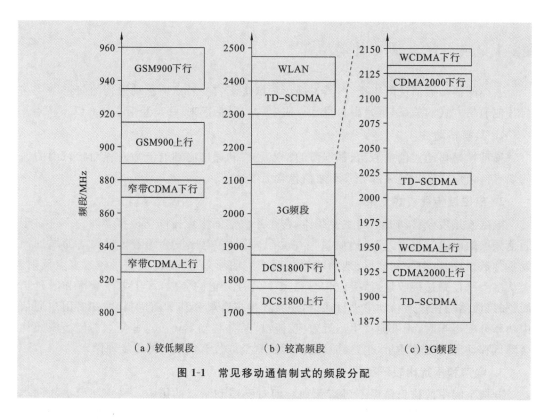

图 1-1　常见移动通信制式的频段分配

5．设备和网络结构复杂

不论从设备还是从组网的角度，移动通信的复杂度都比有线通信高很多。移动通信的基站设备有可能在室外工作，因此要求其性能稳定可靠、安装方便、能适应环境差异。对移动终端而言，还加上便携、低辐射、防水耐撞等要求，高级用户群还附加业务种类多、界面友好、操作便捷等需求。任何一项都提升了通信设备的复杂度。

基站的覆盖范围有限，移动台可能从一个基站的覆盖范围移动到另一个基站的覆盖范围。移动通信系统既需要进行无线信道分配和功率控制，还需要具有位置登记、越区切换、漫游控制等功能，不同系统之间也需要互连。这使得移动通信系统的信令和网络结构比固定网复杂很多。

1.3　移动通信的学习

移动通信领域的知识，与通信专业其他课程/专题知识有着千丝万缕的联系，绝非孤立存在。由于移动通信技术的前沿性，有人说这一领域"集通信专业之大成"。笔者认为，若没有数学、物理学等基础学科的铺垫，没有电磁理论、信号处理、通信原理等核心课程的支撑，移动通信绝不会有今日发展的速度和高度，说它"站在巨人的肩上"也许更合适。

基于以上原因，学习移动通信知识，需要与已学课程知识结合思考，融会贯通。一方面站在更高的角度学习，利于整体把握知识脉络；另一方面通过移动通信的应用，对基础知识能够有更深的认识和理解。

通信领域以信号为中心,对信号的产生、组织、传播、处理四方面进行研究。专业知识虽庞杂,但都可归结为这四方面之一。移动通信的知识同样围绕着这四方面展开,在后续章节的学习中读者将有越来越深的体会。

在系统学习移动通信知识前,我们对通信的相关核心知识应有一定的掌握。为了考虑不同知识基础的读者,对于与本领域相关的其他课程/专题知识,本书会选择性地在部分阅读材料中进行简要介绍,其目的是帮助他们扫清知识障碍,更顺利地学习本领域知识。已具备相关基础的读者可跳过已掌握的内容。

本 章 小 结

通信与人们关系密切,移动通信又是通信行业中高速发展的一个领域。基于这一归类,本章首先简要介绍了通信,随后对有线通信和移动通信作出横向比较,明确了二者的区别和联系,归纳了移动通信的主要特点。这些概略性的介绍能够帮助读者形成对移动通信的基本认知,为后续章节更为细节、专业内容的学习打下基础。

复 习 题

1. 对通信而言,_____是目的,_____是手段。

2. 在通信过程中,传递信息的实体是_____,而信息则是_____的内容或含义。

3. 美国人莫尔斯利用时间长短不一的电脉冲信号的不同组合来表示字母、数字和标点符号。这种电码称为_____。

4. 基于近代物理的_____,利用_____的技术实现通信目的,是近现代移动通信的重要特征。

5. 随着通信技术的发展,有线通信和移动通信越来越呈现_____的关系。

6. 移动通信的主要特点有哪些?

第2章

信号的传播

移动通信中的信号必然需要传播，只有完成信号的传播才能达到通信的目的。在绪论中我们了解到，电磁波是当今移动通信信号传播的主要载体。物理学中电磁波以电场和磁场为基础，与时变场量联系紧密，侧重于微观解析；而移动通信领域对电磁波的研究主要针对它在信号传播中的应用，与实际场景密切相关，侧重于场景对信号传播的宏观影响和经验数据的归纳。那么，电磁波承载的信号在实际场景的传播过程中会遇到哪些非理想的状况？如何系统地认识并应对这些状况？本章将对上述问题作出分析和解答。

2.1 电磁波——信息的载体

▓▓ 2.1.1 低频和高频

物理学研究电磁波，对频率无限制。它可以研究可见光，也可以研究伽马射线。而移动通信并不能接收这么宽频域的电磁波——因为大部分频率的电磁波并不适用。当今公共移动通信系统采用的频段，多集中在特高频（UHF）、甚高频（VHF）和超高频（SHF），即 30 MHz～30 GHz。频率过低，传输损耗增长迅速；频率过高，绕射能力降低，电磁辐射增大，能耗上升。这个频率范围的电磁波传播特性良好，天线尺寸也比较小，适合于移动通信。由于频率对电磁波的特性影响很大，对频段作出限制，可以看成对电磁波特性一定程度的归一，所以我们才能在本章中对移动通信的电磁波特性进行规律性讨论。本章如无特别说明，则仅考虑 30 MHz～30 GHz 频段的电磁波。

2.1.2　部分频段电磁波的名称

如果我们在某项实际应用中,一直以"大于××赫兹而小于××赫兹"来表示电磁波的频段,总感觉有些麻烦。鉴于此,人们将电磁波预先按一定间隔分成若干频段,并将每一频段命名,这样表达起来就简便很多。这种表达在通信领域中尤为常见。表 2-1 是部分频段电磁波的名称。

表 2-1　电磁波名称及对应的频段划分(3 Hz～300 GHz)

中文名称	英文缩写和全称	对应频段
极低频	ELF (Extremely Low Frequency)	3 Hz～30 Hz
超低频	SLF (Super Low Frequency)	30 Hz～300 Hz
特低频	ULF (Ultra Low Frequency)	300 Hz～3 kHz
甚低频	VLF (Very Low Frequency)	3 kHz～30 kHz
低频	LF (Low Frequency)	30 kHz～300 kHz
中频	MF (Medium Frequency)	300 kHz～3 MHz
高频	HF (High Frequency)	3 MHz～30 MHz
甚高频	VHF (Very High Frequency)	30 MHz～300 MHz
特高频	UHF (Ultra High Frequency)	300 MHz～3 GHz
超高频	SHF (Super High Frequency)	3 GHz～30 GHz
极高频	EHF (Extremely High Frequency)	30 GHz～300 GHz

📖 **阅读材料**

对电磁波传播的认识历程

人们最初对无线电波传播的认识要追溯到 19 世纪英国物理学家麦克斯韦的开创性研究(参见插图二),他于 1864 年建立的电磁波传播理论预言了无线电波的存在。1888年德国物理学家赫兹证实了电磁波的物理存在,不过他没有看到电磁波的使用特性。他认为声波频率非常低且电磁波的传播特性差,因此电磁波不能用来携带语音。

1894 年,英国爵士奥利弗·洛奇运用麦克斯韦电磁理论建造了第一个移动通信系统,传输距离为 150 m。1897 年意大利无线电工程师马可尼成功地将电磁信号从英国的怀特岛发送到 18 英里外的一艘拖船上。到 1901 年,马可尼的移动通信系统已经能够横跨大西洋。这些早期的移动通信系统使用电报信号进行通信。1906 年,美国教授雷吉纳德·菲森登使用幅度调制第一次进行了语音和音乐的传送,他把低频信号调制到高频电磁波上进行传输,从而突破了赫兹所说的低频传输限制,这也是今天各种移动通信系统中普遍使用的方法。

2.2 路径传播特性

2.2.1 直射路径

直射路径传播是最简单的一类电磁波传播方式,它仅考虑电磁波从发射机直接到达接收机的情况,不考虑电磁波在传播过程中的反射、折射或绕射过程。因为理想的直射路径传播建立在自由空间内,即发射天线和接收天线处于同一无限大的真空环境中,所以直射路径也称为自由空间路径。借助光学视觉概念,直射路径的两端总是在光学上相互可视,因此直射路径又可称为视距路径。理想的自由空间在人类生存的环境中不存在,但在满足以下条件时,地面上的传播可近似为直射路径传播:

(1)地面上空的大气层视为各向同性的均匀介质,其相对介电常数等于1,相对磁导率等于1;

(2)传播路径上无障碍物阻挡,附近障碍物引起的反射信号强度极弱,可忽略不计。

直射路径中电磁波的传播损耗主要缘于电磁辐射能量的扩散。在定量计算中,这一损耗与传播距离和电磁波频率直接相关。由传播距离 d、电磁波频率 f 获得直射路径传播损耗 L_{fs} 的计算式为

$$L_{fs}=32.44+20\lg d+20\lg f \tag{2-1}$$

式中:L_{fs}、d、f 的单位分别为 dB、km、MHz。

选学课文

直射路径传播损耗算法的由来

由电磁场理论可知,各向同性天线的辐射功率为 $P_T(W)$ 时,距天线 $d(m)$ 处的电场强度有效值 $E_0(V/m)$ 为

$$E_0=\frac{\sqrt{30P_T}}{d} \tag{2-2}$$

单位面积上的电磁波功率密度 $S(W/m^2)$ 为

$$S=\frac{P_T}{4\pi d^2} \tag{2-3}$$

如果用天线增益为 G_T 的方向性天线取代各向同性天线,则

$$E_0=\frac{\sqrt{30P_T G_T}}{d} \tag{2-4}$$

$$S=\frac{P_T G_T}{4\pi d^2} \tag{2-5}$$

接收天线获取的电磁波功率等于接收天线的有效面积与该点电磁波功率密度的乘积,即

$$P_R = A_R S \tag{2-6}$$

式中：A_R 为接收天线的有效面积。如果接收天线是各向同性天线，则 $A_R = \dfrac{\lambda^2}{4\pi}$；如果接收天线是增益为 G_R 的方向性天线，则

$$A_R = \frac{\lambda^2 G_R}{4\pi} \tag{2-7}$$

所以

$$P_R = A_R S = \frac{\lambda^2 G_R}{4\pi} \cdot \frac{P_T G_T}{4\pi d^2} = P_T G_T G_R \left(\frac{\lambda}{4\pi d} \right)^2 \tag{2-8}$$

当发射天线和接收天线的增益均为 1 时，$G_T = G_R = 1$，这时直射路径传播损耗 L_{fs} 定义为

$$L_{fs} = \frac{P_T}{P_R} = \left(\frac{4\pi d}{\lambda} \right)^2 \tag{2-9}$$

若以分贝值表示，则有

$$L_{fs} = 10 \lg \left(\frac{4\pi d}{\lambda} \right)^2 = 20 \lg \frac{4\pi d}{\lambda} \tag{2-10}$$

将 $\lambda = c/f$（c 为光速）代入上式，展开后得到

$$L_{fs} = 32.44 + 20 \lg d + 20 \lg f \tag{2-11}$$

式中：L_{fs}、d、f 的单位分别为 dB、km、MHz。

2.2.2　反射路径

在实际场景的移动通信中，收发端四周通常会有形成反射面的障碍物。如果反射信号强度不可忽略，则须考虑反射路径对电磁波传播的影响。对电磁波而言，大气和大地是不同的介质，所以入射波会在二者的分界面（地表）产生反射。在涉及的地理区域不太大时，可将地面看成一个平面，电磁波在反射点处的反射角与入射角相等。我们将地表界面的反射特性用反射系数 R 来表征，它的定义式为

$$R = |R| e^{-j\psi} \tag{2-12}$$

式中：$|R|$ 为反射点处反射波场强与入射波场强的振幅比，其值通常小于 1；ψ 为反射波相对于入射波的相移。

可以看到，反射特性作为一个复数，其模与辐角均有明确的物理意义。令电磁波波长为 λ，发射天线和接收天线的高度分别为 h_t 和 h_r，二者距离为 d，二者直射路径的接收场强为 E_0；当 $d \gg h_t + h_r$ 时，接收场强 E 的计算式为

$$E = E_0 (1 + R \cdot e^{-j\Delta\varphi}) = E_0 (1 + |R| e^{-j(\psi + \Delta\varphi)}) \tag{2-13}$$

式中：附加相移 $\Delta\varphi = \dfrac{4\pi h_t h_r}{\lambda d}$。

由式（2-13）可见，直射波与地面反射波的合成场强由反射系数和附加相移决定，同相增强和反相抵消的情形都可能出现，这就造成了合成波强度的不稳定，即衰落现象。

|R|的值如果接近1,衰落是缓和还是严重?在固定点无线通信中,选择站址为什么力求减弱地面反射?

选学课文

小角度反射特性和附加相移

首先来看看电磁波的小角度反射特性。这里所说的小角度反射是指电磁波的入射方向与反射方向都与反射面呈很小的夹角,即接近平行。图 2-1 中 T 和 R 分别为为电磁波的发射点和接收点,则小角度反射路径 TOR 表现为 θ 值很小。

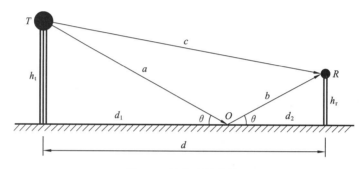

图 2-1 地表反射传播

已知反射系数 R 的定义式为

$$R = |R| e^{-j\psi} \tag{2-14}$$

水平极化波和垂直极化波的反射系数 R_h 和 R_v 的计算式分别为

$$R_h = |R_h| e^{-j\psi} = \frac{\sin\theta - \sqrt{\varepsilon_c - \cos^2\theta}}{\sin\theta + \sqrt{\varepsilon_c - \cos^2\theta}} \tag{2-15}$$

$$R_v = |R_v| e^{-j\psi} = \frac{\varepsilon_c \sin\theta - \sqrt{\varepsilon_c - \cos^2\theta}}{\varepsilon_c \sin\theta + \sqrt{\varepsilon_c - \cos^2\theta}} \tag{2-16}$$

式中:ε_c 是反射介质的等效复介电常数。

当 θ 很小时,由上式近似得出 $R_h \approx -1$,$R_v \approx -1$。也就是说,反射波场强与入射波场强的幅度相等,相位差为 π。

那么,附加相移是如何得出的呢?仍考虑图 2-1 的传播场景,发射点 T 发出的电磁波分别经过直线 TR 与地面反射路径 TOR 到达接收点 R,两者的路径差 Δd 为

$$\Delta d = a + b - c = \sqrt{(d_1+d_2)^2 + (h_t+h_r)^2} - \sqrt{(d_1+d_2)^2 + (h_t-h_r)^2}$$

$$= d \left[\sqrt{1 + \left(\frac{h_t+h_r}{d}\right)^2} - \sqrt{1 + \left(\frac{h_t-h_r}{d}\right)^2} \right] \tag{2-17}$$

小角度反射场景中 $d \gg h_t + h_r$,根据麦克劳林级数展开式取前两项近似,得到

$$\sqrt{1 + \left(\frac{h_t+h_r}{d}\right)^2} \approx 1 + \frac{1}{2}\left(\frac{h_t+h_r}{d}\right)^2 \tag{2-18}$$

$$\sqrt{1+\left(\frac{h_t - h_r}{d}\right)^2} \approx 1 + \frac{1}{2}\left(\frac{h_t - h_r}{d}\right)^2 \tag{2-19}$$

由此得到

$$\Delta d = d\left[1 + \frac{1}{2}\left(\frac{h_t + h_r}{d}\right)^2 - 1 - \frac{1}{2}\left(\frac{h_t - h_r}{d}\right)^2\right] = \frac{2h_t h_r}{d} \tag{2-20}$$

所以,由路径差引入的附加相移

$$\Delta\varphi = \frac{2\pi}{\lambda}\Delta d = \frac{4\pi h_t h_r}{\lambda d} \tag{2-21}$$

前文中附加相移的表达式得证。

阅读材料

两径模型和介电峡谷

多径是电磁波传播中的常见现象。学习了直射和反射路径之后,可以逐步认识多径模型了。多径情形中最简单的是两径,即包括一条直射路径和一条反射路径;对应的模型常用于单一地面反射波在多径效应中起主导作用的情形。图 2-1 就可以视为两径模型的示意图。根据前文描述,接收信号由两部分组成:经自由空间到达接收端的直射分量和经过地面反射到达接收端的反射分量。式(2-13)也就是两径模型接收信号场强的计算式。

介电峡谷是另一类多径模型。在这一模型中除了传播方向下侧的地面反射电磁波外,传播方向左右两侧亦存在垂直于地面、相对且相互平行的两个反射面。这三个反射面构成半封闭的峡谷形包围着传播路径,故称之为介电峡谷。在介电峡谷中,电磁波可经过多次反射,理论上多径数目无限大。考虑到每次反射信号能量都会衰减,所以经过三次以上反射的路径可以忽略。这时发射端和接收端之间存在一条直射路径和九条反射路径,所以介电峡谷又称为十径模型。有兴趣的读者可比照两径模型信号计算方法自行推导出介电峡谷的接收信号场强。

两径模型和介电峡谷的提出都源自具体的应用场景。在开阔的平原地带,发射天线和接收天线高度相差不大时两径模型适用;而在高楼林立的城市中,街道两侧的建筑物能够反射电磁波,故街道的信号传播场景中介电峡谷的近似程度较高。

 如果发射和接收天线均位于一个封闭的长方体空间内,且封闭面均反射电磁波,若忽略三次及三次以上反射的路径,多径数目为多少? 这一模型适用于哪种实际场景?

2.2.3 视线传播的极限距离

两径模型将地面近似为一个平面。不过在通信距离足够远时,这种近似就不可用。由于地表是一个球面,在发射天线和接收天线的高度确定时,直射传播距离总是有限的。人们通常关心的是这个距离的上限是多少?

设发射天线和接收天线的高度分别为 h_t、h_r,当两天线处于极限距离的位置时,其连线与地表相切,如图 2-2 所示。由于地球半径 R_0 远大于天线高度,所以以切点 C 为界,

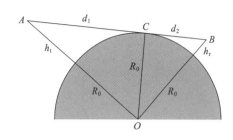

图 2-2　视线传播的极限距离

传播路径 AB 的两段距离分别为

$$d_1 \approx \sqrt{2R_0 h_t} \tag{2-22}$$

$$d_2 \approx \sqrt{2R_0 h_r} \tag{2-23}$$

因此,直射传播距离上限为

$$d_0 = d_1 + d_2 = \sqrt{2R_0}(\sqrt{h_t} + \sqrt{h_r}) \tag{2-24}$$

式中:$R_0 = 6.37 \times 10^6$ m 为地球的实际半径,计算出的 d_0 对应地表大气均匀时的情形。

而实际上大气不是均匀介质,其介电常数随海拔(高度)而发生变化,电磁波在大气中会发生折射,路径有所弯曲。考虑这种折射现象,我们在用此法计算时将 R_0 替换为地球的等效半径 R_e,其值为 8.50×10^6 m。这时直射传播距离上限 d_0 变为视线传播的极限距离 d,其计算式为

$$d = \sqrt{2R_e}(\sqrt{h_t} + \sqrt{h_r}) = 4123(\sqrt{h_t} + \sqrt{h_r}) \tag{2-25}$$

式中:各参数单位均为 m。

📖 阅读材料

大气折射与超视距传播

在计算视线传播的极限距离时,地球半径用地球的等效半径代替,其原因是电磁波的大气折射。大气折射普遍存在于远距离移动通信中。

在不考虑传导电流和介质磁化的情况下,介质折射率 n 与相对介电常数 ε_r 的关系为

$$n = \sqrt{\varepsilon_r} \tag{2-26}$$

大气的相对介电常数 ε_r 与温度、湿度和气压相关。大气高度不同,ε_r 也不同,即 $\dfrac{dn}{dh}$ 不同。根据折射定律,电波传播速度 v 与大气折射率 n 成反比,二者之积为真空中的光速(恒量)。

当一束电磁波通过大气层时,由于不同高度上电磁波的传播速度不同,从而使电磁波行径发生弯曲,弯曲的方向和程度取决于大气折射率的垂直梯度 $\dfrac{dn}{dh}$。这种因大气折射率变化引起电磁波传播方向发生弯曲的现象,称为大气对电磁波的折射。

大气折射对电磁波传播的影响,在工程上常用"地球等效半径"来表征,即认为电磁波依然沿直线传播,只是地球的实际半径 R_0 变成了等效半径 R_e,二者之间的关系为

$$k = \frac{R_e}{R_0} = \frac{1}{1 + R_0 \dfrac{dn}{dh}} \tag{2-27}$$

式中:k 称为地球的等效半径系数。在标准大气折射情况下,$\dfrac{dn}{dh} \approx -4 \times 10^{-8}$ m^{-1},又因为 $R_0 = 6.37 \times 10^6$ m,于是得出 $R_e = 8.50 \times 10^6$ m。这就是计算视线传播的极限距离时地球等效半径值的由来。

由于大气折射率随高度升高而减小,所以$\dfrac{dn}{dh}$为负值,$k > 1$,地球等效半径比实际半径大,视线传播的极限距离因大气折射现象而增大,这就造成了超视距传播。

 当观察者在地面上看到太阳处于地平线位置时,太阳的实际方位是在地平线之上还是在地平线之下?

■ 2.2.4　绕射路径

如果电磁波的直射路径上存在障碍物,则可能通过绕射路径到达接收端。显然绕射的传播损耗会增加,这种由障碍物引起的附加传播损耗称为绕射损耗。设障碍物与发射/接收天线的相对位置如图 2-3 所示,图中 x 表示障碍物顶点 P 与直射路径 TR 的距离,称为菲涅尔余隙。规定 x 为负值时表示直射路径穿过障碍物,x 为正值时表示直射路径未被障碍物阻断。

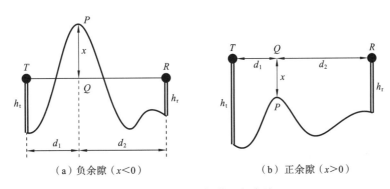

（a）负余隙（$x < 0$）　　　　　（b）正余隙（$x > 0$）

图 2-3　障碍物与菲涅尔余隙

为了计算绕射损耗,还需引入另一个参量 x_1,称为第一菲涅尔半径。对于波长为 λ 的电磁波,其第一菲涅尔半径的计算式如下:

$$x_1 = \sqrt{\dfrac{\lambda d_1 d_2}{d_1 + d_2}} \tag{2-28}$$

接下来就可以通过图 2-4 查得绕射损耗。

由图 2-4 可知,当 $x > 0.5 x_1$ 时,绕射损耗接近 0 dB,通常可忽略;而当 $x < 0$ 时,绕射损耗随 x 减小而迅速增大。

 ① 根据图 2-4,当绕射损耗为 6 dB 时,障碍物顶点与发射/接收天线的相对位置大致如何?
② 在有障碍物阻断直射路径时,为什么可见光的绕射能力比无线电波弱得多?

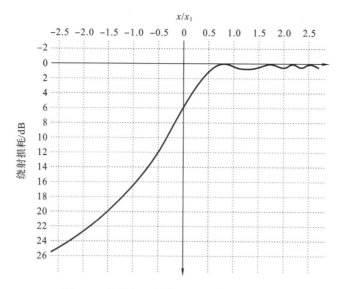

图 2-4　绕射损耗与菲涅尔余隙的对应关系

2.3　快衰落与慢衰落

2.3.1　无线信道的衰落现象

在讲述电磁波反射路径时对衰落的概念有所提及。从有线通信到移动通信,衰落现象的影响力迅速提升,这是什么原因?

这要从信道特征说起。通常,有线信道比无线信道简单得多。如有线信道中的同轴电缆,它的内部用金属承载信号,外部用塑料进行绝缘,信号封闭在内部传输,其信道的物理特性自产品出厂起就保持不变,虽然经过长时间使用后质量有所下降,但总体而言变化不大。所以通常称有线信道为恒参信道,表示各项信道参数恒定。

而无线信道的物理特性总是处于不断变化中,没有恒定的时刻,因此无线信道也称为变参信道。既然参数不断变化,衰落特性就显著得多,而且类别不止一种:有小尺度效应引起的快衰落,也有大尺度效应引起的慢衰落。

2.3.2　多径衰落——典型的快衰落

快衰落,又名小尺度衰落,反映了移动台在极小范围内(数十波长以下量级)移动时接收电平平均值的起伏变化趋势。当接收机移动距离与波长相当时,其接收功率可以产生 3~4 个数量级的变化。

理想的自由空间里只有直射路径,无多径效应;而实际空间中引入障碍物、非均匀介质后,电磁波可经由反射、折射、绕射从多条路径到达接收端。经多条路径的信号强度损耗不一,相位偏移也不同,有时同相增强,有时反相抵消,且随移动台位置的变化而快速改变。因此,多径衰落是一种典型的快衰落。

📖 **阅读材料**

瑞利分布与瑞利衰落

在多径模型中,假设发射端信号是若干正弦信号的线性组合,各路径到达接收端信号的幅值和方位角随机且满足统计独立。根据概率的中心极限定理,大量独立随机变量之和的分布趋向于正态分布,即在独立的 x 或 y 的一维空间内,有如下概率密度函数:

$$p(x) = \frac{1}{\sqrt{2\pi}\sigma_x} e^{-\frac{x^2}{2\sigma_x^2}} \tag{2-29}$$

$$p(y) = \frac{1}{\sqrt{2\pi}\sigma_y} e^{-\frac{y^2}{2\sigma_y^2}} \tag{2-30}$$

式中:σ_x 和 σ_y 分别是随机变量 x 和 y 的标准差。

x,y 在区间 $\mathrm{d}x$、$\mathrm{d}y$ 上的取值概率分别为 $p(x)\mathrm{d}x$、$p(y)\mathrm{d}y$,因为它们相互独立,所以联合概率密度函数 $p(x,y) = p(x)p(y)$,在面积 $\mathrm{d}x\mathrm{d}y$ 中的取值概率为

$$p(x,y)\mathrm{d}x\mathrm{d}y = p(x)\mathrm{d}x \cdot p(y)\mathrm{d}y \tag{2-31}$$

假设 $\sigma_x^2 = \sigma_y^2 = \sigma^2$,且 $E[p(x)] = E[p(y)] = 0$,则

$$p(x,y) = \frac{1}{2\pi\sigma^2} e^{-\frac{x^2+y^2}{2\sigma^2}} \tag{2-32}$$

那么在二维极坐标系中,设接收天线处的信号振幅为 r,相位为 θ,它们与 x、y 的对应关系为

$$r^2 = x^2 + y^2, \quad \theta = \arctan\frac{y}{x} \tag{2-33}$$

在面积 $\mathrm{d}r\mathrm{d}\theta$ 中的取值概率为 $p(r,\theta)\mathrm{d}r\mathrm{d}\theta = p(x,y)\mathrm{d}x\mathrm{d}y$,得到联合概率密度

$$p(r,\theta) = \frac{r}{2\pi\sigma^2} e^{-\frac{r^2}{2\sigma^2}} \tag{2-34}$$

分别对 r 和 θ 求积分,可得振幅和相位的概率密度函数

$$p(r) = \frac{1}{2\pi\sigma^2} \int_0^{2\pi} r e^{-\frac{r^2}{2\sigma^2}} \mathrm{d}\theta = \frac{r}{\sigma^2} e^{-\frac{r^2}{2\sigma^2}}, \ r \geqslant 0 \tag{2-35}$$

$$p(\theta) = \frac{1}{2\pi\sigma^2} \int_0^{\infty} r e^{-\frac{r^2}{2\sigma^2}} \mathrm{d}r = \frac{1}{2\pi}, \ 0 \leqslant \theta \leqslant 2\pi \tag{2-36}$$

式中:$p(r)$ 的分布在数学上称为瑞利分布,所以满足这种分布状态的多径衰落又名瑞利衰落。

有了瑞利分布函数的表达式,不难得出瑞利衰落信号的部分特征,如均值 $E(r)$、均方值 $E(r^2)$ 和方差 $D(r)$:

$$E(r) = \int_0^{\infty} r p(r) \mathrm{d}r = \sqrt{\frac{\pi}{2}}\sigma \approx 1.253\sigma \tag{2-37}$$

$$E(r^2) = \int_0^{\infty} r^2 p(r) \mathrm{d}r = 2\sigma^2 \tag{2-38}$$

$$D(r) = E(r^2) - E^2(r) = \frac{4-\pi}{2}\sigma^2 \approx 0.429\sigma^2 \qquad (2\text{-}39)$$

瑞利分布的概率密度函数图像如插图三所示。当 $r=\sigma$ 时，$p(r)$ 取得最大值 $\frac{1}{\sigma\sqrt{e}}$。r 低于某一指定值 $k\sigma$ 的概率为

$$P(r < k\sigma) = \int_0^{k\sigma} p(r)\mathrm{d}r = 1 - e^{-\frac{k^2}{2}} \qquad (2\text{-}40)$$

若 r 服从瑞利分布，1.177σ 常被称为 r 的中值，为什么？

◼◼◼ 2.3.3 阴影衰落——典型的慢衰落

慢衰落的概念可以对照快衰落来理解。慢衰落又名大尺度衰落，它反映出传播在宏观大范围（千米量级）的空间距离上接收信号电平平均值的变化趋势。慢衰落近似服从对数正态分布。

电磁波在传播路径上受到高山、大型建筑物等阻挡而产生损耗的现象，称为阴影效应，它反映了在中等范围内（数百波长量级）的接收信号电平平均值起伏变化的趋势。因此，阴影衰落是一种典型的慢衰落。

在阴影成因单纯时，阴影损耗容易计算，前文研究的绕射损耗就是一种简单的阴影损耗。在障碍物数目多、位置不规则时，通常采用实地测量的方法研究阴影损耗。常见的做法是将同一类地形、障碍物中的某一段距离作为样本空间，每隔一定长度采集信号电平，观察其中值的变化；数据采集完成后以统计方法分析信号电平的累积分布和标准差，从而掌握阴影衰落的程度。

最后需要说明的一点是，快衰落和慢衰落都可能引起通信中断。为了预防出现这种情况，在信道设计中必须使信号电平留有足够的余量，以使通信中断的概率低于规定指标。这种电平余量称为衰落储备。衰落储备的大小与造成衰落的各因素有关，也与人为规定的通信可靠性指标相关。

2.4 多普勒效应

通信双方相对位置的变化，会引起接收信号的频率发生变化，这种现象称为多普勒效应。多普勒效应引起的附加频移称为多普勒频移。

如图 2-5 所示，设 α 为入射电磁波与移动台移动方向之间的夹角，λ 为入射电磁波的波长，当移动台在 x 轴上以速度 v 移动时，则多普勒频移可表示为

$$f_\mathrm{d} = \frac{v}{\lambda}\cos\alpha \qquad (2\text{-}41)$$

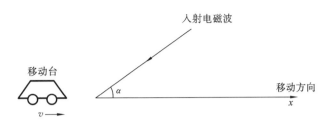

图 2-5 多普勒频移的产生

可以看出,多普勒频移与移动台运动的速度、入射电磁波与移动方向间的夹角相关。若移动台面向入射波来源方向运动,则接收信号频率上升,多普勒频移为正;若移动台背离入射波来源方向运动,则接收信号频率下降,多普勒频移为负。当入射电磁波方向与移动台移动方向在同一直线上时,$|f_d|$ 取得最大值 $\frac{v}{\lambda}$,该值称为最大多普勒频移。

📖 阅读材料

多普勒效应的发现和应用

多普勒效应是波传输理论中一个很著名的效应,这一效应在机械波和电磁波中都存在。如果在铁路旁注意过路火车的汽笛声,就会发现火车从远而近时汽笛声变强,音调变高;而火车从近而远时汽笛声变弱,音调变低;火车行驶的速度越快,音调的变化就越明显。奥地利物理学家多普勒正是通过这一现象于 1842 年发现了多普勒效应。为了验证这种现象,荷兰气象学家拜斯·巴洛特于 1845 年让一队喇叭手站在一辆从荷兰乌德勒支附近疾驶而过的敞篷火车上吹奏,他在站台上测了到了音调的改变。这是科学史上最有趣的实验之一。

多普勒效应有较高的应用价值,从 19 世纪下半叶起就被天文学家用来测量恒星的视向速度,现已被广泛用来佐证观测天体和人造卫星的运动。医学诊断上的彩色超声波(彩超)也利用了多普勒效应的原理。

想一想

物理学家和数学家交谈,物理学家说:"如果我开车的速度足够快,就能将路口的红灯看成绿灯,这样就不算违反交通规则了。"数学家说:"天啊,那得超速多少倍? 你想收到更重的罚单吗?"

① 物理学家那句话的道理是什么?

② 如果物理学家描述的情形真的发生,他开车的速度应为多少?

(红光波长取 680 nm,绿光波长取 530 nm。)

2.5 传 播 模 型

如果通信场景的所有因素确定,我们就可以利用电磁理论对各处的电磁信号进行分析。这种确定性计算方法在任何场景中都可使用,计算结果准确,不过它的缺陷是计算量大(如麦克斯韦方程的形式和求解过程就很复杂),并且在很多情况下部分环境因素难以事先获得。能否绕开这个难点,找到一个较为简单的计算方法呢?

通信传播模型的提出使得快速计算成为可能。这些模型大都有人为经验的成分,计算结果虽有误差,但所需参量较少,应用方便。只有注意每一个传播模型的适用场景范围,选取适当的模型才能获得合理的近似结果。针对千变万化的移动通信场景,人们提出了很多对应的传播模型,这里只选取少量典型模型加以介绍,其他模型的数学表达虽不同,但应用方法基本类似。

2.5.1 奥村-哈塔模型

奥村-哈塔模型是根据测试数据统计分析得出的经验公式,应用频率 f_c 的范围为 150 MHz~1500 MHz,小区半径在 1 km~20 km 之间,基站天线高度的范围为 30 m~200 m,移动台天线高度的范围为 1 m~10 m。该模型路径损耗计算的经验公式为

$$L_P = 69.55 + 26.16 \lg f_c - 13.82 \lg h_{te} - \alpha(h_{re}) + (44.9 - 6.55 \lg h_{te}) \lg d + C_c + C_t$$

$$(2\text{-}42)$$

式中:h_{te} 是基站天线的有效高度(单位为 m),定义为基站天线实际海拔高度与基站沿传播方向实际距离内的平均地面海拔高度之差;h_{re} 是移动台天线的有效高度(单位为 m),定义为移动台天线高出地表的高度;d 为基站天线和移动台天线之间的水平距离(单位为 km);$\alpha(h_{re})$ 为有效天线修正因子,计算式与覆盖区域大小相关,具体表达为

$$\alpha(h_{re}) = \begin{cases} (1.11 \lg f_c - 0.7) h_{re} - (1.56 \lg f_c - 0.8), & \text{小区域} \\ 8.29(\lg 1.54 h_{re})^2 - 1.1, & \text{大区域}(f_c \leqslant 300 \text{ MHz}) \\ 3.2(\lg 11.75 h_{re})^2 - 4.97, & \text{大区域}(f_c \geqslant 300 \text{ MHz}) \end{cases}$$

$$(2\text{-}43)$$

C_c 为小区类型校正因子,可按下式计算:

$$C_c = \begin{cases} 0, & \text{城市} \\ -2[\lg(f_c/28)]^2 - 5.4, & \text{郊区} \\ -4.78(\lg f_c)^2 - 18.33 \lg f_c - 40.98, & \text{乡村} \end{cases} \quad (2\text{-}44)$$

C_t 为地形校正因子,反映一些重要的地形环境因素对路径损耗的影响,如水域、树木、建筑等。合理的地形校正因子取值通过传播模型的测试和校正得到,也可以由人为设定。

 选学课文

奥村-哈塔模型的来历

在城市环境的宏小区中,由于移动台常常处在城市建筑物屋顶平面之下,直射路径很可能被阻断,因而常用经验模型来进行信号预测。奥村及其合作者提出的模型是最常用的经验模型之一。因为奥村的数据大量来自实测,因而奥村模型在世界范围内得到广泛应用。

20 世纪 60 年代,奥村等人在东京近郊用较宽的频域、几种固定基站天线高度、几种移动台天线高度,以及在各种不规则地形和环境地物条件下测量信号强度。由这些测量数据形成的一系列曲线和图表显示出不同频率上的场强和距离的关系。以固定基站天线高度作为曲线的参量,产生出各种环境中的结果,给出各种地形的修正。奥村研究的结果已使该模型成为一种标准模型,但由于该数据最初仅以曲线形式被使用,使用不便,因此后续又导出满足奥村曲线的公式。

使用奥村-哈塔模型需要预先对地形和地面障碍物类别进行类型判断,根据地形特征设定合适的地形校正因子以提高计算结果的准确度。

2.5.2　COST231-哈塔模型

COST231-哈塔模型也参考了奥村的测试数据,并通过较高频段的信号测试得出。应用频率 f_c 的范围为 1500 MHz～2000 MHz,小区半径、天线高度的要求与奥村-哈塔模型相同。该模型路径损耗计算的经验公式为

$$L_P = 46.3 + 33.9 \lg f_c - 13.82 \lg h_{te} - \alpha(h_{re}) + (44.9 - 6.55 \lg h_{te}) \lg d + C_c + C_t + C_M$$

$$(2-45)$$

式中:C_M 是大城市中心校正因子。

大城市中心的 C_M 值为 3 dB,其他场景(包括大城市边缘、中小城市、郊区、乡村)的 C_M 值为 0 dB。除 C_M 之外,其他参数的定义与式(2-42)中的参数定义一致。

2.5.3　COST231 室内损耗模型

前两类模型属于室外传播模型,电磁波在开放或半开放空间中传播。而这里介绍的 COST231 室内损耗模型是室内传播模型的一种。与室外传播不同,电磁波在室内传播的损耗主要包括建筑物布局、建筑材料、建筑类型等。COST231 室内损耗模型的经验公式为

$$L_P = L_{fs} + L_c + \sum_i k_{wi} L_{wi} + n^{\frac{n+2}{n+1} - b} \times L_f \qquad (2-46)$$

式中:L_{fs} 是发射端与接收端间的直射路径传播损耗;L_c 为固定损耗,经验值一般设为 37 dB;k_{wi} 为被穿透的 i 类墙数量;L_{wi} 为 i 类墙的损耗;n 是被穿透楼层的数量;L_f 是相邻层之间的损耗,对典型的楼层结构而言经验值为 18.3 dB,b 为校正参数,经验值可取 0.46。

就被穿透墙的类别而言,本模型大致分为两类:第一类是轻型内墙,由灰泥板或类似的轻型材料构成,或是有大量孔洞的墙,这时取 $L_{w1} = 3.4$ dB;第二类是普通内墙,由混凝土或砖砌成,孔洞数量小或无孔洞,这时取 $L_{w2} = 6.9$ dB。

如果对计算精度要求不高,本模型也可采用以下简化式计算室内路径损耗:

$$L_P = 37 + 30 \lg d + 18.3 n^{\frac{n+2}{n+1} - 0.46} \qquad (2-47)$$

式中:d 为发射端和接收端的距离。

选学课文

传播模型校正

通过前面的介绍可以知道,传播模型本身是经验模型。它们是在特定的无线传播环境下,通过大量的实际测试,根据大量数据所建立的。可是不同地区的环境有别,导致传播模型也出现变化,所以在使用传播模型时需要对其可靠性和准确性进行分析和校正,其目的是使传播模型适应新的传播环境。

传播模型校正是一个复杂而细致的工程,需要针对具体的无线传播环境进行典型的测试,得到实际传播损耗的若干数据,然后根据这些数据对原有的传播模型进行校正。这里以 CDMA 移动网传播模型校正为例来说明传播模型校正的三个步骤。

第一步是数据准备,主要工作包括设计测试方案、进行车载路测、收集并记录本地测试数据。车载路测是移动通信中常见的测试方法,在车载路测之前必须首先获得测试区域的电子地图,一方面了解地形高度、地物信息等对电磁波传播造成影响的地理因素,另一方面得到现网中基站、扇区和天线数据,它们都是进行后续工作的重要基础数据。车载路测依照选定的测试路线,使用车载接收机或车载测试手机并记录各处的信号相关参数。

第二步是数据后处理,这是对车载路测数据进行后处理,得到本地路径损耗等相关数据。数据后处理首先是解析数据,得到以栅格为单位的本地导频接收功率;然后根据导频发射功率、天线增益等参数计算对应的路径损耗;最后为了保证路测数据有效且可用于校正,还要根据一定条件对路径损耗实测值进行筛选,把人为和测试仪器引起的错误数据删除。

第三步是模型校正,根据数据后处理得到的路径损耗数据,校正原有的传播模型中的函数(常见的是校正各函数的系数),使模型的预测值和实测值的误差最小。传播模型在使用时,需要对其准确性和可靠性进行测试,或者根据地形、地物校正公式中的参数。校正方法因模型和公式形式而异,如对于有些非线性模型,用对数形式整体校正后能得到线性表达式。

在科学实验和生产实践中,有很多函数关系仅能通过一组数据点 (x_1, y_1),(x_2, y_2),$\cdots$,(x_m, y_m) 来表示,而它的函数解析式 $f(x)$ 未知。为了得到 $f(x)$,常常选取一组函数(又称函数系)$g_1(x)$,$g_2(x)$,$\cdots$,$g_n(x)$ 构成函数空间 $g(x) = \sum\limits_{j=1}^{n} w_j g_j(x)$ 来近似表示 $f(x)$,其中 w_j 是一组待定系数。

确定 $g(x)$ 的途径有两种。第一种途径要求 $g(x)$ 通过 (x_1, y_1),(x_2, y_2),$\cdots$,(x_m, y_m) 这 m 个数据点,即满足 $y_i = g(x_i) = \sum\limits_{j=1}^{n} w_j g_j(x_i)$,$i = 1, 2, \cdots, m$。这是插值方法,属于精确计算的范畴。

第二种途径要求 $g(x)$ 尽可能地靠近 (x_1, y_1),(x_2, y_2),$\cdots$,(x_m, y_m) 这 m 个数据点。这是曲线拟合问题。拟合问题的提出是很自然的,因为观测量由于一些原因存在误差,这种误差不可避免,所以没有必要要求 $g(x)$ 的精确满足这些包含误差的数据。另一方面,当 m 值很大时,用插值方法得到 $g(x)$ 的形式将非常复杂,并且无法保证插值之外数据的准确性。因此实际常用的做法是,先基于严格的准备工作来采集路测数据,然后进行数据后处理,再适当地设置收敛条件,采用曲线拟合的方法得到校正后的传播模型。

本 章 小 结

本章从移动通信的角度,讲解了实际场景中信号传播的若干特征。移动通信多使用电磁波谱中的特高频、甚高频和超高频频段作为载波。实际传播场景并不是自由空间,存在反射障碍物和不均匀介质的情况,因而传播路径需要考虑电磁波的反射和折射;又因为无线信道的物理特性不稳定以及电磁波具有衍射和干涉特性,所以需要研究信号的衰落。本章从快衰落和慢衰落的视角对衰落的成因及特征作了说明。此外考虑到移动通信的"移动性",本章涉及了多普勒效应,它是移动通信特有的一种效应。

传播模型是人们对电磁波传播特性的一种经验化近似,因其计算快捷,故在实际中得到了广泛应用。学习中应认真体会传播模型相对于精确分析的实用意义,这是理论与实践和而不同的具体体现。每种传播模型都有其适用范围,应用时需加以注意。

复 习 题

1. 当今公共移动通信系统采用的频段,多集中在 30 MHz～30 GHz 范围内,也就是_____、_____和_____频段。

2. 地面上可近似为直射路径传播的场景须满足什么条件?

3. 已知自由空间中发射天线发射电磁波频率为 1 GHz,发射天线与接收天线间的距离为 10 km,求电磁波的传播损耗(用 dB 表示)。

4. 在考虑直射路径和地面反射路径时,为什么接收端的信号会出现衰落现象?

5. 在计算视线传播的极限距离时,若考虑电磁波在大气中的折射,则地球的等效半径为_____。

6. 在标准大气折射下,发射天线高度为 169 m,接收天线高度为 1.96 m,求视线传播的极限距离。

7. 什么是菲涅尔余隙? 其中的负余隙和正余隙分别代表什么意义?

8. 什么是快衰落? 举出一例典型的快衰落。

9. 什么是慢衰落? 举出一例典型的慢衰落。

10. 通信双方_____的变化,会引起_____发生变化,这种现象称为多普勒效应。多普勒效应引起的附加频移称为_____。

11. 如果移动台的运动速率一定,则它在什么方向上运动时多普勒效应最强? 在什么方向上运动时多普勒效应最弱?

12. 相对于确定性电磁信号分析,使用传播模型来计算场量有何优势?

第3章

噪声与干扰

只要研究移动通信,噪声与干扰就是个绕不开的话题。其实在有线通信时代,人们就体会到导体热噪声与半导体散弹噪声对电路通话的影响,并加以研究,试图去减弱它。到移动通信领域,由于传播环境的开放性,噪声与干扰对通信质量的影响更是有增无减、如影随形。在移动通信发展的初期,器件制造工艺和射频技术尚未成熟,人们常因接收信号噪声大,有用信号不清晰而头疼;待抗噪能力增强,用户数量增多,人们又因不同用户信号的干扰而烦恼。移动通信系统的每次演进,都引起新的噪声和干扰问题,以及发现解决此类问题的新方法。在未来可预见的发展前景中,有效地控制噪声和干扰依旧是提升移动通信质量的核心内容之一。

3.1 噪　　声

▊▏ 3.1.1　噪声与干扰的联系和区别

对通信接收端而言,噪声与干扰都是有用信号之外的部分,其存在对通信质量有负面影响。在广义干扰概念中,噪声是干扰的一种类型,二者之间有紧密联系。但噪声与干扰的意义仍存在差别,归纳起来有以下几点:

(1)噪声的来源广泛,成因机理复杂;干扰来源以通信信号为主,成因规律性强;

(2)噪声的即时特征复杂,故常用统计特性来表述;干扰的即时特征取决于干扰信号,可以用明确的时域函数表达;

(3)噪声对信号质量的影响程度比较固定,一般难以利用;而干扰的影响不确定性较强,有时可利用干扰信号来提升通信质量。

如无特别说明,本章内容不把噪声归入干扰类型中,依旧将噪声与干扰分开表述,以明确二者间的差别。

3.1.2 噪声的类别

噪声可以按照来源分为内部噪声和外部噪声。内部噪声包括导体的热噪声和放大器的噪声;外部噪声是来自非移动通信发射机的电磁波信号,可以分为自然噪声和人为噪声。下面分别给予说明。

1. 热噪声

将一个导体从正中间画一条线分成上下两部分,那么线上的自由电子数和线下的自由电子数是随机的,上下数目差也是随机的。这个数目差意味着一个电动势,如果有闭合回路,就会形成一个随机电流,这就是热噪声。

热噪声是白噪声,在整个频段均匀分布,随着工作温度的变化而变化。此外,由于接收机有工作带宽,有效带宽外的热噪声不被接收,所以接收机内的热噪声大小也受工作带宽的变化而受影响。

选学课文

导体的热噪声

热噪声是在一定温度下由导体内的电子随机热运动产生的电势而引发的,电子的总个数足以满足中心极限定律的条件,由此可知热噪声具有高斯的特征。加上前文讲到的白噪声特性,因此热噪声是白高斯噪声。

该电势大小为

$$e_n = \sqrt{4kTBR_i} \tag{3-1}$$

式中:$k = 1.38065 \times 10^{-23}$ J·K^{-1} 为玻尔兹曼常数,T 为绝对温度,B 为接收机有效带宽,R_i 为噪声源导体的内阻。因此,对应的热噪声功率为

$$P_n = \frac{e_n^2}{4R_i} = kTB \tag{3-2}$$

可以看出,热噪声功率与绝对温度成正比。所以除非通信设备内各导体温度均为绝对零度(这种情形在实际中不存在),否则热噪声不可避免。

2. 放大器的噪声放大

放大器受器件的电流波动或表面杂质、半导体晶体不纯净等因素的影响,会放大噪声,导致经过放大器信号的信噪比恶化。这一恶化量通常用噪声系数来表述,它定义为放大器的输入信噪比与输出信噪比之比。

3. 自然噪声

自然噪声包括宇宙噪声、大气噪声、太阳射电噪声等。根据实际测量,当移动通信系统工作在 100 MHz 以上时,自然噪声比接收机热噪声小,并随频率升高而减小,因此 100 MHz 以上的自然噪声影响甚微。由于移动通信系统最常使用的是特高频、甚高频和超高频,因而一般可忽略自然噪声。

📖 阅读材料

磁暴

磁暴是一类常见的自然噪声。当太阳表面活动旺盛,特别是在太阳黑子极大期时,太阳表面的闪焰爆发次数也会增加,闪焰爆发时会辐射出 X 射线、紫外线、可见光及高能量的质子和电子束,其中的带电粒子(质子、电子)形成的电流冲击地球磁场,引发短波通信所称的磁暴。磁暴时会增强大气中电离层的游离度,也会使极区的极光特别绚丽,另外还会产生杂音掩盖通信时的正常信号,甚至使通信中断,也可能使高压电线产生瞬间超高压,造成电力中断,也会对航空器造成伤害。磁暴是常见现象。不发生磁暴的月份是很少的,当太阳活动增强时,可能一个月发生数次。

4. 人为噪声

人为噪声是由电气装置中电流或电压发生急剧变化而形成的电磁辐射,这种辐射噪声除了可以直接进入移动信道外,还可以通过电力线传播,并通过电力线与接收机天线的耦合进入接收机。在城市中由于人口密集、电气设备密集,产生的人为噪声对移动通信的影响较大。

 选学课文

人为噪声的来源

人为噪声的来源很广,各种工业和非工业电磁辐射均可产生人为噪声。人为噪声主要包含汽车点火系统火花产生的噪声,电力机车或无轨电车等电弓接触处火花产生的噪声,微波炉、高频焊接机、高频热合机等高频设备产生的噪声,电动机、发电机和断续接触电力器械产生的噪声,高压输配电线及输配电所的电晕放电产生的噪声,等等。在移动通信系统所在的频段内,人为噪声功率比自然噪声功率高,是外部噪声的主体。根据有关测试,人为噪声大致随频率升高而呈对数下降,且在不同环境下存在差别:商业区高于住宅区,市区高于郊区。机动车辆的电火花是城市中最主要的一类人为噪声,属于典型的冲击性噪声,它的频谱宽而且与车流密度相关。

▐ 3.1.3 噪声对信息传输速率的影响——香农公式

人们都希望信息的传输速率越高越好,那么传输速率受哪些因素的影响?它有没有上限?美国教授香农提出并严格证明了在被高斯白噪声干扰的信道中,计算最大信息传送速率(即信道容量)C 的公式,也就是著名的香农公式:

$$C = B \log_2 \left(1 + \frac{S}{N}\right) \tag{3-3}$$

式中:B 为信道带宽,S 和 N 分别是信号功率和噪声功率。

从香农公式可以看出,如果噪声功率为零,信噪比达到无穷大,信道容量也趋近无穷大,传输速率不受限。而在移动通信中噪声功率不可能为零,此外信道带宽由通信标准严格规定,不可能随意拓宽,信号功率也因供能限制维持在一定水平,所以信道容量总是有限的。信道容量越大,进一步提升的代价越高。

📖 阅读材料

香农简介

克劳德·艾尔伍德·香农,美国数学家、电子工程师和密码学家,被誉为信息论的创始人(参见插图四)。香农于 1916 年 4 月 30 日出生于美国密歇根州的佩托斯基市,1936 年毕业于密歇根大学并获得数学,1938 年获得麻省理工学院电子工程硕士学位,1940 年获得麻省理工学院数学博士学位,1941 年加入贝尔实验室数学部并工作至 1972 年。香农于 1956 年成为麻省理工学院客座教授,并于 1958 年成为终生教授,1978 年成为名誉教授。香农逝世于 2001 年 2 月 26 日,享年 85 岁。

香农在麻省理工学院攻读电子工程硕士学位的论文题目是《继电器与开关电路的符号分析》。当时他已经注意到电话交换电路与布尔代数之间的类似性,即把布尔代数的"真"与"假"和电路系统的"开"与"关"对应起来,并用 1 和 0 表示。于是他用布尔代数分析并优化开关电路,这就奠定了数字电路的理论基础。他的数学博士论文却是关于人类遗传学的,题目是《理论遗传学的代数学》。这说明香农的科学兴趣十分广泛,后来他在不同的学科领域发表过许多有影响的论文。

香农在普林斯顿高级研究所期间开始思考信息论与有效通信系统的问题。经过 8 年的努力,香农于 1948 年 6 月和 10 月在《贝尔系统技术》杂志上连续发表了具有深远影响的论文《通信的数学原理》。1949 年,香农又在该杂志上发表了另一著名论文《噪声下的通信》。在这两篇论文中,香农阐明了通信的基本问题,给出了通信系统的模型,提出了信息量的数学表达式,并解决了信道容量、信源统计特性、信源编码、信道编码等一系列基本技术问题。这两篇论文成为信息论的奠基性著作。

20 世纪 50 年代,信息论在学术界引起了巨大反响。这一时期包括香农本人在内的一些科学家做了大量工作,将香农的科学论断进一步推广,同时信道编码和信源编码先后在理论上有了较大发展。1959 年,香农发表了论文《保真度准则下的离散信源编码定理》,系统地提出了信息率失真理论,为信源压缩编码的研究奠定了理论基础。1961 年,香农的又一篇论文《双路通信信道》将他本人的单用户信息论推广到多用户,开拓了多用户信息理论的研究。到 20 世纪 70 年代,随着信息化时代的来临和网络通信技术的发展,多用户信息论成为研究中心的课题之一。

香农理论体系中有一个重要内容是熵的概念。熵最初由鲁道夫·克劳修斯提出,并应用于热力学。熵表示体系的混乱的程度,在数论、概率论、天体物理学、化学、生命科学、控制论等领域都有重要应用,在不同的学科中也有引申出的更为具体的定义,是各领域十分重要的参量。而香农第一次将熵的概念引入到信息论中,为明确信息量的概念作出决定性贡献。在他的论文《通信的数学原理》中写入通信的数学模型,清楚地提出信息的度量问题。他在已有理论成果的基础上,把信息量的表达扩展到概率不同的情况,并给出这种情况下信息熵的计算方法。著名的香农公式,也正是在这时首次被香农提出并加以论证。

3.2 干扰的类型

在移动通信系统的应用中,干扰一直广泛存在,并且随着系统的升级换代、制式的多样化、用户数目的增多,干扰的成因越来越多,作用效果也变得更复杂。以至于在这里,我们需要专门用一节内容来介绍干扰的类型。即使如此也无法涉及完全,只能选择重点类型进行介绍。

移动通信中的干扰根据其发生机理、表现形式、影响程度等角度存在多种分类方法。例如按照干扰频率相关度分类,可分为同频干扰、邻频干扰和互调干扰。同频干扰由频率复用引起,在频谱资源十分紧缺的现状下,蜂窝系统通过特定规划使同一频段在不同的小区或扇区中重复使用,这样可以增大通信容量频谱利用率,但同时在使用相同频段的区域之间引入同频干扰。相应地,不同小区或扇区间使用的频段不同,但在频域上相邻或距离近,仍有可能在接收端造成相互干扰,这就是邻频干扰。合理的频率分配可以减小这种干扰。有多路信号输入时,因设备非理想的线性特征,信号间相互调制而产生了新的组合频率信号,它对原有信号的干扰即为互调干扰。这部分内容将在后续小节中详细说明。

按照数学模型的不同,干扰有加性和乘性之分;按照物理机制的不同,干扰还可能在功率、时间、频率或空间上有所表现。

▎▎3.2.1 加性干扰和乘性干扰

在二对端信道中,输入和输出的函数关系可表示为

$$y(t) = f[x(t)] + n(t) \tag{3-4}$$

式中:$x(t)$、$y(t)$分别为输入的已调信号和输出信号,$n(t)$为独立于输入信号之外的加性干扰(有时称为加性噪声)。

函数$f[x(t)]$的自变量为输入信号,表示信号在通过信道时发生的变化,这种变化通常是时变的。$f[x(t)]$在数学表达的复杂程度上可以有很大不同,精确的解析模型往往较复杂(高次多项式函数或超越函数)。在精确度要求不高时,它可以用输入的线性函数来近似,这时$f[x(t)]$表示为$k(t)x(t)$,其中$k(t)$与无线信道特性相关,它反映这种信道对$x(t)$的作用,对外表现出一种系数相乘的干扰,故称其为乘性干扰。在这种近似下,$y(t)$可表示为

$$y(t) = k(t)x(t) + n(t) \tag{3-5}$$

该形式为二对端信道输出的近似模型。

根据前面的分析,输出信号受信道的影响有两方面:加性干扰$n(t)$和乘性干扰$k(t)$。由式(3-5)可知,$x(t)$的大小与$n(t)$不直接相关,即使$x(t)=0$,$n(t)$始终被包含在输出信号$y(t)$中;而$k(t)$则不同,若$x(t)=0$,则$k(t)$对$y(t)$的影响消失。换言之,乘性干扰对输出的影响程度与输入信号的强度相关,无输入信号时乘性干扰归零,而加性干扰对输出的影响程度不受输入的影响。乘性干扰$k(t)$可能包含线性/非线性畸变因子、时域延迟、信道损耗等方面。经实际观察和实验发现,一些信道对信号的作用固定或者变化平缓,

$k(t)$ 表达为简单的时间函数;另一些信道的影响变化迅速,甚至带有随机性,它们的 $k(t)$ 形式复杂,甚至用随机过程来描述。模型越精确,$k(t)$ 的复杂度往往越高。

3.2.2 物理机制上的干扰类型

前文提到,移动通信中的干扰在物理机制上可通过功率、时间、频率或空间来表现。已知的同频/邻频干扰即属于频率干扰的范畴,而功率干扰、时间干扰和空间干扰亦具备各自的特征。

信号功率在传输过程中衰落,体现在这种衰落上的干扰称为功率干扰。当干扰信号功率超出一定阈值时,接收端便会出现大信号阻塞干扰,它是功率干扰的一种。当共信道的两个或多个信号使用不同载频时,有可能引起差拍干扰;调制幅度的不稳定,或者信号间的相位不同步时,可能造成失真干扰。功率干扰通常通过改进设备性能以及频率管理加以控制。

信号在传输过程中因传输时间上的浮动造成的干扰称为时间干扰。多径干扰是其中最重要的一种类型。信号在开放空间中传输时往往经过若干不同的路径到达接收端,如地面上的自然景观、人工建筑会引入反射路径,空中的大气会引入散射路径,其中的电离层还会引入反射和折射路径,这些路径在汇集同一发射源的信号时发生多径效应。由于传输时间上的差异,多径效应在接收端容易带来符号间的干扰,从而降低接收信号的质量。时间干扰通常通过时域均衡、分集技术、正交频分复用等手段来控制。

空间干扰主要因发射端和接收端在空间中的相对位置不同而引起。如在蜂窝系统中,当基站和各移动终端间的距离差别可能很大,这时各移动终端发射出的上行信号在空间中相互交叠,基站接收到的近处移动终端(近端)信号强于远处移动终端(远端)。如果这种差异足够大,远端的上行信号可能淹没在近端的上行信号中,影响远端的通信正常进行,这就是远近效应的原理。这种干扰一般通过开环/闭环功控或帧头时域对齐策略来规避。

由于干扰的种类繁多,本章接下来的内容无法覆盖全部,所以将选取工程应用中重点考虑的几类干扰来详细说明。

3.3 同 频 干 扰

3.3.1 频率复用技术

在蜂窝移动通信系统中,为了区分用户,需要为各小区或扇区分配不同的频率。如果小区数目多、用户量大,那么有限的频率资源就很容易用尽,导致系统扩容困难。为解决这一问题,可在一定间隔之外按一定规则重复使用相同的频率,这就是频率复用技术。频率复用技术成倍地提高了频率的利用率,为系统扩容提供了更大空间,这也是引发同频干扰的主要原因。

如图 3-1 所示,对于一个地区内连续二维分布的蜂窝小区而言,我们将一定相邻数目的小区归为一组,称为一个区群。图中区群的小区数为 7。在一个区群内各小区使用的频率互不相同,区群之间可重复使用频率。这就使得每个频段可在区群层面上复用。对每个小区而言,每隔一个区群的宽度就出现与自己复用频率的另一个小区;同频干扰就发生在这样复用相同频率的小区之间。

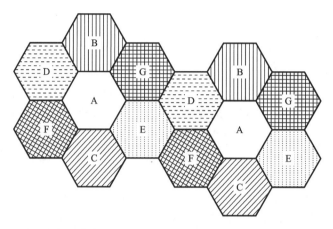

图 3-1   蜂窝系统的频率复用(7 小区区群,不同字母代表不同频率)

 对于连续二维分布的蜂窝小区而言,如果要求发生同频干扰的小区不相邻,区群的小区数至少为几?

可以看出,区群越小,频率复用程度越高,但同频小区距离近使同频干扰变大;大区群能降低同频干扰程度,但同时降低了频率的利用率。工程设计时应综合考虑两方面因素来规划合适的区群大小。

▋▋ 3.3.2   同频复用距离系数

对于同频干扰,因为干扰频率位于接收频段内,所以不能用滤波将其去除。行之有效的方法是减小干扰功率,增大接收机处的信干比(signal to interference rate,SIR),用 R_{SI} 表示。在频率复用技术中,这一信干比受什么因素影响呢?

假设蜂窝系统中小区半径为 r,小区甲和乙使用相同的频率,它们的基站发射功率相同,距离为 D。对甲小区内的用户而言,它们接收甲基站有用信号的同时,也接收乙基站的同频干扰。若不考虑其他干扰,则信干比满足

$$R_{SI} \geq 40\lg\left(\frac{D}{r}-1\right) \tag{3-6}$$

式中:信干比的单位为 dB。

可以看出,信干比的最大值取决于 $\dfrac{D}{r}$,这一比值称为同频复用距离系数。在所有小区的形状、面积相同时,同频复用距离系数与小区大小无关,与区群小区数 N 有关:

$$\frac{D}{r} = \sqrt{3N} \tag{3-7}$$

为控制同频干扰,工程上常对信干比作出下限规定,这时 $\frac{D}{r}$ 就有了下限要求,于是 N 也就有了最小值(向上取整)。

 想一想　仅考虑同频干扰时,若要求信干比不低于 25 dB,则区群小区数至少为多少?

3.4　邻频干扰

▎▎3.4.1　邻频干扰的成因

如果不同的系统分配了相邻的频率,由于收发设备滤波性能的非理想性,工作在相邻频段的发射机会泄漏信号到被干扰接收机的工作频段内,同时被干扰接收机也会接收到工作频段以外其他发射机的工作信号,由此发生邻频干扰,如图 3-2 所示。所以,邻频干扰的成因主要有两点,一是由于频段资源紧张,不同系统的频率分配越来越近;二是滤波特性非理想,存在邻道泄漏和邻道选择。

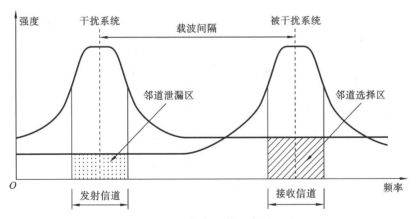

图 3-2　邻频干扰示意图

📖 **阅读材料**

滤波器的非理想性

理想滤波器是一个理想化的模型,在物理上不能实现。如图 3-3 所示,以低通滤波器为例,理想低通滤波器的频域响应满足

$$H(j\omega) = \begin{cases} A_0, & |\omega| \leqslant \omega_C \\ 0, & |\omega| > \omega_C \end{cases} \tag{3-8}$$

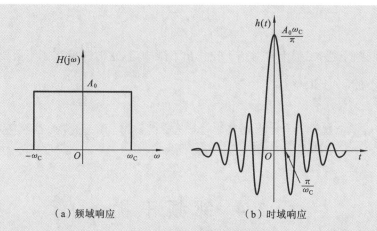

（a）频域响应　　　　　　　（b）时域响应

图 3-3　理想低通滤波器

在频域上 $H(\mathrm{j}\omega)$ 的图像为矩形。它对应的时域响应为

$$h(t)=\frac{A_0 \sin(\omega_{\mathrm{C}} t)}{\pi t} \tag{3-9}$$

对于理想滤波器，其特征参数为截止频率 ω_{C}。在截止频率之内的幅频特性为常数 A_0，截止频率之外的幅频特性为零；对于实际滤波器，其特性曲线没有明显的转折点，通带中幅频特性也不是常数。如实际常用的 RC 调谐式低通滤波器，其实现电路和实际频域响应如图 3-4 所示。

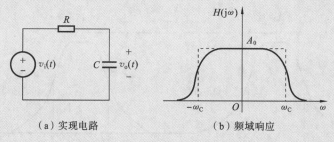

（a）实现电路　　　　　　　（b）频域响应

图 3-4　RC 调谐式低通滤波器

可以看到实际滤波器的频域响应中，通带边缘还有一段非零的过渡带，这一过渡带的存在是引起邻频干扰的重要原因。

3.4.2　ACLR 和 ACS

决定邻频干扰有两个关键特性指标，一个是邻道泄漏功率比（ACLR），用 R_{ACL} 表示，另一个是邻道选择性衰减比（ACSR），用 R_{ACS} 表示。前者用于干扰发射机，后者用于被干扰接收机，它们都定义为功率的比值。ACLR 是发射功率与其落到相邻频道功率的比值，ACSR 是指定信道的接收滤波器在该信道上的衰减和在相邻频道上衰减的比值。

在工程中为了衡量 ACLR 和 ACSR 对邻频干扰的共同作用，引入了另一指标——邻道干扰功率比（ACIR），用 R_{ACI} 表示，它可由 ACLR 和 ACSR 计算得出：

$$R_{ACI} = \dfrac{1}{\dfrac{1}{R_{ACL}} + \dfrac{1}{R_{ACS}}} \tag{3-10}$$

R_{ACI} 的值越大，邻频干扰的影响越小。由式（3-10）可知，如果 R_{ACL} 和 R_{ACS} 相等，则 R_{ACI} 比它们小约 3 dB；当 R_{ACL} 与 R_{ACS} 相差较大时，R_{ACI} 接近于两者中较小的值。因此为了提高 R_{ACI}，需要尽量提升 R_{ACL} 和 R_{ACS} 中较低的一个指标。

▌ 3.4.3　杂散辐射

有一类干扰与邻频干扰的成因相似，称为杂散辐射。它是由于发射机中功放、混频、滤波等部分工作特性非理想，会在工作带宽以外很宽的范围内产生辐射信号分量，包括热噪声、寄生辐射、频率转换产物以及各种谐波分量等。

杂散辐射与邻频干扰的区别主要体现在：邻频干扰中所考虑到干扰发射机泄漏信号指的是被干扰接收机所处频段距离干扰发射机工作频段较近，尚未达到杂散辐射规定频段的情况，即有效工作带宽 2.5 倍以上（或者工作带宽上下边界 10 MHz 以外的频段）；当两系统的工作频段相差带宽 2.5 倍以上（或者相隔 10 MHz 以上）时，滤波器的非理想性主要表现为杂散辐射干扰。

3.5　互调干扰

▌ 3.5.1　电路的非线性特性

电路的非线性特性是互调干扰的成因。对于呈现纯线性的理想电路，其响应模型为一次函数，即输入电压 u 与输出电流 y 的关系满足

$$y = a_0 + a_1 u \tag{3-11}$$

式中：a_0，a_1 为常数，影响 y 的幅值。

但 y 的频率成分与 u 保持一致，无输出频率的增减。也就是说，对于纯线性电路，输入信号的频率之间没有互相调制，输出不会产生新的频率成分。

不过实际电路的线性特征没有这么理想，非线性响应特性则以幂级数方式建模：

$$y = \sum_{i=0}^{n} a_i u^i \tag{3-12}$$

式中：a_i 由器件特性决定。

对一般电路器件，i 越大，$|a_i|$ 越小。若暂时忽略三次以上项对输出的影响，有

$$y \approx a_0 + a_1 u + a_2 u^2 + a_3 u^3 \tag{3-13}$$

假设输入含三种频率成分，即

$$u = A\cos\omega_A t + B\cos\omega_B t + C\cos\omega_C t \tag{3-14}$$

则输出为

$$
\begin{aligned}
y \approx\, & a_0 + a_1(A\cos\omega_A t + B\cos\omega_B t + C\cos\omega_C t) \\
& + a_2(A\cos\omega_A t + B\cos\omega_B t + C\cos\omega_C t)^2 \\
& + a_3(A\cos\omega_A t + B\cos\omega_B t + C\cos\omega_C t)^3
\end{aligned}
\tag{3-15}
$$

对上式展开会得到很多频率分量,有兴趣的读者可以尝试推导输出表达式。这里先就输出频率按次数归类。

一次分量 ω_A、ω_B、ω_C,其实它们就是输入的原始频率,也是线性输出成分,不是干扰。

二次分量 $2\omega_A$、$2\omega_B$、$2\omega_C$、$|\omega_A \pm \omega_B|$、$|\omega_B \pm \omega_C|$、$|\omega_C \pm \omega_A|$,如果这些频率落入其他系统的接收带宽内,则形成二阶互调干扰。一般情况下,这些频率离发射频段较远,容易被滤波器滤除。

三次分量除了 ω_A、ω_B、ω_C 这三个和输入相同的频率外,产生的新频率有 $3\omega_A$、$3\omega_B$、$3\omega_C$、$|2\omega_A \pm \omega_B|$、$|2\omega_B \pm \omega_C|$、$|2\omega_C \pm \omega_A|$、$|\omega_A \pm 2\omega_B|$、$|\omega_B \pm 2\omega_C|$、$|\omega_C \pm 2\omega_A|$、$|\omega_A \pm \omega_B \pm \omega_C|$,其中 $|2\omega_i - \omega_j|$、$|\omega_i + \omega_j - \omega_k|$ 这两种形式的频率分量离输入频率很近,容易落入接收带宽内。输出中常出现的三阶互调干扰,就是指这两种形式的新频率分量造成的干扰。

设输入只含两个频率成分 ω_A 和 ω_B,① 哪些频率容易形成三阶互调干扰? ② 如果从阶数上最高考虑到五阶互调,又有哪些频率容易形成干扰?(提示:这时的电路响应特性为五次函数)

3.5.2　应对互调干扰之一——增强线性特性

各互调频率成分的函数表达式可由式(3-15)的幂级数展开整理得出。如互调频率 $2\omega_A - \omega_B$ 和 $\omega_A + \omega_B - \omega_C$ 对应的幂级数展开项分别为

$$y_{2A-B} = \frac{3a_3 A^2 B}{4}\cos(2\omega_A - \omega_B)t \tag{3-16}$$

$$y_{A+B-C} = \frac{3a_3 ABC}{2}\cos(\omega_A + \omega_B - \omega_C)t \tag{3-17}$$

由表达式可以看出,互调输出的幅值与对应输入频率的幅值(A、B 或 C)成正比,也与器件响应函数中对应次数的系数(a_i)成正比。基于这样的关系,欲减小互调干扰的幅值,一种方法是减小输入幅值,不过这种方法只是将互调成分的绝对幅值降低,由于有用信号也被削弱,所以输出的信号质量通常并无改善;另一种方法是使 $|a_i|$($i \geqslant 2$)尽可能小,也就是增强电路的线性特性,使输出的幂级数更接近线性函数。这一方法对改善输出信号的信干比较为有效,也是实际中常用的方法。所以在预见到互调成分可能造成干扰时,使用线性特性优良的电路转移器件可有效抑制互调干扰。

3.5.3　应对互调干扰之二——频率规划

下面仍以最常见的三阶互调为例,设受到干扰的有用频率(通常是输入频率之一)为

ω_i,则意味着

$$2\omega_A - \omega_B = \omega_i \tag{3-18}$$

$$\omega_A + \omega_B - \omega_C = \omega_i \tag{3-19}$$

等式变形为

$$\omega_A - \omega_B = \omega_i - \omega_A \tag{3-20}$$

$$\omega_A - \omega_C = \omega_i - \omega_B \tag{3-21}$$

可以看到等式两边都变成两个频率之差的形式,这就给出一个启示:在一组频率中,是否存在频点间的差值相等,是三阶互调造成干扰与否的体现。换言之,如果一个频率集中找不出差值相等的两组频率,则该频率集的三阶互调频率不会落在任一原有频率上造成干扰。这样的频率集称为无三阶互调干扰频率集(或无三阶互调干扰频率组)。

有了上述定义,就能据此验证一个频率集是否为无三阶互调干扰频率集。例如,对于频率集{1880,1885,1900,1925,1935}(单位为 MHz,余同),通过列表求出任意两频率之差。

表 3-1   频率集差值表

频率/MHz	1880	1885	1900	1925	1935
1880	—	5	20	45	55
1885	—	—	15	40	50
1900	—	—	—	25	35
1925	—	—	—	—	10
1935	—	—	—	—	—

由于表 3-1 中的差值无重复,即不存在差值相等的两组频率,因此该频率集是无三阶互调干扰频率集。需要补充的一点是,如果各频率以序号代替,且序号之差与频率间隔成正比,这种方法同样有效。如在此例中,设 1880 为频率序号 1,频率加 5 对应序号加 1,则频率集{1880,1885,1900,1925,1935}变成频率序号集{1,2,5,10,12},依上表取序号进行计算,同样能够判定该集为无三阶互调干扰频率集。

使用无三阶互调干扰频率集,则是从频率规划的角度将三阶互调分量的频率限制在输入频率之外,使滤波器更易将其滤除,从而抑制了互调干扰。不过由于有些中间频率不允许使用,导致频谱利用率降低;在频率资源紧缺时,这种频率规划的可行性受到限制。

3.6   阻 塞 干 扰

一般情况下电路中的转移器件会有输入功率的限制。如果输入信号过强,输出信号会受到阻塞干扰的影响,与输入信号不再保持预期的对应关系。这是什么原因?

与互调干扰类似,阻塞干扰的成因之一是电路的非线性特性。如果电路是纯线性

的,即输入电压 u 与输出电流 y 的关系满足

$$y = a_0 + a_1 u \tag{3-22}$$

则不论 u 值大小,y 与 u 的变化率之比总有 $\dfrac{\mathrm{d}y}{\mathrm{d}u} = a_1$ 为定值,不发生阻塞干扰。

实际电路不是纯线性的。考虑三阶以内的非线性特性,输出电流表达为

$$y = a_0 + a_1 u + a_2 u^2 + a_3 u^3 \tag{3-23}$$

设输入包含 $\omega_0, \omega_1, \cdots, \omega_n$ 共 $n+1$ 个频率,各频率的幅值分别为 $A_0, A_1, \cdots, A_n$,即

$$u = \sum_{i=0}^{n} A_i \cos\omega_i t \tag{3-24}$$

则输出为

$$y = a_0 + a_1 \sum_{i=0}^{n} A_i \cos\omega_i t + a_2 \left(\sum_{i=0}^{n} A_i \cos\omega_i t\right)^2 + a_3 \left(\sum_{i=0}^{n} A_i \cos\omega_i t\right)^3 \tag{3-25}$$

令 ω_0 为被干扰频率,研究其他频点对 ω_0 的阻塞影响,则将输入表达式中的 ω_0 频率分离出来,得

$$
\begin{aligned}
y = {} & a_0 + a_1 \left(A_0 \cos\omega_0 t + \sum_{i=1}^{n} A_i \cos\omega_i t\right) + a_2 \left(A_0 \cos\omega_0 t + \sum_{i=1}^{n} A_i \cos\omega_i t\right)^2 \\
& + a_3 \left(A_0 \cos\omega_0 t + \sum_{i=1}^{n} A_i \cos\omega_i t\right)^3
\end{aligned} \tag{3-26}
$$

分解上式可知,一次项保持各输入频率不变;二次项中只有二阶互调项与直流分量,没有被干扰基频 ω_0 的分量;而在三次项的分解中存在含 ω_0 的频率成分,即

$$y_1 = a_1 A_0 \cos\omega_0 t \tag{3-27}$$

$$y_2 = 0 \tag{3-28}$$

$$y_3 = \frac{3a_3 A_0}{4}\left(A_0^2 + 2\sum_{i=1}^{n} A_i^2\right)\cos\omega_0 t \tag{3-29}$$

所以,输出中 ω_0 频率项为

$$y_0 = y_1 + y_2 + y_3 = a_1 A_0 \cos\omega_0 t + \frac{3a_3 A_0}{4}\left(A_0^2 + 2\sum_{i=1}^{n} A_i^2\right)\cos\omega_0 t \tag{3-30}$$

因此,ω_0 频率的系统增益(即 $A_0 \cos\omega_0 t$ 的系数)为

$$G_0 = a_1 + \frac{3a_3}{4}\left(A_0^2 + 2\sum_{i=1}^{n} A_i^2\right) = a_1 + \frac{3}{4}a_3 A_0^2 + \frac{3}{2}a_3 \sum_{i=1}^{n} A_i^2 \tag{3-31}$$

注意:这个表达式一方面佐证了纯线性电路中 $a_3 = 0 \Rightarrow G_0 = a_1$ 这一线性预期,另一方面含 a_3 的项表示增益的线性失真。绝大部分电路器件的 a_3 为负值,所以 $G_0 < a_1$。输入信号的幅值越大($A_0, A_1, \cdots, A_n$ 越大),输出信号的线性失真越严重(a_1 与 G_0 的差越大)。这种大功率输入时输出明显小于线性预期的现象就是阻塞干扰表现。

 阻塞干扰的一个典型的表现是,输入功率越高,输出功率随输入功率增长得越慢,这一点如何证明?(提示:先得出 $a_1 - \dfrac{\mathrm{d}y}{\mathrm{d}u}$ 的表达式)

选学课文

高功率压缩点

由阻塞干扰的成因可知,输入信号较弱时,电路的线性特征较好;输入信号越强时,阻塞表现得越明显。由于高功率输入时输出表现得比线性预期要低,就等效于幅值被压缩。为了描述这一阻塞压缩指标,引入高功率压缩点。

以工程设计上常涉及的 3 dB 压缩点为例。3 dB 压缩点是实际输出功率比线性预期低 3 dB 时对应的输入功率。将这一压缩点视为阻塞临界点,输入功率低于此压缩点时认为输出与输入近似呈线性关系,该输入区域也称为电路的线性工作区;输入功率高于此压缩点时认为阻塞干扰明显,该输入区域也称为电路的阻塞工作区,如图 3-5 所示。压缩点对应的输入功率越高,线性工作区范围越宽,电路的线性特征越好。大部分应用中为保证信号不失真,要求电路运行在线性工作区,参考压缩点指标可以方便地将输入控制在合适的范围内。

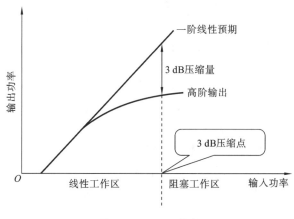

图 3-5　3 dB 压缩点

对于输出的线性要求较高的场合,工程上可用 1 dB 压缩点来划分线性工作区和阻塞工作区。这时对输入功率上限要求更严格,如果输出比线性预期低 1 dB 以上,就视同进入阻塞工作区了。

抑制阻塞干扰有哪些途径?

本 章 小 结

本章的讲解对象是移动通信中的噪声和干扰,其中对噪声不再停留于一般层面的认识,而是对其有较为细致的分类和系统的说明。香农公式定量描述了噪声对信道容量的影响,对电气和通信领域有深远的影响。

对干扰的分析是本章的重点内容。移动通信中的干扰类型多种多样,本章选讲了影响最大的几类干扰。同频干扰与频率复用技术密切相关,邻频干扰与滤波器的非理想滤波特性有紧密联系,互调干扰和阻塞干扰则源于电路的非线性转移特性。可见,这些干扰的成因在实践中都客观存在且难以避免,对它们的研究具有重要的现实意义和应用价值。定量分析三阶互调成分和阻塞干扰应用了数学中的三角变换,结论的导出具有严谨的逻辑性,在学习中可仔细体会这种方法。

复 习 题

1. 噪声和干扰的主要差别有哪些?

2. 噪声可以按照来源分为_____和_____。外部噪声是来自_____的电磁波信号,可以分为_____和_____。

3. 写出香农公式并说明式中每个参数代表的物理意义。

4. 如果信道的输出 $y(t)$ 与输入 $x(t)$ 的函数表达式为 $y(t)=k(t)x(t)+n(t)$,那么该信道引入的加性干扰和乘性干扰分别是什么?

5. 什么是频率复用技术? 它是哪一种干扰的主要成因?

6. 区群越小,频率复用程度_____,但同频小区距离近使同频干扰_____;区群越大,频率复用程度_____,但同频小区距离远使同频干扰_____。

7. 邻频干扰的主要成因是什么?

8. 杂散辐射与邻频干扰的区别主要体现在哪里?

9. 电路的_____特性是互调干扰和阻塞干扰的主要成因。

10. 检验 {1, 2, 7, 11, 24, 27, 35, 42, 54, 56} 频率集是否为无三阶互调干扰频率集。

11. 阻塞干扰的表现是在输入功率过大时,输出功率_____(高于/等于/低于)线性预期。如果这一偏差由三阶互调成分产生,则可判断出电路转移特性的幂级数表达式中,三次项系数为_____(正值/零值/负值)。

第4章

抗衰落技术

衰落是移动通信特有的一种现象。在讲述信号的传播时已经涉及衰落的概念，知道衰落表现为不稳定的合成场量，并有快衰落与慢衰落之分。为使无线信道的传输稳定可靠，当然需尽可能减小衰落的影响。那么有哪些途径可以对抗衰落呢？这些途径的实现复杂度和抗衰落效果如何？这些问题在本章中将得到解答。此外，本章还将提及部分抗衰落技术在移动通信系统中的实现方式，帮助读者更全面地认识这一技术的应用现状。

4.1　分　集　接　收

▌▌ 4.1.1　分集

在移动通信中，信号的衰落现象是非常普遍的。当一条传输路径处于深度衰落时，任何通信方案都有可能出现差错。一种常用的应对策略是确保信息码元通过多条信号路径，并且各路径的衰落是相互独立的，从而只要其中有一条路径的信号足够强就可能保证可靠的通信。这项技术称为分集。可以看出分集有两重含义：一是"分"——分散传输，使接收端能获得多个统计独立的、携带同一信息的衰落信号；二是"集"——集中处理，即接收机把收到的多个统计独立的衰落信号进行合并（包括选择与组合）以降低衰落的影响。它可以极大地改善衰落信道的传输性能。

实现分集的方法有很多。对信息进行编码并将编码后的码元分散到不同的相干周期，从而使码字的不同部分经历相互独立的衰落，像这样通过编码和交织可以实现时间分集。类似地，如果信道是频率选择性的，还可以采用频率分集；如果信道中有多副间隔足够远的发射天线或接收天线，则可以实现空间分集；在蜂窝网络中，由于来自移动台的信号能够被多个基站接收，从而可以采用宏分集；等等。一个移动通信系统可能采用多种类型的分集。

4.1.2 分集合并方式

接收端在收到携带同一信息的多路衰落信号后,有不同的方法来进行集中处理,根据一定的处理算法将多路信号合并为一路输出信号,这种处理算法就是分集合并方式。对于线性合并而言,设 L 个输入信号为 $r_1,r_2,\cdots,r_L$,则合并输出 r 为

$$r = a_1r_1 + a_2r_2 + \cdots + a_Lr_L = \sum_{k=1}^{L} a_kr_k \tag{4-1}$$

式中:a_k 为第 k 个信号的加权系数。

配置不同的加权系数,就构成不同的分集合并方式。常用的分集合并方式有四种:选择合并、门限合并、最大比合并、等增益合并。

1. 选择合并

选择合并是指检测所有分集支路信号,以选择其中信噪比最高的那一个支路的信号作为合并器的输出,即输出

$$r_S = \max_{k=1,2,\cdots,L} \{r_k\} \tag{4-2}$$

对应的式(4-1)中加权系数只有一项为1,其余均为0。选择合并的平均信噪比增益为

$$D_S = \sum_{k=1}^{L} \frac{1}{k} \tag{4-3}$$

由于在同一时刻只有一个支路影响输出,所以一般情况下不要求各支路的信号同相。

2. 门限合并

对于连续发射和接收的系统,选择合并需要各支路都有一个接收机来连续监测支路的信噪比。而门限合并是一种更简单的合并方法,它用同一个接收机顺序监测每条支路,输出第一个信噪比高于特定门限值的支路信号,从而避免了在每条支路上都安装一个接收机。

一旦选定支路后,只要该支路的信噪比一直高于门限值,合并器就保持输出这条支路上的信号。当这条支路的信噪比降至低于门限值时,就按序切换到下一条支路,也可使用其他的切换机制,如随机切换。

与选择合并类似,门限合并在每一时刻只有一路信号输出,不要求各支路信号同相。由于门限合并选择的不一定是信噪比最高的支路,因此它的信噪比增益低于选择合并。

 当支路数为2时,门限合并又称为切停合并。如果两条支路的信噪比的时域函数分别为 $\gamma_1 = 1+\sin t$ 和 $\gamma_2 = 1+\cos t, t \in \mathbf{R}$,门限值 $\gamma_T = 1 - \frac{\sqrt{2}}{2}$,那么切停合并输出的信噪比时域函数是怎样的?

3. 最大比合并

最大比合并是一种最佳合并方式,其各支路的加权系数 a_k 都不为0,而与输入信号

强度 r_k 成正比,与噪声功率 N_k 成反比,即

$$a_k = \frac{r_k}{N_k} \tag{4-4}$$

所以合并输出为

$$r_R = \sum_{k=1}^{L} a_k r_k = \sum_{k=1}^{L} \frac{r_k^2}{N_k} \tag{4-5}$$

最大比合并输出的最大信噪比为各支路信噪比之和。在各支路信噪比相等的情况下,信噪比增益 D_R 最大可达到 L。

4. 等增益合并

在最大比合并中,每条支路均需自适应地调整各自的加权系数,因此合并的成本和复杂度很高。为降低合并复杂度,提出了等增益合并。等增益合并中各支路信号使用相同的加权系数,即 $a_1 = a_2 = \cdots = a_L = a$,合并输出为

$$r_E = \sum_{k=1}^{L} a_k r_k = a \sum_{k=1}^{L} r_k \tag{4-6}$$

等增益合并的信噪比增益为

$$D_E = \frac{\pi L}{4} + \left(1 - \frac{\pi}{4}\right) \tag{4-7}$$

4.1.3　分集合并方式的比较

对选择合并、最大比合并、等增益合并三种方式,将它们的信噪比增益表达式归纳如下:

$$D_S = \sum_{k=1}^{L} \frac{1}{k} \tag{4-8}$$

$$D_R = L \tag{4-9}$$

$$D_E = \frac{\pi L}{4} + \left(1 - \frac{\pi}{4}\right) \tag{4-10}$$

三种合并方式的信噪比增益都随支路数 L 的增大而增大。在参与分集的支路无限多时,理论上三种合并方式的信噪比增益都趋近无穷大。选择合并按对数规律增长,当支路较多时,增益随支路增长得越来越缓慢;最大比合并和等增益合并均按线性规律增长,其增长速度与支路数无关。

由于选择合并只利用了一路信号,最大比合并与等增益合并则有效利用了各支路信号,因此选择合并获得的增益最小。最大比合并的增长速度始终高于另外两种合并方式,当支路数相同时无疑是最优的合并方式,但实现难度高;等增益合并的增长速度虽然略低于最大比合并的增长速度,但同样呈线性增长规律,且实现难度较低,故应用较广。

 图 4-1 中三条图线的起点相同,坐标均为(1, 1),如何解释这一共同点?

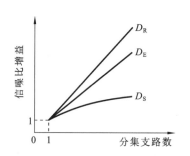

图 4-1 信噪比增益随支路数的变化

4.2 RAKE 接收

4.2.1 RAKE 接收原理

我们已经知道多径会给信号引入快衰落,一般的分集技术把多径信号视作干扰来处理。但是,这些先后到达接收机的多径信号都具有能量且携带相同的信息,如果能够有效使用这些能量,则可以变害为利,改善接收信号的质量。基于这种思想,一种新的多径分离接收技术应运而生,这就是 RAKE 接收。

由于移动用户的随机移动性,接收到的多径分量在数量、幅度、时延、相位上均为随机量。如果用矢量表示各路多径信号,这些矢量的和在大小和方向上都具有不确定性,如图 4-2(a)所示。如果能将这些矢量的方向进行校准,使它们指向同一方向,则其矢量和的大小达到最大(等于标量和),方向也确定下来,如图 4-2(b)所示。这样比较稳定的合成矢量就容易加以利用。RAKE 接收技术正是通过这种方式充分利用多径分量提高

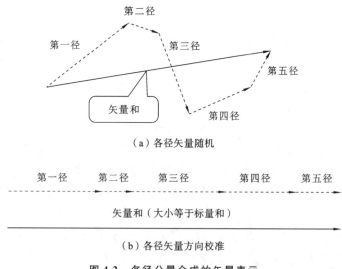

图 4-2 多径分量合成的矢量表示

接收性能。

RAKE 接收的原理如图 4-3 所示,其结构中包含一组相关器。每个相关器与多径信号中的一个特定时延分量同步,借此分解多径信号,输出携带相同信息但时延不同的多个信号。将这多个信号时延对齐,然后按某种方法合并,就可以增加信号能量,提升信噪比。所以,RAKE 接收具有整合多径信号能量的能力。

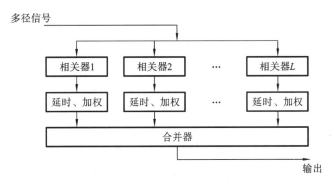

图 4-3　RAKE 接收原理

4.2.2　RAKE 技术的应用

在第二代移动通信系统 IS-95 中,已对基站和移动台应用了 RAKE 接收技术。其中基站接收机有 4 个相关器,移动台接收机有 3 个相关器,这就能对多径信号进行 4 路或 3 路分集,提高接收信号的质量。在第三代移动通信系统中,RAKE 技术应用更广泛,三种主要制式(TD-SCDMA、WCDMA、CDMA2000)的接收机均采用了 RAKE 技术。

为什么 RAKE 接收与 CDMA 制式关系密切? RAKE 接收建立在分集技术的基础上,对于窄带通信系统而言,多径信号彼此相关,分集接收的效果不佳;而 CDMA 系统应用了扩频技术,极大地削弱了多径信号间的相关度,因而能很好地实施分集。RAKE 技术中多径信号的分离接收,是把时间上先后到达接收机的多个信号(携带同一信息且衰落独立)的能量加以充分利用,改善接收信号的质量,这是一种时间分集;另一方面,CDMA 应用的扩频技术使信号带宽增大,频谱扩展,这也使信号获得了频率分集的好处。因此,可以认为 RAKE 技术综合应用了时间分集和频率分集来大幅提高无线传输的接收性能。

4.3　检错编码

4.3.1　检错编码的原理

数字信号或信令在传输过程中,由于受到噪声或干扰的影响,信号码元波形失真,传输到接收端后可能产生错误的判决,即把"0"误判成"1",或把"1"误判成"0",于是出现误码现象。如果接收端能够判断某段信息存在误码,就可以将这段有误的信息弃之不用,降低差错出现概率。检错编码便是为了应对这种要求而得以应用。

检错编码为了能够检测出错误存在与否,在信息码元序列号附加了一些检错码元。检错码元的形成方式和长度由检错编码的算法决定。显然,检错码元越长,信息的传输效率越低,但一般而言检错能力也越强。下面以一个例子来初步了解检错编码的原理。

在城市道路的十字路口有交通信号灯,包括机动车指示灯和行人指示灯。其中,行人指示灯设立在人行横道旁,有两种颜色——红灯表示禁止行人通行,绿灯表示允许行人在此人行横道上穿行。如果要给行人指示灯传达显示指令,理论上只需要1位二进制码字即可:0表示红灯亮,1表示绿灯亮。但这样的码字设置不具备检错能力,一旦发生误码,就会亮起错误的指示灯。

如果在原有的显示指令后加上一位码字用于检错,情况就会有不同。现在用2位二进制码组传达指令:00表示红灯亮,11表示绿灯亮。这时如果有1位码字出现误码,接收端将收到01或10的码组,而这两个码组不在正常显示的指令集{00,11}中,于是接收端也会知道出现了误码而不予显示,检错功能实现。

再来看机动车指示灯。有一种机动车指示灯提供4种信号显示——红灯表示禁止通行,左向绿灯表示允许左转通行,直向绿灯表示允许直行,右向绿灯表示允许右转通行。由于交通信息有4种,理论上只需2位二进制码传达指令,如表4-1所示。

表4-1　4种交通信号的2位码组指令

码组指令(2位)	对 应 显 示
00	红灯
01	左向绿灯
10	直向绿灯
11	右向绿灯

这样的码组指令设置同样没有检错能力,因为2位码字中任何情况的误码都有对应的显示。如果再加上1位码字,用3位码字表示4种信息,可有表4-2的对应关系。

表4-2　4种交通信号的3位码组指令

码组指令(3位)	对 应 显 示
000	红灯
011	左向绿灯
101	直向绿灯
110	右向绿灯

容易发现,以上指令中任何1位码字发生误码,得到的3位码组指令没有对应的显示。这时接收端会知道出现误码而避免了错误的显示,检错功能实现。

当然"鱼与熊掌二者不可得兼"——具备了检错能力的同时,编码效率有所降低。2位码字原本可以下达 2 次行人指示灯指令,现在只能下达 1 次,编码效率降低 1/2;6 位码字原本可以下达 3 次机动车指示灯指令,现在只能下达 2 次,编码效率降低 1/3。另一方面,检错能力总是有限的。在上面的例子中,我们能够检测某 1 位码字发生误码的情形,但在一个指令中同时出现 2 位码字误码时,检错功能又不能实现。

常用的检错方法分为奇偶校验和 CRC(循环冗余)校验两类,下面分别加以介绍。

▓▎ 4.3.2　奇偶校验码

奇偶校验码是一类基础的检错编码,它的基本思路是发射端按照给定的规则在 N 个信息位后增加 P 个按照某种规则计算的校验位,在接收端对收到的信息位重新计算 P 个校验位。比较接收到的校验位和本地重新计算的校验位,如果它们相同则认为传输无误,否则认为传输有错。

例如,取信息序列长度 $N=3$,校验序列长度 $P=1$,输入信息位为 $\{S_1,S_2,S_3\}$,校验位为 $\{C_1\}$,校验规则为 $C_1=S_1\oplus S_2\oplus S_3$($\oplus$ 表示模 2 加法),这就构成了最简单的单比特奇偶校验码,各种信息序列与校验位的对应关系如表 4-3 所示。

表 4-3　单比特奇偶校验码

信　息　位			校　验　位
S_1	S_2	S_3	C_1
0	0	0	0
0	0	1	1
0	1	0	1
0	1	1	0
1	0	0	1
1	0	1	0
1	1	0	0
1	1	1	1
校验规则:$C_1=S_1\oplus S_2\oplus S_3$			

设发送的信息位为 $\{0,1,0\}$,则校验位为 $\{1\}$,这时发送的序列为 0101。若经过信道传输后接收的序列为 0111,则接收端根据收到的信息位 $\{0,1,1\}$ 计算出的校验位为 $\{0\}$,这与接收到的校验位不同,表明接收的序列有错。

容易看出,对于表 4-3 中的校验机制,生成的整个序列中 1 的个数为偶数。这种方式可以检测出奇数个数位的错误,但不能检测出偶数个数位的错误。

欲使奇偶校验码的检错能力增强,可适当扩充校验位。如在上面的例子中信息序列长度仍取 $N=3$,校验序列长度 $P=4$,则校验位为 $\{C_1,C_2,C_3,C_4\}$,由此可构成 7 位长度的信息序列,校验规则和各种信息序列见表 4-4。

表 4-4 多比特奇偶校验码

信 息 位			校 验 位			
S_1	S_2	S_3	C_1	C_2	C_3	C_4
0	0	0	0	0	0	0
0	0	1	1	0	1	1
0	1	0	1	1	0	1
0	1	1	0	1	1	0
1	0	0	1	1	1	0
1	0	1	0	1	0	1
1	1	0	0	0	1	1
1	1	1	1	0	0	0
校验规则：$C_1 = S_1 \oplus S_2 \oplus S_3$，$C_2 = S_1 \oplus S_2$，$C_3 = S_1 \oplus S_3$，$C_4 = S_2 \oplus S_3$						

接收端对每个信息序列进行 4 次校验计算，将得出的校验位 $\{C_1, C_2, C_3, C_4\}$ 与接收到的校验位比较，若它们不同则表示序列有错。复杂的校验规则能够增强检错能力，但校验位的增多同时降低了信息传输效率。

想一想　表 4-4 中，为什么每个信息序列中 1 的个数仍为偶数？表 4-4 的序列比表 4-3 的序列有更强的检错能力，这一点从码距的角度如何解释？

在实际应用奇偶校验码时，每个序列中的 N 个信息位可以是输入比特流中 N 个连续的数位，也可以是每隔一定间隔取出一个数位来构成 N 个数位。为了提高检错能力，还可将这两种取法重复使用。

■■ 4.3.3　CRC 校验码

CRC 校验的全称是循环冗余校验，它的思路与奇偶校验相似，但校验规则变成 CRC 算法。即依据输入信息位 $\{S_{N-1}, S_{N-2}, \cdots, S_1, S_0\}$，通过 CRC 算法产生 P 位校验位 $\{C_{P-1}, C_{P-2}, \cdots, C_1, C_0\}$。

CRC 算法按如下步骤进行：首先将输入信息位表示为多项式函数

$$S(X) = S_{N-1}X^{N-1} + S_{N-2}X^{N-2} + \cdots + S_1 X + S_0 \tag{4-11}$$

用于产生 CRC 校验位的多项式称为 CRC 生成多项式，设为

$$G(X) = X^P + G_{P-1}X^{P-1} + \cdots + G_1 X + 1 \tag{4-12}$$

则对应的校验多项式为

$$C(X) = \mathrm{mod}\left[\frac{S(X) \cdot X^P}{G(X)}\right] = C_{P-1}X^{P-1} + C_{P-2}X^{P-2} + \cdots + C_1 X + C_0 \tag{4-13}$$

式中：$\mathrm{mod}[\cdot]$ 表示取余数，得出的多项式系数即为 CRC 校验位。

最终形成的发送序列为 $\{S_{N-1}, S_{N-2}, \cdots, S_1, S_0, C_{P-1}, C_{P-2}, \cdots, C_1, C_0\}$，其对应的多项式为

$$R(X) = S_{N-1}X^{N+P-1} + S_{N-2}X^{N+P-2} + \cdots + S_1X^{P+1} + S_0X^P + C_{P-1}X^{P-1}$$
$$+ C_{P-2}X^{P-2} + \cdots + C_1X + C_0 \tag{4-14}$$

由于这里只考虑二进制序列，运算以模 2 为基础，所以容易证明 $R(X)$ 能被 $G(X)$ 整除。在接收端对这种整除性进行验证。如果收到的序列对应的多项式 $R'(X)$ 不能被 $G(X)$ 整除，则表示 $R'(X) \neq R(X)$，序列有错。不过在少数情况下，虽然 $R'(X) \neq R(X)$，但 $R'(X)$ 仍能被 $G(X)$ 整除，视同序列无误，这种 CRC 校验失效的情况称为漏检。

📖 **阅读材料**

常用的 CRC 生成多项式

为了将漏检出现的概率尽可能降低，需要设置合适的 CRC 生成多项式，使生成的校验位具有很强的检错能力。这里列举出部分应用于标准的 CRC 生成多项式。

CRC-4($P=4$)：
$$G(X) = X^4 + X + 1 \tag{4-15}$$

CRC-12($P=12$)：
$$G(X) = X^{12} + X^{11} + X^3 + X^2 + X + 1 \tag{4-16}$$

CRC-16($P=16$)：
$$G(X) = X^{16} + X^{15} + X^2 + 1 \tag{4-17}$$

CRC-ITU(旧称 CRC-CCITT)($P=16$)：
$$G(X) = X^{16} + X^{12} + X^5 + 1 \tag{4-18}$$

CRC-32($P=32$)：
$$G(X) = X^{32} + X^{26} + X^{23} + X^{22} + X^{16} + X^{12} + X^{11} + X^{10}$$
$$+ X^8 + X^7 + X^5 + X^4 + X^2 + X + 1 \tag{4-19}$$

 想一想　设输入信息位为 $\{1,0,1,1,0,1,1,1\}$，采用 CRC-16 生成多项式，证明经过 CRC 校验后的发送序列为 1011 0111 0000 0011 1011 0010。

4.4　纠错编码

4.4.1　纠错编码的原理

在介绍检错编码的原理时，以交通信号灯指令为例进行说明。在任何 1 位码字发生误码时，指令接收端能够检测误码，但不能纠正误码。例如对于行人指示灯指令而言，接收到 01 意味着出现 1 位误码，但正确的红灯指令(00)和正确的绿灯指令(11)都可能因 1 位误码变成 01，因此接收端不能得知原有的指令究竟是 00 还是 11，这样便无法纠正

错误。

要实现纠错功能,需要首先引入码字距离的概念。对于两组相同长度的码字而言,对应位上的二进制码不同的位数称为码字的距离,简称码距,又称汉明距离。如 00 和 01 的码距为 1,00 和 11 的码距为 2。

一种编码检错和纠错能力与它的最小码距 d_{min} 密切相关,具体说来有以下三条规律:

(1) 能够在一组码字中最多检测 c_1 个错码,则最小码距满足 $d_{min} \geq c_1 + 1$;

(2) 能够在一组码字中最多纠正 c_2 个错码,则最小码距满足 $d_{min} \geq 2c_2 + 1$;

(3) 能够在一组码字中最多纠正 c_2 个错码,同时最多检测 c_1 个错码,则最小码距满足 $d_{min} \geq c_1 + c_2 + 1$。

很明显,d_{min} 的取值范围是自然数,c_1 和 c_2 的取值范围是非负整数。在交通信号灯指令的例子中,如果用 1 位码字传达行人指示灯的 2 种指令,或者用 2 位码字传达机动车指示灯的 4 种指令,最小码距均为 1,根据规律(1),c_1 的取值只能为 0。在附加了检错码元之后,用 2 位码字传达行人指示灯的 2 种指令,或者用 3 位码字传达机动车指示灯的 4 种指令,最小码距均为 2,根据规律(1),c_1 的取值可为 1,所以能够检测 1 个错码;但根据规律(2),c_2 的取值仍只能为 0,所以不具备纠正错码的能力。

进一步地,如果用 3 位码组传达行人指示灯的 2 种指令,情况会怎样呢?

我们设定红灯指令码组为 000,绿灯指令码组为 111。如果在传输过程中每个码组最多出现 1 位错码,则红灯的指令集为 $S_0 = \{000,001,010,100\}$,绿灯的指令集为 $S_1 = \{111,110,101,011\}$。由于 $S_0 \cap S_1 = \varnothing$,两个集合无公共元素,所以接收端仍可以判断出正确的指令,并将错误指令纠正为正确指令码组(将 S_0 中的元素统一纠正为 000,将 S_1 中的元素统一纠正为 111)。换言之,纠错功能实现。

从另一个角度来看,正确指令 $\{000,111\}$ 的最小码距为 3,根据规律(2),c_2 的取值可为 1,所以能够纠正 1 个错码。

 如果用 4 位码组传达机动车指示灯的 4 种指令,如何为各指令设置码字使最小码距最大?该编码方式是否具有纠错能力?

📖 阅读材料

纠检结合

在规律(3)中提到"纠正最多 c_2 个错码,同时检测最多 c_1 个错码",这种方式意义何在?

从前面的说明可以体会到,纠错比检错的要求高。能纠正的错码必定能检测,但可检测的错码却不一定能正确地纠错,所以在最小码距 d_{min} 确定时,总有 $c_1 > c_2$。在某些情况下,要求对于出现较频繁但错码数很少的码组,差错控制设备按纠错方式工作,不需要对方重发此码组,以节省反馈重发时间;同时又希望对一些错误码数较多的码组,在超过该码的纠错能力后,能自动按检错方式工作,要求对方重发该码组,以降低系统的总误码率。这种工作方式称为"纠检结合"。这时差错控制设备按照接收码组与许用码组的码距自动转换工作方式。若接收码组与某一许用码组的码距在纠错能力(c_2)范围内,则按纠错方式工作;若与任何许用码组的距离都超过 c_2,则按检错方式工作。因此,若设码的检错能力为 c_1 个错码,则该码组与任一许用码组的距离应为 c_2+1,否则会被纠错为其他码组,于是就有了纠检结合方式中 $d_{\min}\geqslant c_1+c_2+1$ 的要求。

4.4.2 分组码

设分组码编码器的输入是一个长度为 k 的信息矢量(输入码字)$\boldsymbol{a}=[a_1,a_2,\cdots,a_k]$,它通过一个线性变换,输出一个长度为 $n(n\geqslant k)$ 的信息矢量(输出码字)$\boldsymbol{C}$,即

$$\boldsymbol{C}=\boldsymbol{aG} \tag{4-20}$$

式中:$\boldsymbol{G}$ 称为生成矩阵,其尺寸为 $k\times n$。

长度为 k 的输入矢量($\boldsymbol{a}$)有 2^k 个,因此编码得到的码字($\boldsymbol{C}$)也有 2^k 个。这个码字的集合称作线性分组码,以 (n,k) 分组码来标识。容易看到,分组码编码的核心算法在生成矩阵 $\boldsymbol{G}$ 中,所以分组码的设计任务就是找出合适的 $\boldsymbol{G}$。在有些情况下,$\boldsymbol{G}$ 具有如下形式:

$$\boldsymbol{G}=[\boldsymbol{I}\ \vdots\ \boldsymbol{P}] \tag{4-21}$$

式中:$\boldsymbol{I}$ 为 k 阶单位矩阵,$\boldsymbol{P}$ 为 $k\times(n-k)$ 矩阵,则这时生成的分组码称为系统码。

显然,系统码的前 k 位码字与输入矢量 $\boldsymbol{a}$ 相同,后面的 $n-k$ 位是校验码字。

如果 $\boldsymbol{G}$ 是行满秩的,那么存在 $(n-k)\times n$ 行满秩矩阵 $\boldsymbol{H}$,满足

$$\boldsymbol{GH}^{\mathrm{T}}=\boldsymbol{\varTheta} \tag{4-22}$$

式中:$\boldsymbol{\varTheta}$ 是一个 $k\times(n-k)$ 零矩阵,$\boldsymbol{H}$ 称作校验矩阵,它也满足

$$\boldsymbol{CH}^{\mathrm{T}}=\boldsymbol{0} \tag{4-23}$$

式中:$\boldsymbol{0}$ 是一个长度为 $n-k$ 的零矢量。由这一性质可以校验接收到的码字是否有错。

下面介绍一种经典的分组码——汉明码。它是最早问世的纠错分组码,可以在一组码字中纠正一个错误,在通信和数据存储系统中应用较广,其主要参数见表 4-5。

表 4-5 汉明码的主要参数

参　数	符　号	对应值	取值要求
码字长度	n	2^m-1	$m\geqslant 3$
信息位数	k	2^m-m-1	$m\geqslant 3$
校验位数	m	$n-k$	$m\geqslant 3$
汉明距离	d	根据定义计算	$d\geqslant 3$

汉明码的阶数通常以 (n,k) 表示。如对于 $(7,4)$ 汉明码,一种生成矩阵为

$$\boldsymbol{G}=\begin{bmatrix} 1 & 0 & 0 & 0 & 1 & 1 & 1 \\ 0 & 1 & 0 & 0 & 1 & 1 & 0 \\ 0 & 0 & 1 & 0 & 1 & 0 & 1 \\ 0 & 0 & 0 & 1 & 0 & 1 & 1 \end{bmatrix} \tag{4-24}$$

可以看出,该矩阵生成的码字是系统码。若输入码字为 $[a_1,a_2,a_3,a_4]$,则输出码字为 $[a_1,a_2,a_3,a_4,a_1\oplus a_2\oplus a_3,a_1\oplus a_2\oplus a_4,a_1\oplus a_3\oplus a_4]$,后三位为校验码字。读者可以自

行验证,16 种输出码字间的最小汉明距离为 3,所以它能够在一组码字中纠正 1 个错码或检测 2 个错码。

 如果生成矩阵 $G=[I_k \vdots P_{k\times(n-k)}]$(下标代表矩阵阶数),证明 $H=[P^T_{(n-k)\times k} \vdots I_{n-k}]$ 是一种校验矩阵。(提示:校验矢量 $W=aP_{k\times(n-k)}$,而相同两数的模 2 加法结果为 0)

生成矩阵 G 对应的一种校验矩阵 H 为

$$H=\begin{bmatrix} 1 & 1 & 1 & 0 & 1 & 0 & 0 \\ 1 & 1 & 0 & 1 & 0 & 1 & 0 \\ 1 & 0 & 1 & 1 & 0 & 0 & 1 \end{bmatrix} \tag{4-25}$$

若接收到的码字 C 无误,如前文所述,必有 $CH^T=0$。如果某一位码字出错,则 $CH^T\neq 0$。通过 CH^T 的值可以判断出出错码字的位置,从而实现纠错功能。CH^T 又称为伴随式。

 在上面的例子中每组码字长度为 7,若伴随式为 [0 0 1],它表示该组码字的哪一位出错?若伴随式为 [1 1 0] 呢?

 选学课文

卷积码

卷积码最早是于 1955 年提出的,由于其编码方法可以用卷积运算形式表达而得名。

卷积码编码器的原理如图 4-4 所示。可以看出,卷积码编码器的输入为信息码序列,每 k 位为一组,在当前信息码组 $u(l)$ 之前,一共输入 m 组信息码 $\{u(l-1),u(l-2),\cdots,u(l-m)\}$,分别填入 $m\times k$ 位的移位寄存器中。每输入一段长为 k 的信息码 $u(l)$,即产生一段长为 n 的输出码 $v(l)$。$m\times k$ 位移位寄存器的初始状态为全零。由于信息码一般是分块的,自然要求信道编码和解码按块进行,因而产生了结尾信息码元的编码问题,称为卷积编码的结尾处理。一般的处理方法是额外输入 m 段全零数据,其作用一方面是将存储的 m 段信息编码输出,另一方面保证编码器回到全零状态以备下一轮编码。

与分组码不同,卷积码是记忆的编码。对于任一给定的时段,编码器的 n 位输出不仅与该时段的 k 位输入有关,还与输入移位寄存器中存储的前面 m 个 k 位输入有关。因此,卷积码可用 (n,k,m) 来标记,n 为输出的每段码的位数,k 为输入的每组码的位数,m 为移位寄存器中存储的输入码组数。若以组为单位,则卷积码的记忆长度为 m,约束长度为 $m+1$。

如果对输入的 L 组信息码进行卷积编码,由于结尾处理需额外输入 m 段无信息的全零码字,所以共产生 $L+m$ 段输出码字。因此,卷积码的编码效率为

$$\eta=\frac{Lk}{(L+m)n} \tag{4-26}$$

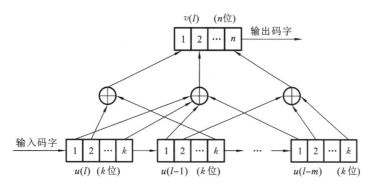

图 4-4　二元线性 (n,k,m) 卷积码的串行编码原理

当 L 很大时，$\eta \approx \dfrac{k}{n}$。

卷积码的编码描述方法有离散卷积法、生成矩阵法、生成多项式法等；卷积码的译码常采用图形法，包括状态图、树图、网格图等。关于这方面的内容本书从略，有兴趣的读者可参阅相关文献。

4.4.3　交织

前面介绍的检错或纠错编码，都是针对随机独立差错设计的，但对于有记忆的信道，错误的分布不再呈现数位间相互独立的随机分布。一个典型例子是多径衰落信道，由时变的多径传输造成的信号衰落，常导致信号电平降至门限电平以下，造成成片的连续码元差错。另一个例子是磁带或磁盘，记录媒体的瑕疵将导致成簇的错误，因此对于有记忆的信道，差错是突发性的，一个突发差错将引起一连串的错误。前面介绍的编码只能应对很短的突发差错，对较长的突发差错无能为力。

如果能将成簇的突发差错转换为随机独立差错，检错和纠错编码就可以发挥作用。这一任务由交织技术来完成。换言之，交织的设计思路是将一个有记忆的突发差错信道改造为基本无记忆的随机独立差错信道。这里以分组交织为例进行介绍。

分组交织中，在突发信道的两侧分别设置一个交织存储器和一个解交织存储器，如图 4-5 所示，构成独立无记忆信道。设交织存储器的交织深度为 q，则对于一段长度为 pq 的输入码字 $\boldsymbol{x} = [x_1, x_2, \cdots, x_{pq}]$，交织存储器将其逐行排列为一交织矩阵 $\boldsymbol{M}_1$，即

$$\boldsymbol{M}_1 = \begin{bmatrix} x_1 & x_2 & x_3 & \cdots & x_{q-1} & x_q \\ x_{q+1} & x_{q+2} & x_{q+3} & \cdots & x_{2q-1} & x_{2q} \\ x_{2q+1} & x_{2q+2} & x_{2q+3} & \cdots & x_{3q-1} & x_{3q} \\ \vdots & \vdots & \vdots & & \vdots & \vdots \\ x_{(p-2)q+1} & x_{(p-2)q+2} & x_{(p-2)q+3} & \cdots & x_{(p-1)q-1} & x_{(p-1)q} \\ x_{(p-1)q+1} & x_{(p-1)q+2} & x_{(p-1)q+3} & \cdots & x_{pq-1} & x_{pq} \end{bmatrix} \quad (4-27)$$

随后将该矩阵中的码字按列读出，于是得到交织存储器的输出

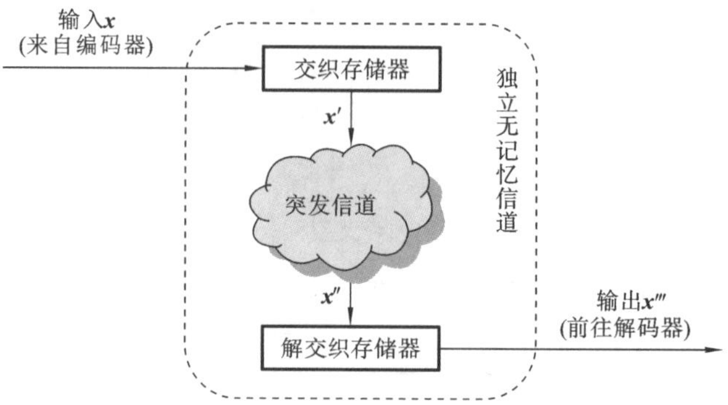

输入 x
(来自编码器)

交织存储器

x'

突发信道

独立无记忆信道

x''

解交织存储器

输出 x'''
(前往解码器)

图 4-5 分组交织器结构

$$x'=[x_1,x_{q+1},\cdots,x_{(p-1)q+1},x_2,x_{q+2},\cdots,x_{(p-1)q+2},\cdots,x_q,x_{2q},\cdots,x_{pq}] \quad (4-28)$$

假设突发信道在传输 x' 的过程中产生一个突发,使 x_2 至 $x_{(p-1)q+2}$ 连续 p 位出现误码,则解交织存储器的输入变为

$$x''=[x_1,x_{q+1},\cdots,x_{(p-1)q+1},\overline{x_2},\overline{x_{q+2}},\cdots,\overline{x_{(p-1)q+2}},x_3,\cdots,x_q,x_{2q},\cdots,x_{pq}] \quad (4-29)$$

$\overline{x}$ 表示出现误码的对应位。解交织存储器将收到的码字也排列为一矩阵 M_2,所不同的是按列写入 x'',按行读出为 x''',所以有

$$M_2=\begin{bmatrix} x_1 & \overline{x_2} & x_3 & \cdots & x_{q-1} & x_q \\ x_{q+1} & \overline{x_{q+2}} & x_{q+3} & \cdots & x_{2q-1} & x_{2q} \\ x_{2q+1} & \overline{x_{2q+2}} & x_{2q+3} & \cdots & x_{3q-1} & x_{3q} \\ \vdots & \vdots & \vdots & & \vdots & \vdots \\ x_{(p-2)q+1} & \overline{x_{(p-2)q+2}} & x_{(p-2)q+3} & \cdots & x_{(p-1)q-1} & x_{(p-1)q} \\ x_{(p-1)q+1} & \overline{x_{(p-1)q+2}} & x_{(p-1)q+3} & \cdots & x_{pq-1} & x_{pq} \end{bmatrix} \quad (4-30)$$

$$x'''=[x_1,\overline{x_2},\cdots,x_q,x_{q+1},\overline{x_{q+2}},\cdots,x_{2q},\cdots,x_{(p-1)q+1},\overline{x_{(p-1)q+2}},\cdots,x_{pq}] \quad (4-31)$$

可以看到,虽然突发信道产生了连续的误码,但在交织和解交织的作用下这些连续的误码被分散为孤立的错误,这样就可以应用信道编码对 x''' 进行检错和纠错。

 在分组交织中,如果突发信道造成连续误码长度为 $l_e=ap(0<a<q)$,经过解交织后形成的连续误码长度为多少?非连续误码间由多少码字隔开?

分组交织方法能够有效地克服深度衰落带来的连续误码,不过这一功能的代价是带来较大的附加时延。这一点不难理解,因为在交织矩阵 M_1 和 M_2 为空或元素过少时,相应的存储器无法进行码字输出。如果要求将矩阵填满后再输出,则交织存储器和解交织存储器各带来 pq 个码元时延。所以在信道时延很小时,一般认为这类交织引入了约 $2pq$ 个码元时延,同时收发端共需 $2pq$ 个码元存储空间。

 在分组交织中如果不考虑信道时延,精确地讲,端到端的附加时延最小为 $2pq-p-q+2$ 个码元时延,这是为什么?

Turbo 码

Turbo 码于 1993 年在 ICC 国际会议上提出。英文中的 turbo-前缀有涡轮驱动、反复迭代之意,可见重复迭代是这种编码的重要特征。

Turbo 码的编/解码原理比较复杂,包含交织、级联、判决译码、反馈等步骤,这里不进行详细介绍。实验证明,Turbo 码在加性高斯白噪声(AWGN)信道和交织型平坦衰落信道中都可获得接近香农极限的性能,因而受到移动通信领域的重视。在信噪比不高的环境中,Turbo 码的性能尤其优越,所以它被广泛应用于第三代移动通信系统,并成为核心技术之一。TD-SCDMA、WCDMA、CDMA2000 三种制式的信道编码方案均采用了Turbo 码。Turbo 码的弱点是解码复杂,时延较大,因此主要应用在速率较高且对时延不敏感的数据链路中,在对时延要求高的语音传输和控制链路中较少使用。

4.5 均衡技术

4.5.1 均衡的原理

如果信道特性已知且稳定,可以通过精心设计发射滤波器与接收滤波器来消除码间串扰和抑制噪声。但移动信道往往不稳定,有很多因素动态地影响其特性,如多径、衰落、多普勒频移、多种噪声和干扰等。针对这一问题,一种思路是在发射端进行信号处理,使所发送的信号不容易受到时延扩展的影响,典型的技术是扩频和多载波调制;另一种思路是在接收端采取抗码间干扰的方法,典型的技术就是均衡。均衡技术的基本思想是额外设计一种滤波器用于纠正或补偿系统特性,以减小码间串扰的影响。这种具有纠正或补偿功能的滤波器称为均衡器。

使用均衡器的通信系统结构如图 4-6 所示。将发射机、信道和接收机合并等效为一个冲击响应为 $f(t)$ 的基带信道滤波器。若原始信号为 $x(t)$,则流入均衡器的信号为

$$y(t) = x(t) * f(t) + n(t) \tag{4-32}$$

式中:$*$ 是卷积算子,$n(t)$ 是等效的基带噪声。

若均衡器的冲击响应为 $h(t)$,则均衡器的输出为

$$z(t) = y(t) * h(t) = x(t) * f(t) * h(t) + n(t) * h(t) \tag{4-33}$$

将时域信号和冲击响应变换为频域信号和频率响应,则有

$$Z(\omega) = X(\omega) \cdot F(\omega) \cdot H(\omega) + N(\omega) \cdot H(\omega) \tag{4-34}$$

假设系统中的噪声可忽略($N(\omega)=0$),最佳均衡效果应使均衡器的输出等于原始信号,即 $Z(\omega) = X(\omega)$,那么均衡器的频率响应为

$$H(\omega) = \frac{1}{F(\omega)} \tag{4-35}$$

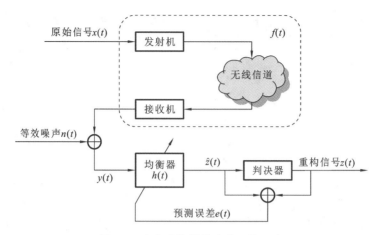

图 4-6　含有均衡器的移动通信系统

这表示均衡器在作用上是等效基带信道滤波器的逆滤波器，它们的频率特性互补。上式也是设计均衡器的基本依据。

4.5.2　线性均衡与非线性均衡

线性均衡的核心设备是线性前向均衡器，它由抽头系数可调的横向滤波器构成，如图 4-7 所示。

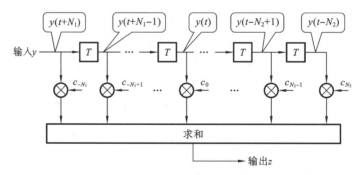

图 4-7　线性横向滤波器

当信道出现深度频率衰落时，采用线性均衡器常常不能取得满意效果，这是因为线性均衡往往采用较大增益补偿失真，从而导致噪声增加。这时非线性均衡的效果较好。非线性均衡将均衡器的输出用于反馈控制。图 4-8 所示的判决反馈均衡器是一种常用的非线性均衡器。

判决反馈均衡器可以看成是由一个前馈滤波器和一个反馈滤波器构成。前馈滤波器与线性前向均衡器结构类似，功能是减小前向码间串扰；反馈滤波器的功能是消除前馈滤波残留的码间串扰。

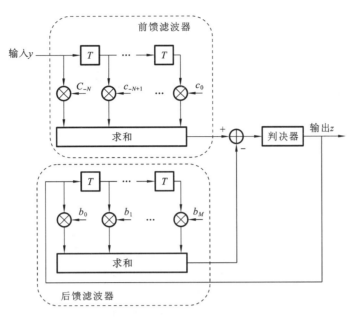

图 4-8　判决反馈均衡器

阅读材料

自适应均衡

自适应意味着设备的特征和参数能够动态地调整,所以自适应均衡器是一个时变滤波器,它可以跟踪信道的变化,使自身性能维持在一定水平,在时变的移动信道中应用较广。自适应均衡器的基本结构如图 4-9 所示。

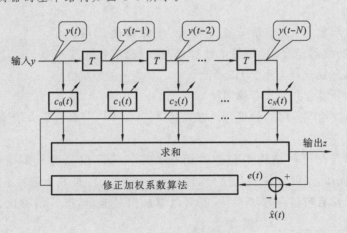

图 4-9　自适应均衡器

图 4-9 中自适应算法由误差信号 $e(t)$ 控制,$e(t)$ 通过比较均衡器的输出 $z(t)$ 和本地产生的数据 $\hat{x}(t)$ 得到。$\hat{x}(t)$ 通常是已知的发送信号或一定的训练序列。自适应算法利用 $e(t)$ 以迭代的方法修正权值,从而逐步优化特定的代价函数使均衡效果提升。

自适应均衡算法的评估因素很多,主要包括收敛速度、失调概率、计算复杂度、数值特征等。还有一个因素是均衡器的阶数,阶数高的均衡器的补偿效果好,但其代价是较高的电路复杂度和较长的处理时间。

传统的自适应均衡算法有迫零算法和最小均方误差算法,现代快速自适应均衡算法包括高收敛速度的递归最小二乘算法、高稳定性的格型算法等。

本 章 小 结

衰落是移动通信中普遍存在的一种现象,目前已有不少方法来减小衰落带来的负面影响。本章介绍了其中最典型、应用最广泛的几种:分集接收、RAKE 接收、检错和纠错编码、均衡技术。

分集接收有效利用了多径传播中各路信号携带的信息来应对衰落,其合并方式主要有选择合并、门限合并、最大比合并和等增益合并,这四种合并方式各有所长。RAKE 接收是分集接收的一种演进,它具有整合多径信号能量的能力,在 CDMA 制式中的应用十分普遍。检错和纠错编码是对信息码元进行处理的抗衰落技术,其检错和纠错机制有准确的数学表述。一个好的检错和纠错编码可以有效应对传输信道带来的独立随机误码,通过交织还能使检错和纠错编码用于检验和修正成簇的突发差错。最后,在接收端还可以利用均衡技术纠正或补偿系统特性,以减小码间串扰的影响。

复 习 题

1. 分集有两重含义:一是分散传输,使接收端能获得多个_____的、携带_____的衰落信号;二是集中处理,即接收机把收到的多个_____的衰落信号进行合并(包括选择与组合)以降低_____的影响。

2. 常用的分集合并方式有哪四种?

3. 具有最快处理速度的分集合并方式是_____,具有最大信噪比增益的分集合并方式是_____。

4. RAKE 接收机的结构中包含一组相关器。每个相关器与多径信号中的一个_____同步,借此分解多径信号,输出_____的多个信号。将这多个信号_____,然后按某种方法合并,就可以增加信号能量,提升信噪比。所以,RAKE 接收具有整合_____的能力。

5. 检错编码的检错码元越长,信息的传输效率越_____,但一般而言检错能力也越_____。

6. 如果信息序列长度 $N=3$,校验序列长度 $P=1$,试构造一种奇偶校验码。

7. CRC 校验机制中,接收端对接收序列的_____进行验证。如果它不能被 CRC 生成多项式整除,则说明_____。

8. 欲使一种编码方式具有检错能力,则最小码距至少为_____;欲使一种编码方式具有纠错能力,则最小码距至少为_____。

9. 交织的设计思路是将一个有记忆的_____信道改造为基本无记忆的_____信道,使检错和纠错编码能发挥作用。

10. 移动通信接收端有一种滤波器用于纠正或补偿系统特性,以减小码间串扰的影响。这种具有纠正或补偿功能的滤波器称为_____。

11. 当信道出现深度频率衰落时,采用_____均衡的效果较好。这种均衡将均衡器的输出用于_____。

第5章

组网原理

"网络"一词对我们来说并不陌生。从理论上看,不依靠网络直接在发射端和接收端之间建立传输信道也可实现通信。现在的移动通信系统对组网的需求,与其迅速增多的用户量和地域覆盖相关。相对于有线网络,移动通信网有哪些结构和功能上的特点? 这是本章首先要解释的问题。组网之后,有哪些指标来表达网络的工作状态或者衡量网络的性能? 这也是本章将涉及的内容。由于网络不能脱离个体而存在,所以在认识通信网络的过程中,应注意宏观与微观视角的结合,也需要对已学知识点进行回顾与综合,在学完本章之后,应对组建网络乃至移动通信的总体基本原理有一个较为全面的了解。

5.1 移动通信网

5.1.1 移动通信网的作用

追求覆盖的最大化是移动通信的发展目标之一。在绪论中提到,个人通信的一个重要特征是"任何地点(wherever)",即移动通信系统可以覆盖到用户可能出现的所有地方。当然除了特殊内容的通信(如军事通信和应急通信)外,现今的移动通信系统尚未完成最大覆盖,这需要以通信网组网规模的扩大为基础。另一方面,除了"量"——覆盖范围之外,还有对"质"的要求,即实现系统在其覆盖区域内稳定、高效的通信,这也需要有通信网的鼎力协助。

5.1.2 空中网络和地面网络

从宏观上看,移动通信网一般由空中网络和地面网络两部分组成。空中网络的存在极大地支持了用户的移动性,它也是移动通信网的主要部分,主要包括以下三个方面。

1. 多址接入

在给定的频率资源下,如何提高系统的容量是蜂窝移动通信系统的重要问题。由于采用多址接入方式会直接影响到系统的容量,所以它一直是本领域研究的热点。

2. 蜂窝小区和频率复用

蜂窝小区和频率复用主要解决频率资源有限的问题,能大幅扩充系统容量。蜂窝小区和频率复用实际上是一种蜂窝式组网的概念,组网理论的内容主要有以下几点。

(1) 移动蜂窝式小区覆盖:将一个移动通信服务区划分成许多以正六边形为基本几何图形的覆盖区域。

(2) 小功率发射:一个较低功率的发射机服务一个蜂窝小区,在较小的区域内设置相当数量的用户。

(3) 频率复用:蜂窝系统的基站工作频率,由于传播损耗提供足够的隔离度,在相隔一定距离的另一个基站可以重复使用同一组工作频率(这部分内容在前文分析同频干扰之前已经讲述)。

(4) 多信道共用:由若干无线信道组成的移动通信系统,为大量的用户共同使用并且仍能满足服务质量的信道利用技术。

(5) 越区切换:当正在通话的移动台进入相邻无线小区时,业务信道自动切换到相邻小区基站,并且不中断通信过程。

3. 位置更新

由于移动用户要在移动网络中任意移动,网络需要在任何时刻联系到用户,能有效地管理移动用户。完成这种功能的技术称为移动性管理。

地面网络在移动通信网中同样不可或缺,它主要包括两类连接:一是服务区内各基站的相互连接,二是基站与固定网络的相互连接。这里的固定网络可以是公共交换电话网(PSTN)、综合业务数字网(ISDN)、数据网等。

5.2　多址接入方式

频带资源是移动通信中公认的紧缺资源,因此系统信道设计的一个关键就是如何高效地利用给定的频带分配信号。给每个信道分配专用信道的方式称为多址接入。连续传输且时延受限的业务,如语音或视频,需要专用信道以保证传输质量。得到专用信道的方法是对信号空间进行时分、频分、码分或者它们的结合。从信号空间的角度看,多址接入技术按时间轴、频率轴或码轴将信号空间的维分割为正交或非正交的用户信道。时分多址(TDMA)和频分多址(FDMA)信道是正交的,码分多址(CDMA)根据扩频码设计的不同,信道可以是正交或非正交的。此外,用天线阵列或其他方式产生的有向天线使信号空间增加了一个角度维,利用这个维划分信道就是空分多址(SDMA)。不同多址方式的性能与各自的固有特性以及使用场合(上行或下行)有关。

◼◼ 5.2.1 频分多址

频分多址(FDMA)沿频率轴将信号划分为不重叠的信道(见图 5-1),为每个用户分配一个不同的频率信道。信道一般直接设有保护带,以补偿滤波特性的不理想、邻道干扰和多普勒效应。如果信道很窄,那么即使总带宽很宽,每个信道也不会出现频率选择性衰落。在 FDMA 中,信号在时间上连续发送,这有可能使开销问题复杂化,比如信道估计的开销必须要同时在整个带宽内传输。FDMA 也要求移动终端的频率可调,能根据需要调整到不同信道的载频上。此外,由于 FDMA 接收机不容易进行多频点接收,给单个用户同时分配多个信道有一定的难度。

模拟通信一般采用 FDMA 作为其多址技术,如第一代移动通信系统中的 AMPS 和 TACS 模拟蜂窝系统。正交频分复用(OFDM)系统中的多址技术 OFDMA 也是一种 FDMA,它将不同的子载波分配给不同用户。

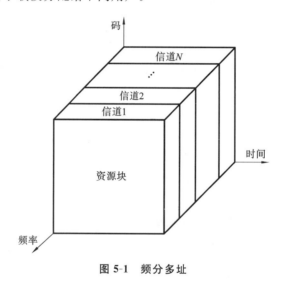

图 5-1　频分多址

下面举例说明 FDMA 支持的用户数。AMPS 模拟蜂窝系统分配的总带宽 B 是上、下行各为 25 MHz。分配给每个用户的带宽是 $B_c = 30$ kHz 以支持模拟语音业务,它的上、下行都采用带宽为 24 kHz 的频率调制,两端各留 3 kHz 的保护带。为了减小相邻系统间的干扰,整个上、下行频段的两端各留 $B_g = 10$ kHz 的保护带。这时,系统所能支持的用户数为

$$N = \frac{B - 2B_g}{B_c} = 832.7 \qquad (5\text{-}1)$$

将结果向下取整,得到用户数为 832。

在上面的例子中,再考虑一个效率更高的数字系统,它采用高阶调制,使每路数字语音只需要 10 kHz 的带宽;它还采用了更严格的滤波,使得频带两端的保护带只需 5 kHz。对于同样的上、下行各为 25 MHz 的带宽,该数字系统能支持的用户数为多少?

▓▍ 5.2.2　时分多址

时分多址(TDMA)沿时间轴分割信号,分配给用户的信道是互不重叠且周期重复的时隙,如图 5-2 所示。每个 TDMA 信道都要占用整个带宽,总带宽一般很宽,因此需要采用一些抗码间串扰技术。时隙循环重复使用户的信号发送不连续,故又需要采用可以缓存的数字传输方式。不连续发送简化了开销,例如信道估计可以在其他用户发送而本用户空闲时进行。TDMA 的另一个优点是只要按多个时隙进行信道分配,就能使单个用户拥有多个信道。

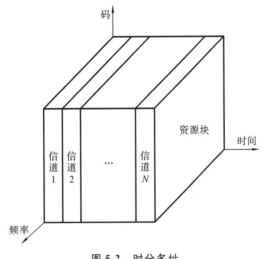

图 5-2　时分多址

TDMA 的主要问题是同步。下行和上行的信号同步特性有差别——下行的所有信号由同一发送端发出,到达任一接收机时经历了相似的信道,因此平衰落时,只要用户在正交时隙中发送,到接收端可以保持正交性;而上行的接收信号来自各个发送端,各个用户的发送时刻以及发送信号经历的信道均不同,欲使接收到的信号保持时间正交,就必须使所有用户同步发送。一般靠基站或接入终端的协调来实现同步的开销较大,在多径时延较长时多径也有可能破坏时分的正交性,所以 TDMA 通常在时隙之间设置保护间隔以减小同步误差和多径的影响。

TDMA 的另一个问题在信道估计方面。时域上连续发送时,对信道只需要进行跟踪而不必重新估计。但 TDMA 用户的发送时隙是间断且循环重复的,循环到下一轮发送时信道特性可能已经改变,这对于均衡等需要信道估计的功能来说,必须要在每个循环周期内重新进行信道估计。

TDMA 技术自第二代移动通信系统开始得到广泛应用,典型的数字蜂窝系统 GSM、IS-136 和 PDC 都采用了这一技术。

下面举例分析 TDMA 对用户的支持情况。GSM 的原始设计和 AMPS 一样,上、下行都有 25 MHz 的带宽。这一带宽分为 125 个等宽的信道,每个信道又分为 8 个用户时隙,这 8 个时隙加上前导和后置数位构成一帧,帧按时间循环重复。显然,这里的每个 TDMA 信道带宽为 25 MHz÷125＝200 kHz,可容纳的用户数为 125×8＝1000。如果信道的均方根时延扩展为 10 μs,则对应的信道相干带宽为 100 kHz,小于信道带宽(200 kHz),因此该系统存在码间串扰,需要采取抗码间串扰的措施。

▌▌ 5.2.3 码分多址

码分多址(CDMA)用正交或非正交的扩频码来调制信息信号,不同用户的扩频信号占用相同的时间和频带,如图 5-3 所示。接收端利用扩频码的结构分离出不同的用户。CDMA 常见的扩频形式是直序(直接序列)扩频和跳频(跳变频率)扩频。

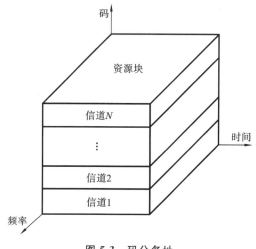

图 5-3 码分多址

CDMA 下行一般采用正交扩频码,如 Walsh-Hadamard 码。上行一般采用非正交扩频码,主要是因为同步比较困难,并且在多径信道中维持上行正交也很复杂。上行信道采用非正交码的好处是完全靠码区分用户,基本不需要再在时间和频率上进行协调。此外,FDMA 和 TDMA 的信道都对信号进行正交划分,分出的信道数有硬限制,使用正交码的 CDMA 也有这种限制,但使用非正交码的 CDMA 中信道数没有硬限制。不过,非正交码会带来用户间的干扰,用户越多,干扰也越大,这个干扰会使全体用户的性能恶化。非正交码的 CDMA 也需要控制上行功率以避免远近效应。在信道分配上,只需给某一用户分配多个不同的码字,就可以实现一个用户使用多个信道。

CDMA 的应用始于第二代移动通信系统中的 IS-95 数字蜂窝系统,其下行信道使用正交码,上行信道使用正交码与非正交码的结合。在第三代移动通信系统的多址接入中,CDMA 占据了绝对的主导地位,WCDMA 和 CDMA2000 系统均予以采用。

▌▌ 5.2.4 空分多址

空分多址(SDMA)将用户的方向看作信号空间的另一个可以划分的维,一般用有向天线来实现空间的信道划分,如图 5-4 所示。仅当两个用户的角度差大于天线的分辨角时,才能实现正交的空间信道。如果天线的方向性是用天线阵列来实现的,那么精确分辨空间角度需要很大的阵列,这在基站和移动终端的实际应用中不太可行。常见的 SD-MA 形式是扇区化天线阵列,它将周围全向空间分成若干扇区,扇区内有很高的天线增益,扇区间的干扰很小。每个扇区中可使用其他多址接入方式来区分用户。对于移动的用户,SDMA 应能跟踪用户的角度变化,具有切换扇区接入的能力。

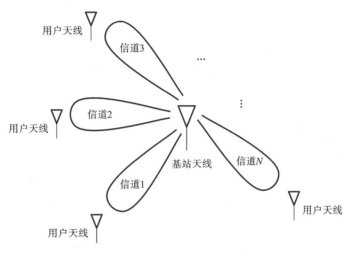

图 5-4　空分多址

📖 阅读材料

混合多址和多址性能比较

　　许多系统采用不同多址方式的组合来划分信号空间,如 OFDMA 可以与子载波跳频结合以提高频率分集增益。直序扩频也可以结合 FDMA 使用以将系统带宽分成多个子带,这种方法将不同的用户分配到不同的子带上,再在子带内扩频。比起在整个系统带宽内的扩频,子带的处理增益较小,抗干扰和抗码间串扰能力也较低,但它的好处是子带之间频谱不必连续,同时可以根据需要灵活地把信号扩频到不同带宽的子带上。另一种混合多址技术是将直序扩频 CDMA 和跳频扩频 CDMA 相结合,扩频信号的载频在一定带宽内跳变,干扰用户也在跳频,因此这种方法能减少远近效应。TDMA 也可以与跳频结合,这样用户只会周期性跳至深度衰落或强干扰的信道,进而通过纠错编码就能消除其影响。GSM 标准就采用了这种方法来降低相邻小区的强干扰。

　　对于现有的和未来的移动通信系统中不同多址技术的性能比较,人们已经进行了许多的研究、讨论甚至争论。虽然可以对简单的系统在简单的信道模型下进行分析,并得到一般性的结论,但对于运行在许多典型条件下的复杂多用户系统,很难说哪一种多址技术最优。而且为了进行比较分析和仿真研究,不得不采用一些简化的假设条件,这样的假设条件有可能对某种特定的技术有利。与大多数工程设计问题一样,多址技术的选择取决于系统要求、系统特性、成本和复杂性的限制等因素。

5.3 区域覆盖

5.3.1 基站与区域覆盖

在移动通信系统中,基站是建立无线信道和提供信道能量的载体。用户的分布状态对通信区域的覆盖提出需求,区域覆盖的需求又直接影响基站的参数设置。具体说来,区域覆盖主要解决针对基站的两类问题:一是基站建设的数量,这取决于每个基站的覆盖面积和形状,可能受用户分布的影响;二是基站建设的位置,它要求在消除通信盲区的条件下尽可能少地重复覆盖(小区边界处为切换提供的必要重复覆盖例外),可能受地形地貌的影响。

按照覆盖区半径的大小,移动通信网可分为大区制网和小区制网。大区制网指用单个基站覆盖一个服务区的制网方式。这种方式的优点是组网简单,投资少,但存在若干缺点:一是应对较大的覆盖区域,要求基站天线有相当的架设高度,发射功率也较高;二是该区域内的频率难以重复使用,这就大幅限制了通信容量。因此,大区制网仅在用户密度不大或业务量低的区域内施行。

相对地,小区制网的组网较复杂,但应用面更广。小区制网采用多个基站来覆盖给定的服务区,每个基站覆盖的区域称为一个小区。多小区应对整个服务区完成无缝覆盖(无盲区)。由于小区的半径小于服务区半径,因而基站的发射功率要求有所降低。小区制网还能实现不同小区间的频率复用,这大大地提高了频率的利用率。

5.3.2 小区制网之带状网

如果服务区是公路、铁路、河运、海岸等线形区域,其服务区内的用户呈带状分布,这时的基站设置也应使小区呈带状覆盖,称为带状网。基站天线若用全向辐射,小区形状为圆形。为了提高线形区域的覆盖效率,基站天线宜采用有向辐射,使小区形状沿带状延伸的方向拉伸为椭圆形,如图 5-5 所示。

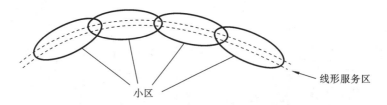

图 5-5 带状网

带状网可以进行频率复用。从原则上讲,相邻小区间使用不同频率的复用方案都可行,因此最简单的复用方式是每两个小区组成一个区群,将两组不同的频率分配给区群中的两个小区,这种方式称为双频制。显然,在双频制中复用频率的小区之间总有一个小区的间隔,相邻小区使用的频率总是不同的。下面分析双频制的同频干扰情况。

设每个小区半径为 r,相邻小区的交叠宽度为 a,绝大多数情况下有 $0<a<r$,如图 5-6 所示。对于某一个小区(小区 1)的边缘处而言,本小区基站距离为 $d_S=r$,与之同频的最近小区(小区 3)的基站距离为 $d_{12}=3r-2a$。若认为传输损耗近似与传输距离的四次方成正比,则双频制的同频干扰抑制比(dB)为

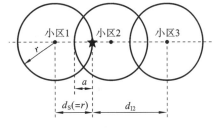

图 5-6　带状网的同频干扰

$$R_2=10\lg\left(\frac{d_{12}}{d_S}\right)^4=40\lg\frac{3r-2a}{r}(\text{dB})\qquad(5\text{-}2)$$

由于 $0<a<r$,所以得到 $0\ \text{dB}<R_2<19\ \text{dB}$。这意味着在无缝带状覆盖时,双频制的同频干扰抑制比最大为 19 dB。

①如果采用三频制,即每个区群包含三个小区,求证同频干扰抑制比 R_3 的范围为 $12\ \text{dB}<R_3<28\ \text{dB}$。

②如果采用 n 频制,即每个区群包含 n 个小区,你能写出同频干扰抑制比 R_n 的值域表达式吗?

■‖ 5.3.3　小区制网之蜂窝网

如果服务区不是线形区域,用户分布在一个普通的平面区域内,则小区以平面多边形二维平铺方式制网,称为蜂窝网。理论上小区的覆盖范围可以是任意不规则形状,但为了适应不断增长的业务需要,在系统规划中大多采用规则的正多边形形状,其中以正六边形应用最为普遍。

哪几种正多边形可以不重叠、无空隙地铺满整个平面?为什么小区形状多选用正六边形?

蜂窝网是目前公共移动通信小区制网的主要方式。常见的蜂窝网按照蜂窝尺寸和功能侧重点可分为宏蜂窝、微蜂窝、微微蜂窝和智能蜂窝。

在蜂窝网应用初期,运营商的主要目标是取得尽可能大的地域覆盖率,因此建议建设大型宏蜂窝小区。宏蜂窝每个小区的覆盖半径为 1 km～30 km,一般不超过 25 km。由于覆盖半径较大,所以基站的发射功率较强,一般在 10 W 以上,且基站天线假设高度应尽可能高。实际应用中的宏蜂窝小区通常存在两种特殊的微小区域:一是"盲点",它因电磁波在传播过程中遇到障碍物而产生于阴影区,盲点处的通信质量很低;二是"热点",它因小区用户和空间业务分布不均匀而产生于聚集/繁忙区,热点区的通信质量受用户间的影响大而不稳定。对通信质量在"盲点"和"热点"处存在的问题,传统的解决办法是设置直放站或分裂小区,但随着用户数的迅速增加,这些办法的作用越来越有限,所

以现在多采用微蜂窝技术来解决此类问题。

微蜂窝小区的覆盖半径一般为 100 m～1 km,发射功率较小,一般不超过 1 W,对基站天线的架设高度要求低于宏蜂窝。微蜂窝可作为宏蜂窝的补充和延伸,其主要作用有二:一是提高覆盖率,将高质量信号覆盖至"盲点"区域;二是提高容量,使"热点"区域的通信质量更稳定。基于以上作用,微蜂窝被广泛应用于地铁、地下室、商业街、大型超市、体育场等宏蜂窝难于有效覆盖的区域。

随着通信容量需求的进一步增长,有些微蜂窝的覆盖区域设置得更小,业务支持对象也更集中,于是出现微微蜂窝小区。微微蜂窝小区的覆盖半径只有 10 m～100 m,基站发射功率仅在几十毫瓦的量级,其天线一般安装在建筑物内业务集中的地点,主要服务于商业中心、会议中心等室内"热点"区域,也是宏蜂窝覆盖的补充和延伸。

以下用户用何种层级的蜂窝(宏蜂窝/微蜂窝/微微蜂窝)覆盖最合适? ①办公室内走动的职员;②慢速移动的公共汽车;③快速行驶的小型客车。

📖 阅读材料

智能蜂窝

智能蜂窝的基站采用具有高分辨阵列信号处理能力的自适应天线系统,它能够智能地监测移动台所处的位置,并以一定的方式将确定的信号功率传递给移动台的蜂窝小区。对上行链路而言,采用自适应天线阵列接收,可大幅降低多址干扰,增加系统容量;对下行链路而言,可将信号的有效区域控制在移动终端附近的一定范围内,大幅度减小同道干扰。智能蜂窝的覆盖范围比较灵活,可以是宏蜂窝或者微蜂窝。利用智能蜂窝的概念进行组网,能够显著提高系统容量,改善系统性能。智能蜂窝是一项新兴技术,目前还在不断改进和完善中。

5.3.4 信道配置

不论是带状网还是蜂窝网,都需要给各小区分配相应的频率资源,这实际上也是将可用的无线信道按一定规则分配给合适的小区。这样的规则不能随意违反,如相邻小区不能使用同样的信道,否则该信道上的同频干扰会很严重。在 CDMA 系统中,所有用户可共享相同的频率资源,所以无需进行信道配置;而对于 FDMA 系统,信道配置是一个必需的准备环节;TDMA/FDMA 混合多址系统也需要进行信道配置。

信道配置的方式主要有两种:分区分组配置法和等频距配置法。分区分组配置的原则是尽量减小占用的总频段,提高频段利用率;同一区群内不能使用相同的信道以避免同频干扰;小区内采用无三阶互调干扰频率集以避免三阶互调干扰。这种配置方式的一个缺陷是未考虑同一信道组中的频率间隔,故可能出现较大的邻频干扰。等频距配置的规则是按相等的频率间隔配置信道,只要频距设置得足够大,就可以有效抑制邻频干扰。

当然,等频距配置满足产生互调干扰的频率关系,但因频距大,干扰易于被接收机输入滤波器滤除而不易作用到非线性器件,所以也在相当程度上避免了互调干扰。

分区分组配置和等频距配置是信道的固定配置方法,使用与移动终端业务的地理分布相对固定的情形。如果这种分布存在较快的变化,还可考虑用动态的信道配置来进一步提高频率利用率,即根据业务量的变化重新配置信道。不过动态配置的算法复杂,对硬件的要求也高,实现起来有一定难度。还有一种预留配置的方法,即预留出若干信道,需要时为某一个或几个小区启用以增大其容量。这种方法虽然未考虑干扰问题,但控制简单,施行速度快,因而实用性较强。

5.4 网 络 结 构

5.4.1 基本网络结构

蜂窝移动通信系统的网络结构主要由三大部分组成:网络子系统(NSS)、基站子系统和(BSS)和移动台(MS)。网络子系统与基站子系统之间的接口称为 A 接口,基站子系统与移动台之间的接口称为 Um 接口,如图 5-7 所示。

一个移动通信网可由一个或若干移动业务交换中心(MSC)组成,一个移动业务交换中心可由一个或若干个位置区(移动台位置登记区)组成,而位置区由若干基站组成。网络结构中移动业务交换中心的数量由网络覆盖区域的地形、地貌及用户密度来决定。

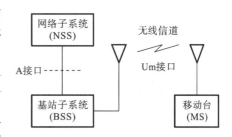

图 5-7 蜂窝移动通信系统的基本网络结构

5.4.2 网络子系统

网络子系统(NSS)的主要功能是交换控制信息、客户数据管理、移动性管理、安全性管理和数据库存储。网络子系统中有很多功能实体,其中主要的功能实体包括移动业务交换中心(MSC)、访问位置寄存器(VLR)、归属位置寄存器(HLR)、鉴权中心(AUC)、设备识别寄存器(EIR)。

MSC 是网络结构中的交换机,是网络子系统的核心。它不仅完成常规交换机的功能,而且负责移动性管理和无线资源管理,此外还可以是移动通信系统与其他公用通信网之间的接口。VLR 是存储用户位置信息的动态数据库,用于存储需要检索的信息(这些信息是 MSC 为处理所管辖区域中 MS 的通话呼叫所需),如 MS 的号码、所属区域的识别、提供服务的类型等参数。MSC 和 VLR 常合设于一个物理实体中。

HLR 是用于存储管理部门管理移动用户的数据。每个移动用户只有在 HLR 注册登记后才能开展通信业务。HLR 主要存储用户参数和用户当前位置信息,以便与 MS

间建立呼叫路由。AUC 用于用户鉴权和认证。为了确定移动用户的身份并对通信保密,AUC 需要产生随机序列、符号响应、密钥等鉴权/加密参数。AUC 通过身份认证保证只有合法用户才能入网进行通信。HLR 和 AUC 也常合设于一个物理实体中。

EIR 也是一个数据库,用于存储与移动设备相关的参数,完成对移动设备的识别、监视、闭锁等功能,防止非法的移动设备入网享受服务。

▮▮ 5.4.3 基站子系统

基站子系统(BSS)是在一定的覆盖区域内与 MS 直接进行通信的系统设备,由 NSS 中的 MSC 控制。BSS 的主要功能是无线发射/接收和无线资源管理,它的功能实体可分为基站控制器(BSC)和基站收发信台(BTS)。

BSC 是功能强大的业务控制点,对一个或若干 BTS 进行控制及完成相应的呼叫控制。它主要负责移动网络资源管理、小区配置数据管理、功率控制、定位和切换等。BTS 是为单个小区服务的无线收发信设备,它的主要功能是完成无线信号的生成与转换、分集接收、无线信道加密、跳频等。

▮▮ 5.4.4 移动台

移动台(MS)是移动用户的设备部分,它由移动终端(MT)和用户识别模块(SIM)卡组成。MT 的主要功能是完成语音编码和解码、信道编码和解码、信息加密和解密、信息的调制和解调、信号的发射和接收。SIM 卡代表了 MS 的身份,存有认证用户所需的所有信息,并能执行一些与安全保密有关的重要信息,以防止非法用户进入移动通信网;SIM 卡也存储与用户相关的管理数据,使合法用户正确入网通信。日常生活中使用的手机,就是最典型的一类 MS。

5.5 容量分析

▮▮ 5.5.1 蜂窝系统的容量

在蜂窝移动通信系统中,如果已知分配给系统的总频带宽度 B_t、信道带宽 B_c、频率复用的小区数 N,则容量(或称无线容量)m 可定义为

$$m = \frac{B_t}{B_c N} \tag{5-3}$$

在理想情况下,假设 FDMA、TDMA、CDMA 三种多址方式的带宽均为 W,一个比特的时间周期为 T_b,则每个用户未编码比特率都为 $R_b = \frac{1}{T_b}$。若每种多址系统均只用正交信号波形,则容量(即最大用户数)为

$$M = WT_b = \frac{W}{R_b} \tag{5-4}$$

又假设各多址系统中每个用户接收到的能量是 S_r，则接收端的总能量为

$$P_r = MS_r \tag{5-5}$$

再假设所需信噪比 $\left(\dfrac{E_b}{N_0}\right)_{req}$ 与实际信噪比 $\left(\dfrac{E_b}{N_0}\right)_{act}$ 相等，即

$$\left(\frac{E_b}{N_0}\right)_{req} = \left(\frac{E_b}{N_0}\right)_{act} = \frac{S_r}{N_0 R_b} = \frac{P_r}{M N_0 R_b} \tag{5-6}$$

于是有

$$M = \frac{P_r}{N_0 R_b \left(\dfrac{E_b}{N_0}\right)_{req}} \tag{5-7}$$

公式(5-7)即为理想状态下容量的表达式，推导过程不涉及多址技术。换言之，理论上 FDMA、TDMA、CDMA 三种多址方式具有相等的容量 M。当然，实际应用中多址方式会对系统的容量造成影响，这种相等关系可能被打破。

5.5.2 FDMA 和 TDMA 蜂窝系统的容量

对于模拟 FDMA 系统而言，考虑频率复用时的同频干扰，采用频率复用的小区数 N 和所需的载干比 $\dfrac{C}{I}$ 之间的关系为

$$N = \sqrt{\frac{2}{3} \cdot \frac{C}{I}} \tag{5-8}$$

由容量定义式可得 FDMA 系统的容量为

$$m_F = \frac{B_t}{B_c \sqrt{\dfrac{2}{3} \cdot \dfrac{C}{I}}} \tag{5-9}$$

对于数字 TDMA 系统而言，因为数字系统有纠错措施，数字信道所要求的载干比可以比模拟信道低 4 dB～5 dB，所以频率复用距离可以更近。设 B_c 为 TDMA 系统的信道带宽（或载频间隔），n 为每个信道（载频）包含的时隙数，则系统的等效带宽为

$$B_c' = \frac{B_c}{n} \tag{5-10}$$

所以，TDMA 系统的容量为

$$m_T = \frac{B_t}{B_c' \sqrt{\dfrac{2}{3} \cdot \dfrac{C}{I}}} = \frac{nB_t}{B_c \sqrt{\dfrac{2}{3} \cdot \dfrac{C}{I}}} \tag{5-11}$$

5.5.3 CDMA 蜂窝系统的容量

影响 CDMA 系统容量的参数较多，下面分步考虑。首先暂不考虑蜂窝系统的特点，

只考虑一般扩频通信系统。设 E_b 是信息的比特能量，N_0 是干扰的功率谱密度，W 是 CDMA 系统占用的频段宽度，R_b 是信息的比特率，则归一化信噪比为 $\dfrac{E_b}{N_0}$，系统的处理增益为 $\dfrac{W}{R_b}$，于是接收信号的载干比为

$$\frac{C}{I} = \frac{\dfrac{E_b}{N_0}}{\dfrac{W}{R_b}} = \frac{E_b R_b}{N_0 W} \tag{5-12}$$

设系统容量为 m，表示最多 m 个用户共用 CDMA 无线信道，显然每个用户的信号都受到其他 $m-1$ 个用户信号的干扰。假设每个用户到达接收机的信号强度相等，则该接收机处的载干比为

$$\frac{C}{I} = \frac{1}{m-1} \tag{5-13}$$

综合以上两个载干比的表达式，有

$$m = \frac{N_0 W}{E_b R_b} + 1 \tag{5-14}$$

这表明减小归一化信噪比或增大系统的处理增益有利于提高系统容量。

下面分步增加考虑的因素，容量的表达式也随之扩展。

1. 背景热噪声

如果考虑背景热噪声功率 η，则系统容量可表示为

$$m = \frac{N_0 W}{E_b R_b} + 1 - \frac{\eta}{C} \tag{5-15}$$

上式表明热噪声功率越高，容量越低，显然降低热噪声功率可以提高系统容量。

2. 语音激活率

语音激活率又称语音占空比，是指在一定时段内通话中语音存在的时长占该时段的比率。如果语音停顿时信号发射也暂停，对 CDMA 系统而言就直接减少了对其他用户的干扰。在典型的全双工通话中，语音激活率通常小于 40%，这意味着其他用户受到的干扰会相应地平均减少至少 60%。于是，容量计算式被修正为

$$m = \frac{\dfrac{N_0 W}{E_b R_b} - \dfrac{\eta}{C}}{d} + 1 \tag{5-16}$$

式中：d 即为语音激活率。

当 $d=40\%$ 时，显然系统容量会提高至原来的 2.5 倍。另外，当用户数很大且系统是干扰受限而非噪声受限时，容量可近似表示为

$$m = \frac{N_0 W}{E_b R_b d} + 1 \tag{5-17}$$

3. 扇区划分

通常一个蜂窝小区被划分为三个扇区，各扇区对应使用 $\dfrac{2}{3}\pi$ 扇形覆盖的定向天线。

这样各扇区中的用户数是全小区用户数的三分之一。相应地,各用户之间的多址干扰分量也降至原来的三分之一,从而使系统容量增加(注意:理论上系统容量增至原来的 3 倍,但由于相邻天线的覆盖区之间有少许重叠,所以大约只能增至原来的 2.5 倍),这一增长的倍数 G 称为扇区分区系数。于是,CDMA 系统的容量计算式又被修正为

$$m = G\left(\frac{N_0 W}{E_b R_b d} + 1\right) \tag{5-18}$$

容易看出,CDMA 小区扇区化对容量有显著的扩充作用。

4. 频率复用

前面的分析都未考虑相邻小区带来的干扰,实际上这种邻区干扰普遍存在。CDMA 系统的所有用户共享一段频率,即多个小区内的基站和移动台都工作在相同频率上,因此任一小区的移动台都会受到相邻小区基站的干扰,任一小区的基站也会受到相邻小区移动台的干扰,这些干扰会影响系统的容量。将因邻区干扰带来的最大用户数下降的比率称为信道复用效率 F。由此得到再次被修正的 CDMA 系统容量计算式为

$$m = GF\left(\frac{N_0 W}{E_b R_b d} + 1\right) \tag{5-19}$$

在 CDMA 系统使用功率控制技术时,信道复用效率约为 0.6,即系统容量降至不考虑邻区干扰时的 60% 左右。

给定 1.25 MHz 的频段实行通信,试根据以下条件分别计算各系统的容量。

①模拟 TACS 系统(FDMA 方式),信道带宽为 25 kHz,频率复用的小区数为 7;

②数字 GSM 系统(TDMA 方式),载频间隔为 200 kHz,每载频包含的时隙数为 8,频率复用的小区数为 4;

③数字 CDMA 系统,语音编码速率(信息的比特率)为 9.6 kbit/s,语音激活率为 35%,扇区分区系数为 2.55,信道复用效率为 0.6,归一化信噪比为 7 dB。

比较以上计算结果,能得出什么结论?

5.6　信　令

5.6.1　信令的概念

信令是一类控制信号,其应用场景不局限于移动通信。在有线通信中,交换机内各部分之间或者交换机与用户、不同交换机之间,除了传输语音、数据等业务信息外,还必须传输各种专用的附加控制信号,其作用是保证交换机协调工作,完成用户呼叫的处理、接续、控制与维护管理功能。这种控制信号称为信令。信令伴随着通信网经历了一个不

断发展的过程,形成过几十种信令规程,有公共电话网信令、专用电话网(如铁路通信网)信令。随着程控交换机智能网业务与移动通信网系统的发展,又产生了较完善的七号信令(SS7)。移动通信网中的信令功能必然与网络特征相关,除了摘机、挂机、拨号、振铃等一般功能外,还有移动通信网中所需的频率分配、用户登记与管理、呼叫与应答、越区切换、功率控制等。可想而知,如果没有信令系统,通信网将无法工作;而信令的性能在很大程度上决定了一个通信网络为用户提供服务的能力和质量。

准确来说,信令允许程控交换机、网络数据库、网络中其他节点交换下列有关信息:呼叫建立、监控、清除、分布式应用进程所需的信息(进程之间的询问/响应或不同用户之间传递的数据)、网络管理信息。其中,建立、监控和清除呼叫是信令在通信网中的基本功能。信令操作的概略过程如图5-8所示。

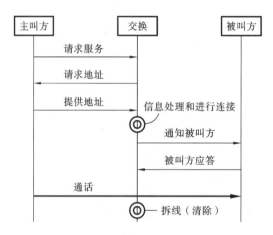

图 5-8　信令操作的概略过程

信令分为两类:一类是用户到网络节点间的信令,称为接入信令;另一类是不同网络节点间的信令,称为网络信令。移动通信的接入信令指移动台到基站之间的信令,网络信令为七号信令。

5.6.2　接入信令

接入信令按形式的不同,可分为模拟信令和数字信令。目前,常用的模拟信令有双音多频(DTMF)信令、亚音频控制静噪选呼(CTCSS)信令、五音调信令等。DTMF 信令广泛用于市话程控交换机,是一种带内信令;CTCSS 信令是多个通信系统共用一个信道时,为防止互相干扰而使用的一种亚音频信令,它也可以防止非法用户进入系统。数字信令则伴随着数字通信技术产生和演变。随着移动通信网容量的扩大以及微电子技术的发展,从需求和可能两方面都促进了数字信令的发展,特别是大容量的移动通信网已广泛使用了数字信令。下面重点介绍数字信令。

在传输数字信令时,为了便于接收端解码,要求数字信令按一定的格式编排。信令格式是多样的,不同通信系统的信令格式也各不相同。典型的数字信令格式如图 5-9

所示。

位同步码(P)	字同步码(SW)	信息码(A 或 D)	检错/纠错码(SP)

图 5-9 典型的数字信令格式

位同步码(P)又称前置码,其作用是提供位同步信息,使收发两端时钟对准、码位对齐,以便接收端进行判决。为便于提取位同步信息,位同步码通常采用二进制不归零间隔码(1010…)。接收端针对位同步码用锁相环提取位同步信息。

字同步码(SW)又称帧同步码,用于确定信息的开始位,以便使接收端实现正确的分字或分句。适合做字同步码的码组不唯一,它们都具有尖锐的自相关函数,便于与随机的数字信息相区别。接收端通过自相关函数的判定,识别这些码组的位置来实现字同步。最常用的码组是巴克码。

信息码(A 或 D)是真正的信息内容,可以是地址信息(A)或数据信息(D),通常包括控制、寻呼、拨号等指令。不同系统设定各自特定的信息码规则。

检错/纠错码(SP)又称监督码,用于检测和纠正传输过程中产生的差错,对象主要是信息码。由前文对检错和纠错编码的讲解可知,信息码和检错/纠错码共同构成检错/纠错编码机制。

基带数字信令一般以二进制位表示,为了能在基站与移动终端间的无线信道中传输,必须对基带信令进行调制。常用的调制方式有频移键控(FSK)和最小频移键控(MSK)。

 选学课文

巴克码

巴克码是一种非周期的二进制码组,一个长度为 n 的巴克码组为 $\{x_1, x_2, \cdots, x_n\}$,其中 $x_i (i=1, 2, \cdots, n)$ 的取值为 $+1$ 或 -1,将巴克码前后补充任意位的 0 后,其局部自相关函数满足

$$R(j) = \sum_{i=1}^{n-j} x_i x_{i+j} = \begin{cases} n, & j=0 \\ 0, \pm 1, & 0 < j < n \\ 0, & j \geq n \end{cases} \tag{5-20}$$

可以看到,巴克码最显著的特征是其尖锐的自相关特性。除非完全对齐,否则相关度为零或很接近于零。目前已找到的巴克码组很少,如表 5-1 所示。

表 5-1 巴克码组

长度	编码
1	$\{+1\}$
2	$\{+1, +1\}; \{+1, -1\}$
3	$\{+1, +1, -1\}$

续表

长度	编　码
4	{+1, +1, +1, -1};{+1, +1, -1, +1,}
5	{+1, +1, +1, -1, +1}
7	{+1, +1, +1, -1, -1, +1, -1}
11	{+1, +1, +1, -1, -1, -1, +1, -1, -1, +1, -1,}
13	{+1, +1, +1, +1, +1, -1, -1, +1, +1, -1, +1, -1, +1}

　　有一点需要注意:存在反号或逆序关系的巴克码组视为同类码组。如上表中长度为3的巴克码为{+1, +1, -1},它还代表了另外三个同类码组:{-1, -1, +1},{-1, +1, +1},{+1, -1, -1}。表中对这些同类码组不再额外列出。

📖 阅读材料

频移键控和最小频移键控

　　绝大多数通信系统采用的载波为正弦(余弦)波。这种波在数学表达上有三个参数:幅值、频率和相位。如果需要传输数字信息,则可通过调节其中任意一个参数来实现,对应的调制方式称为幅移键控(ASK)、频移键控(FSK)和相移键控(PSK)。图5-10为一串数字信号经过这三种调制之后的输出波形。

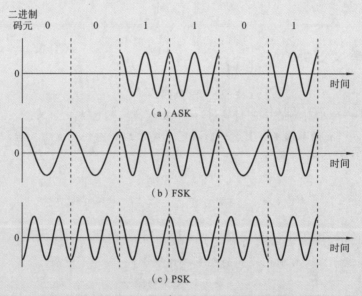

图 5-10　ASK、FSK 和 PSK 的调制波形

　　从图中可以看出,FSK方式中相邻码元的频率不变或者跳变一个固定值。在两个相邻的频率跳变的码元之间,其相位通常是不连续的。这种相位的不连续性有时会带来实现上的问题。因此,人们对FSK的信号作出一些改进形成最小频移键控(MSK),MSK调制波形的相位始终保持连续。

以 MSK 调制为基础,又可发展出一种称为高斯最小频移键控(GMSK)的调制方式。其特点是在数据流送交频率调制器之前先通过一个高斯滤波器进行预调制滤波,以减小两个不同频率的载波切换时的跳变能量,使得在相同的数据传输速率下频道间距可以变得更紧密。由于数字信号在调制前进行了高斯预调制滤波,调制信号在交越零点处不但相位连续,而且平滑过滤,因此 GMSK 调制的信号频谱紧凑、误码特性好,在数字移动通信中得到广泛使用,如第二代数字移动通信系统 GSM 就采用 GMSK 调制方式。

5.6.3　网络信令

在数字移动通信系统中,最常用的网络信令是七号信令。其他网络信令在数据组织规则上虽有不同,但设计思想和实现的功能大同小异,所以本节主要介绍七号信令。

七号信令系统是国际电信联盟(ITU)推荐的一个标准,是目前移动通信领域应用最广的信令系统。它主要用于交换机之间、交换机与数据库(VLR、HLR、AUC)之间交换信息。七号信令网络是一个与 PSTN 平行的独立网络,属于公共信道信令,信令传输信道独立于语音信道,通过独立的数据链路,以信令消息单元的形式集中传输信令信息。七号信令中的信息完全是数字化的,并采用数据包方式发送。

七号信令系统的协议结构如图 5-11 所示,其中信息传递部分(MTP)位于协议的下层。MTP 自身又分为三层:最底层的 MTP-1 为信令数据层,定义了数字链路的物理和电气特性,对应于 OSI 模型的物理层;MTP-2 为信令链路层,提供数据流控制、消息排序、差错检查等功能,确保信息在链路上实现可靠的端到端传输,对应于 OSI 模型的数据链路层;MTP-3 为信令网络层,提供网络管理功能支持,包括流量控制、路由选择、链路管理等。

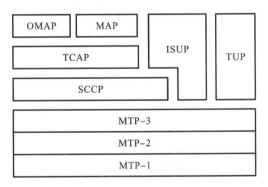

图 5-11　七号信令系统的协议结构

MTP 之上的信令连接控制部分(SCCP)为 MTP 提供附加功能。MTP 只能提供无连接的业务,即在应用实体间无需建立逻辑连接就可传递信令数据;而 SCCP 提供面向连接的业务,即在数据传递之前应用实体间先建立连接(可以是一般性连接或逻辑连接）。SCCP 的主要功能包括附加寻址和地址翻译,它和 MTP-3 共同对应于 OSI 模型的网络层。

事务处理应用部分(TCAP)提供与电路无关的信令应用之间交换信息的能力,允许应用调用远端信令点的一个或多个操作,并返回操作结果。TCAP 也提供应用给上层协议——操作/维护/管理部分(OMAP)和移动应用部分(MAP)。

ISDN 用户部分(ISUP)提供 ISDN 用户呼叫及相关功能所需的控制信令,连接的建立、监控和释放均在其支持的基础电信业务之中。ISDN 可直接与 MTP-3 层交换数据。电话用户部分(TUP)与 ISUP 功能相似,不过它支持的业务类别比 ISUP 少,如不支持非语音业务,不支持与电路无关的消息包的传递。ISUP 和 TUP 不一定在协议结构中同时存在,例如在亚洲、东欧和南美洲的一些国家,七号信系统令协议中存在 TUP 而不存在 ISUP。

七号信令的协议结构设计是为了适应其功能实现。在具体应用中,七号信令网是独立于通信网之外特别设立的一种传输信令的专用网络,信令网中对信令的收发和转接由指定的功能实体完成。此外,为了实现信令的控制功能,信令需按照特定的流程在功能实体间进行交互,交互的流程细节则因功能或业务类型而异。

📖 阅读材料

OSI 模型

OSI 模型的全称是开放系统互连模型,该模型含有七层结构,故又名 OSI 七层模型。OSI 模型建立的初衷是为了实现不同体系结构的系统之间的相互通信。如果只考虑两类系统间的通信,定义通信协议很简单;但随着通信系统的类型迅速增多,按这样点对点的方式定义通信协议将越来越复杂。OSI 模型提供了一套协议集使不同体系结构的系统之间实现互连,从理论上讲,发展完善的 OSI 模型的协议集将实现任意两类系统间的通信。

OSI 模型的直接商用面很小,这是因特网协议已非常普及的缘故。但 OSI 模型的价值在于它定义了一个可供研究和掌握多种通信协议的框架,并了解各协议间如何互相关联。所以,业内人士更多地将 OSI 模型视为通用协议模型,而将实际商用模型与之作横向比较用以修正或发展。

OSI 模型中的七层结构,自高而低依次包括应用层、表达层、会话层、传输层、网络层、数据链路层和物理层。每一层有特定的功能实现,并且只与相邻的上下两层直接通信。高层协议侧重于处理用户服务和各类应用请求,低层协议侧重于处理实际的信息传输。将协议分层的目的是分离各种特定的功能,并使某一层的功能实现对其他层来说是透明的,这样各层的设计和测试就相对独立。例如数据链路层和物理层实现的功能不同,物理层为数据链路层提供服务,而数据链路层不必了解服务是如何在物理层实现的,因此物理层实现手段的改变不影响数据链路层,其他相邻的层间也有这样的关系。两个不兼容的系统,只要都支持 OSI 模型就能相互通信。从逻辑上看两个系统的对等层交互信息,从物理上看每一层与相邻的上下两层直接通信。当发射端的某个应用程序需要发送信息时,它把数据交给应用层,应用层对数据进行加工后传递给表达层,表达层对数据再次进行加工后传递给会话层,依此方式一直到物理层接收数据后以码流的形式进行实际传输。在接收端,物理层接收码流后整理出数据传递给数据链路层,数据链路层对数据进行特定处理后传递给网络层,依此方式一直到应用层接收数据并交给对应的应用程序。OSI 模型的七层结构和通信方式如图 5-12 所示。

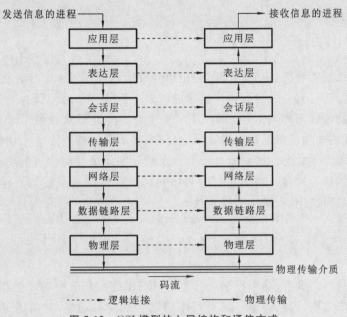

图 5-12　OSI 模型的七层结构和通信方式

　　七层结构中各层的主要功能在表 5-2 中列出。宏观来看,低三层(物理层、数据链路层、网络层)处理数据通信的细节问题,它们向上层用户提供服务;高四层(应用层、表达层、会话层、传输层)主要针对端到端通信,它们定义用户间的通信协议,但不关心数据传输的低层实现细节。就像前面提到的,有些通信网络方案与 OSI 模型有差异,如削减了部分层级,或者将部分层级的功能合并,少数通信网络方案甚至不与之兼容,但这并不妨碍 OSI 模型成为通信层级协议规划的典范和参照系。

表 5-2　OSI 模型七层结构中各层的功能

层　　级	主　要　功　能
应用层	直接与用户交互,提供电子邮件、文件传输等用户服务
表达层	转换数据格式,进行数据的加密和解密
会话层	对用户间连接进行控制和管理,以保障通信正确而有序地进行。如通信同步、事务操作和错误恢复等
传输层	用户间信息交互的端到端控制。如网络决策、数据分组和重新组装
网络层	实现路由选择和流量控制以保证通信连接的性能,可能附加计费信息管理功能
数据链路层	差错检测和校正以保证信道传输的可靠性,将数据组合成帧
物理层	数据在物理信道上的码流传输,处理机械或电气方面物理信道接入的程式规划和功能需求

5.7 功率控制

▓▌ 5.7.1 为什么要控制功率

移动通信系统需要进行功率控制,防止信号发射的功率过大。这样做是基于多方面的考虑,有能耗成本的因素,也有用户健康的因素。但就移动通信自身来讲,通信质量并不一定随功率的增加而提高。特别是 CDMA 技术的多址干扰导致 CDMA 系统具有自干扰特性,干扰的增加使得系统容量降低、通信质量下降。抑制多址干扰的方法之一,是根据无线信道的变化状况和链路质量按照一定的规则调节发射信号的功率(或电平),这就是功率控制的核心内容。功率控制的总体目标是在保证链路质量目标的前提下使发射信号的功率尽可能小,以减小多址干扰。

▓▌ 5.7.2 下行功率控制和上行功率控制

从通信链路的角度看,功率控制可分为下行功率控制和上行功率控制。下行功率控制在下行链路中实施,用来调整基站对每个移动台的发射功率,对信道衰落较小和解调信噪比较高的移动台分配较小的下行发射功率,而对信道衰落较大和解调信噪比较低的移动台分配较大的下行发射功率;目标是使信号到达移动台时,信号功率刚刚达到保证通信质量的最小信噪比门限。下行功率控制可以降低基站的平均发射功率,减小相邻小区之间的干扰。

相对地,上行功率控制在上行链路中实施,用于调整移动台的发射功率,使信号到达基站时,信号电平刚刚达到保证通信质量的最小信噪比门限,从而克服远近效应,降低干扰,保证系统容量。

下行和上行链路中信号经历的无线环境有差别。下行链路中所有信道同步发射,且对某个移动台来说,下行链路的所有信道所经历的无线环境是相同的。这样在移动台解调时,本小区内其他用户的干扰可以通过正交码字消除。不过,由于多径效应会改变码字的正交性,所以下行链路解调中的干扰主要源自相邻小区和多径效应。而上行链路的情况要复杂得多。由于移动台的移动性,不同移动台的信道所经历的无线环境差别很大,使得上行链路的路径损耗有很大的不同,因此上行链路必须采用大范围动态功率控制方法,快速补偿变化的信道条件。大多数情况下,上行链路的质量低于下行链路;与下行链路相比,上行链路对功率控制的要求较高。

▓▌ 5.7.3 开环功率控制和闭环功率控制

从控制方法的角度看,功率控制可分为开环功率控制和闭环功率控制。开环功率控制指基站(或移动台)根据接收到的上行(或下行)链路信号功率来调整自己的发射功率。

它假设下行链路与上行链路的衰落情况一致,例如移动台接收并测量下行链路的信号强度,并估计下行链路的传播损耗,然后根据估计信息调整上行链路的发射功率。接收到的信号越强,设备认为信道环境越好,发射功率的削减幅度就越大(或增加幅度越小);反之亦然。

闭环功率控制以开环功率控制为基础,对控制程度进行校正。例如,基站根据上行链路上移动台的信号强度,产生功率控制指令,并通过下行链路将这些指令发送至移动台;移动台则根据指令在开环功率控制所选择的发射功率基础上进行快速校正。可以看出,这个过程形成了控制环路,闭环功率控制由此而得名。

这两种控制方法的部分性质比较如表 5-3 所示。

表 5-3　开环功率控制和闭环功率控制的比较

比 较 参 数	开环功率控制	闭环功率控制
控制环路	不存在	存在
补偿种类	慢衰落和平均路径损耗	快衰落
功率调整范围	大	小
控制速度	快	慢
控制精度	低	高
实施复杂度	较低	较高

 选学课文

内环功率控制和外环功率控制

内环功率控制和外环功率控制是闭环功率控制的两种类型。上行链路中的内环功率控制预先在基站处设定一个内环门限值,这里以信噪比为例,系统运行时基站分析来自移动台信号的信噪比(这个指标与内环门限的量纲一致,具有可比性)。如果该信噪比高于内环门限,就向移动台发送"降低发射功率"的指令;否则发送"提高发射功率"的指令,使接收信号的信噪比接近于内环门限值。下行链路中的内环功率控制机理与之相同。

外环功率控制依据接收信号的质量指标来对内环门限进行调整。这里以误帧率为例,接收端预设一个目标误帧率,当实际接收信号的误帧率高于目标误帧率时,则适当提高内环门限;否则适当降低内环门限。这样通过分析误帧率对内环门限进行调节,使实际误帧率保持在接近于目标误帧率的水平。

通过比较可以看出,外环功率控制为了适应无线信道的变化,动态调整内环功率控制中的内环门限。这就使得功率控制不仅体现在对信噪比的保持上,而且保持的数值可通过通信质量进行动态修正,功率控制直接与通信质量联系起来。

5.8　位置管理和越区切换

5.8.1　位置管理

在移动通信系统中,用户可以在系统覆盖范围内任意移动。为了能将呼叫(或其他业务,下略)传送到随机移动的用户,必须有一个高效的位置管理系统来跟踪用户位置。在数字移动通信系统中,位置管理采用两层数据库,分别存储于两类寄存器——归属位置寄存器(HLR)和访问位置寄存器(VLR),在介绍网络结构时已对它们有所涉及。HLR 存储网络内注册的所有用户信息,包括用户预定业务、记账信息、位置信息等;VLR 管理网络中特定位置区内的移动用户。通常一个移动通信网络中有一个 HLR 和若干个 VLR。

位置管理的主要任务有两个:位置登记和呼叫传递。位置登记是在移动台的实时位置信息已知的情况下,更新 HLR 和 VLR 中的数据并认证移动台。在蜂窝移动通信系统中,服务覆盖区被划分为若干个登记区。当一个移动台进入一个新的登记区时,其位置登记过程分三步进行:在新登记区所属的 VLR 中登记移动台、更新 HLR 中记录该移动台所属 VLR 的记录、在旧 VLR 中注销该移动台。

呼叫传递是在有呼叫给移动台的情况下,根据 HLR 和 VLR 中的位置信息来定位移动台。呼叫传递的过程分为两步:先确定被呼叫移动台所属的 VLR,后确定被呼叫移动台所处的小区。

5.8.2　位置更新策略

位置更新与位置管理密切相关,是解决移动台如何发现位置变化以及何时报告当前位置的问题。理论上移动台在每次进入新的登记区时都需要进行位置更新,以便有呼叫指向该移动台可通过登记区内的寻呼确定移动台所在的小区。实际上常用的位置更新有三种策略。

(1)基于时间的位置更新:移动台每隔一定时间会周期性地更新其位置。这个时间会间隔由系统根据呼叫发生的时间分布来动态取值。

(2)基于运动的位置更新:设定一个运动门限值来比照移动台跨越的小区边界数量。当移动台在移动中达到此运动门限时,就进行一次位置更新。

(3)基于距离的位置更新:设定一个距离门限值,当移动台离小区的距离超过距离门限时即进行一次位置更新。距离门限由移动台的移动方式和呼叫参数确定。

研究表明,基于距离的位置更新策略性能最佳,但这种策略要求移动台能有不同小区的距离信息,且通信网必须能以高效的方式提供这种信息,因此实现这种策略的开销大。相比而言,基于时间或运动的位置更新策略开销小(仅需定时器或运动计数器),实现较简便。

5.8.3　越区切换原理

与位置更新不同,切换是针对通信状态中的移动台而言。当移动台处于通信状态时,如果从一个小区移动到另一个小区,系统就需要将对该移动台的连接控制也从一个小区转移到另一个小区,这样的转移过程称为越区切换。越区切换的操作不仅包括识别新的小区,而且需要给移动台分配新小区的语音信道和控制信道。引起越区切换的原因通常有两个:一是信号强度或质量下降到一定程度而引起系统的关注,这时移动台被切换到信号强度较强的相邻小区;二是原小区信道全被占用或所剩无几,容量逼近上限,这时移动台被切换到空闲信道较多的相邻小区。

切换的频度不能太密,且必须保证顺利完成,因此常制定一个信号强度值作为启动切换的阈值。注意这个阈值并不等于维持通信质量的最小信号强度,而是比最小信号强度略高,二者之差须合理地设置。此外,基站在决定实施切换之前有必要对信号强度监视一段时间,这是因为信号强度的下降有可能源自短时间的衰减,而这不同于移动台远离当前服务基站的情形,不需要进行切换。

 如果启动切换的阈值与维持通信质量的最小信号强度的差值过大,会出现什么异常状况? 如果二者的差值过小,又会有何问题?

处理切换请求的策略因系统而异。有的系统处理切换请求的方式与处理初始呼叫等同,这样切换失败与呼叫阻塞的概率基本相等。不过从用户的角度看,切换失败导致的通信中断会带来更大的问题,对用户体验的负面效果也更明显,所以很多系统在分配通信资源时,会使切换请求的优先级高于初始呼叫请求。一种具体的方法是保留小区中所有可用信道的一小部分,专门为那些可能要切换至该小区的通话进行切换请求服务;另一种方法是对切换请求进行排队,最接近中断状态的切换请求得到最优先的服务。

5.8.4　硬切换

切换发生时,移动台与原基站、目标基站的连接方式不尽相同,由此可将切换分为硬切换与软切换两大类。

硬切换是指在新的通信链路建立之前,先切断旧通信链路的切换方式。整个切换过程中移动台只能使用一个无线信道,因此这种切换会使通话出现中断,但中断时间一般控制得非常短,使用户察觉不出。不过硬切换可能出现旧链路已经断开但新链路尚未建立完毕的情形,于是中断时间被迫拉长,用户就会感觉到通信中断,这是硬切换需要尽量避免的情形。

硬切换的失败率比较高。如果新基站无空闲信道或者切换信令的传输出错,就会导致切换失败。此外,当移动台处于小区交界处需要进行切换时,由于存在不同基站在该处的信号都较弱且强度会起伏变化,这就容易导致移动台在不同基站之间反复要求切换,使系统负担加重,增加了通信中断的概率。这种频繁请求切换的现象称为乒乓效应。

采用不同频率的小区之间一般只能采用硬切换,所以传统的 FDMA 和 TDMA 系统都采用的是硬切换方式。根据测试统计,这些系统无线信道上超过九成的通信中断是在切换过程中发生的,所以硬切换的成败对用户的通信体验有至关重要的影响。

■■ 5.8.5 软切换

软切换是指需要切换时,移动台先与新基站建立通信链路,再切断与旧基站之间通信链路的切换方式。软切换的优势是明显的,概括说来有以下三点。

(1)切换成功率提高。在软切换的过程中,移动台同时与多个基站进行通信。只有当移动台与新基站建立了稳定的通信连接之后,才会与旧基站切断通信,因此软切换的失败率比硬切换小得多。从用户角度看,切换的可靠性提高使切换造成通信中断的概率大幅下降。

(2)系统容量增加。当移动台与多个基站同时进行通信时,不同基站对移动台提高或者降低发射功率的指令可能不统一,这时移动台通常的策略是优先考虑降低发射功率的指令。这样从统计角度上看,移动台整体的发射功率降低,从而也对其他移动台的干扰程度降低,系统容量由此增加。

(3)通信质量提升。在软切换的过程中,多个基站向移动台发射相同的信号;移动台解调这些信号,就可以进行分集合并,从而提高了下行链路的抗衰落能力。类似地,基站也可对上行信号实施分集接收。上行和下行链路中分集技术的应用提高了通信的质量。

软切换通常只能在使用相同频率的小区间内进行,因此传统的 FDMA、TDMA 系统不具有这种功能,而 CDMA 系统几乎独享了这种切换方式。软切换也存在缺点,如对硬件设备的要求高,资源需求量大,切换频繁触发时也会降低进行中的通信质量。不过对 CDMA 系统而言,性能的主要制约因素是其自干扰特性,软切换的固有缺陷并非是系统容量的瓶颈。

5.9 话务量和呼损率

■■ 5.9.1 话务量的意义

通信的业务类型多种多样,其中最常见的是电话通信。话务量和呼损率是针对电话通信的两个重要指标。话务量指电话用户在某段时间内所发生的负荷量,是电话负荷大小的一种度量。话务量分为流入话务量和完成话务量。设单位时间(1 小时)内平均发生的呼叫次数为 λ,其中成功呼叫的次数为 λ_0,每次呼叫平均占用信道时间为 S,则流入话

务量 A 和完成话务量 A_0 分别定义为

$$A = S \cdot \lambda \qquad (5\text{-}21)$$
$$A_0 = S \cdot \lambda_0 \qquad (5\text{-}22)$$

式中：S 的单位为小时/次，λ 的单位为次/小时，所以从数学意义上讲话务量的单位为"1"。在通信领域为了表达话务量的意义，将它的单位命名为爱尔兰(Erl)。

由上述定义可知，流入话务量是平均 1 小时内所有呼叫需占用信道的总小时数，完成话务量则是平均 1 小时内成功的呼叫所占用信道的总小时数。

以下说法是否正确？

①1 小时内一条通话线路被连续占用 1 小时的话务负荷等于 1 Erl；

②1 小时内两条通话线路各被连续占用半小时的话务负荷等于 1 Erl；

③平均每小时内用户成功通话的时间为 1 小时，对应 1 Erl 的流入话务量；

④平均每小时内用户要求通话的时间为 1 小时，对应 1 Erl 的完成话务量。

从一个信道上看，它在 1 小时内负荷最大的情况是不间断地进行通信，这时的完成话务量 1 Erl 是其最大值。由于用户发起呼叫的随机性，信道使用总是存在间断时间，所以一个信道所能完成的话务量小于 1 Erl。

▮▮▮ 5.9.2　完成话务量

如果在观察时间 T 小时内，系统共完成 C 次通话，则

$$A_0 = S \cdot \lambda_0 = \frac{S \cdot C}{T} \qquad (5\text{-}23)$$

若总信道数为 n，在观察时间内有 i 个信道同时被占用的时间为 t_i，则实际通话时间为

$$\sum_{i=1}^{n} i \cdot t_i = S \cdot C \qquad (5\text{-}24)$$

所以完成话务量为

$$A_0 = \frac{S \cdot C}{T} = \sum_{i=1}^{n} \frac{i \cdot t_i}{T} \qquad (5\text{-}25)$$

若 T 足够大，则 $\dfrac{t_i}{T}$ 表示在 n 个信道中有 i 个信道同时被占用的概率，用 P_i 表示。这时完成话务量为

$$A_0 = \sum_{i=1}^{n} i \cdot P_i \qquad (5\text{-}26)$$

由上述表达式可知，完成话务量是同时被占用信道数的数学期望，它表示了系统网络应对呼叫的繁忙程度。

选学课文

忙时话务量

话务量在时间维度上并不是均匀分布的,有时呼叫密集发生,有时又处于空闲状态。移动通信的工程设计较多地关注呼叫密集时话务量的水平,于是将话务量超过一定阈值的单位时间(1 小时)称为忙时,这段时间的呼叫次数称为忙时呼叫次数,话务量称为忙时话务量。忙时话务量的最大值代表了系统最忙时的最大话务负荷,是系统设计指标的重要参照。

就一天时间而言,用户在 24 小时内的话务量也不均匀,系统设计时应考虑最忙 1 小时内的话务量。这个话务量与全天话务量之比称为忙时集中率,一般为 $10\%\sim15\%$。所以,系统设计所需的每个用户忙时话务量 A_b 可按下式计算:

$$A_b = S \cdot \lambda_D \cdot \beta \tag{5-27}$$

式中:S 仍为每个用户每次呼叫平均占用信道时间,λ_D 为每个用户在一天内的呼叫次数,β 为忙时集中率。

5.9.3 呼损率

在信道存在共用的情况下,通信网难以保证每个用户的所有呼叫都能成功,少量的呼叫会失败。失败的呼叫视作呼叫损失,简称呼损。用户发起呼叫后,由于网络的原因引起呼损的比率即为呼损率。参考话务量的定义,容易得到呼损率 B 的定义式为

$$B = \frac{\lambda - \lambda_0}{\lambda} \times 100\% \tag{5-28}$$

式中:λ 对应用户发起的有效呼叫,不包括因主叫用户造成的呼损,如呼叫目标错误、呼叫主动中止等;$\lambda - \lambda_0$ 对应的呼损率是由网络原因导致,不包括用户忙、无应答、用户锁定、用户关机、用户拒绝、用户脱离服务区等非网络原因。

根据话务量的定义,如果用流入话务量 A 和完成话务量 A_0 来表示呼损率,则有

$$B = \frac{A - A_0}{A} \times 100\% \tag{5-29}$$

呼损率往往代表着一个通信网的服务等级。呼损率越小,呼叫成功的概率越大,用户对服务的满意程度就越高。对于一个通信网,限制流入话务量可以提高呼损率;不过限制流入话务量相当于限制了用户数,所以这种限制程度应当适中。

在多信道共用的通信网中,流入话务量 A、共用信道数 n 和呼损率 B 之间的定量关系为

$$B = \frac{\dfrac{A^n}{n!}}{\displaystyle\sum_{i=1}^{n} \frac{A^i}{i!}} \tag{5-30}$$

等式(5-30)称为爱尔兰呼损公式。公式中有三个量,理论上只要得知其中两个量,

就可通过该公式得出第三个量。在 B 一定的条件下，A 随 n 的增大而增大。当 $n<3$ 时，A 随 n 的增长接近指数规律；当 $n>6$ 时，A 随 n 的增长接近线性规律。实际应用中，用爱尔兰呼损公式计算比较复杂，特别是获得 A 或 n 的难度较高，所以将这三个量的典型对应值制成了表格以便查找，该表格即为爱尔兰呼损表，见附录 A。

最后提一下信道利用率，它表示单位时间内每个信道的完成话务量。呼损率 B 变化时，信道利用率 η 也随之变化，可用下式表示：

$$\eta=\frac{A_0}{n}=\frac{A(1-B)}{n} \tag{5-31}$$

在 B 一定的条件下，η 随 n 的增大而增大，但 $\dfrac{\mathrm{d}\eta}{\mathrm{d}n}$ 随 n 的增大而越来越接近于零。换言之，在信道数很大时，信道利用率随信道数的变化不明显。因此，同一基站的信道数不宜过多。

本 章 小 结

组网是大容量移动通信系统不可或缺的一个建设环节。网络规划最直接的目的之一是扩大系统的服务区域，因此在多址接入的基础上，本章对区域覆盖作了介绍，带状网和蜂窝网的区别体现了覆盖模式根据服务区域形状而调整的思想。为了在网络中与其他设备连接并良好互动，大部分通信系统都有规范的网络结构，该结构包含与网络相匹配的内部功能实体及对应接口。为了科学地评价覆盖程度及效果，本章讲解了一系列覆盖指标如容量、功率、话务量和呼损率。这些指标在工程上都有明确的计算方法，它们是整个网络正常运行的保障，也是修正和升级网络覆盖的重要参考。信令是实体间控制信息传输的重要媒介，大型移动通信网络必配有一套完整的信令系统，用于处理相关指标或者执行特定操作。例如，在位置管理和越区切换中就有大量的信令交互，且切换模式设定不同（硬切换或者软切换），信令内容就有差别，执行切换的过程也会不一样。

本章的内容与前几章有密切联系，也是认识具体实用系统的基础，内容较多且具有一定的综合性。学完本章之后，不妨对整个移动通信的基本原理作一个归纳和梳理，构建出从参数算法到硬件设备上较为清晰和系统的认识。

复 习 题

1. 从宏观上看，移动通信网一般由两部分组成：_____和地面网络。

2. 模拟通信一般采用_____作为其多址技术，例如第一代移动通信系统中的 AMPS 和 TACS 模拟蜂窝系统。

3. 时分多址（TDMA）沿时间轴分割信号，分配给用户的信道是_____并_____的时隙。

4. 码分多址（CDMA）用正交或非正交的扩频码来调制信息信号，不同用户的扩频信号占用相同的_____和_____，接收端利用_____的结构分离出不同的用户。

5. 空分多址(SDMA)将_____看作信号空间的另外一个可以划分的维,一般用_____来实现空间的信道划分。

6. 区域覆盖主要解决针对基站的哪两类问题?

7. 在蜂窝网应用初期,运营商的主要目标是取得尽可能大的地域覆盖率,因此要建设大型_____小区。对于其中的"盲点"和"热点"区域的覆盖问题,现在多采用_____技术来解决。

8. 信道配置的方式主要有哪两种?它们如何规避三阶互调干扰?

9. 蜂窝移动通信系统的网络结构主要由哪三部分组成?各部分之间的接口名称是什么?

10. 移动台和移动终端的区别在于移动台包含_____,而移动终端不包含它。

11. 已知蜂窝移动通信系统的总频带宽度、信道带宽和频率复用的小区数,那么该系统的容量是如何定义的?

12. 信令分为两类:一类是用户到网络节点间的信令,称为_____;另一类是不同网络节点间的信令,称为_____。数字移动通信系统中的七号信令是一种_____。

13. 功率控制用于调整发射端的_____,其目的是使信号到达接收端时,信号功率刚刚达到_____门限。

14. 位置管理采用的两层数据库是指网络子系统中的哪两个功能实体?它们在位置管理方面分别具有什么功能?

15. 位置管理的主要任务有两个:_____和_____。

16. 引起越区切换的原因通常有哪些?

17. 硬切换和软切换的切换过程有何差别?

18. 话务量指电话用户在某段时间内所发生的负荷量,是_____的一种度量。用户发起呼叫后,由于_____引起呼损的比率称为呼损率;呼损率_____,用户对服务的满意程度就越高。

第6章

前三代移动通信系统

　　如果说前几章是在横向介绍共性原理,那么从本章开始就要纵向剖析特定的移动通信系统。移动通信系统的发展程度以"代"来标识。如最早的模拟蜂窝系统是第一代移动通信系统(1G),往后依次发展出第二代移动通信系统(2G)、第三代移动通信系统(3G)等。"代"的归属是由通信标准决定的。换言之,不同"代"的系统必然使用不同的标准,即使同一"代"的系统,其标准也可能有差别。每一次"代"的演进,都意味着通信标准的大更替,是人们对移动通信领域创新的集中体现。

　　第一代移动通信系统在今天看来虽然性能不高,却是公共移动通信的开篇。它的出现真正把人类的通信扩展到移动的场景,具有划时代的意义。第二代移动通信系统是数字化系统成熟的开始,曾在很长一段时间内统一着全球市场,直到今天仍具有庞大的用户量。继第二代移动通信系统之后,第三代移动通信系统在技术上日臻成熟,其性能也有了大幅提升。第三代移动通信系统主要有四类标准:WCDMA、CDMA2000、TD-SCDMA、WiMAX。当然,这些标准的内容极为丰富,详细论述其中任何一种标准都足以成书,因此出于篇幅限制,本章在分别介绍各标准时选取的是其中最重要、最有代表性特征的内容。

6.1　第一代模拟移动通信系统

▐▌ 6.1.1　第一代移动通信系统的起步与标准演进

　　模拟蜂窝电话问世于 1973 年,由美国摩托罗拉公司的库帕及其带领的研究团队研发而成(参见插图五)。基于模拟蜂窝电话的需求不断增加,第一代模拟移动通信系统的标准在 20 世纪 80 年代被广泛采用,其中最知名的标准是 AMPS(Advanced Mobile Phone System),它是 20 世纪 70 年代由贝尔实验室开发,1983 年在美国投入商用,随后许多其他国家也接受了它。AMPS有一个窄带的版本,称为窄带AMPS,其语音信道带宽是普通AMPS的三分之一。

除美国之外,其他地区也有标准问世。日本于1979年开发了本国第一个商用电话蜂窝系统,基于AMPS的NTT(Nippon Telegraph and Telephone)标准;欧洲也发展了类似于AMPS的标准,称为TACS(Total Access Communication System)。与AMPS相比,TACS采用更高的频率和更低的信道带宽。它在欧洲及相邻的地区和国家被采用,其中在英国TACS的频率范围被扩展,以获得更多的信道,产生了名为ETACS的版本。1989年,日本的大都市地区又采用了名为JTACS的版本,用以获得比NTT系统更高的容量。JTACS运行在比TACS和ETACS稍高一些的频率上,并且还有一种提高频带利用率的版本,称为NTACS,其语言信道带宽是JTACS的一半。

除TACS之外,欧洲国家还有频率上不兼容的模拟蜂窝电话系统标准,包括北欧的NMT(Nordic Mobile Telephone)标准、法国的RC2000(Radiocom 2000)标准、德国和波兰的C-450标准。第一代模拟蜂窝电话系统各标准及主要特性如表6-1所示。

表6-1　第一代模拟蜂窝电话系统各标准及其特性

特　性	标　准　名					
	AMPS	NTT	TACS	NMT	RC2000	C-450
调制方式	FM	FM	FM	FM	FM	FM
上行频率/MHz	824～849	925～940	890～915	453～458 890～915	414.8～418	450～455.74
下行频率/MHz	869～894	870～885	935～960	463～468 935～960	424.8～428	460～465.74
信道带宽	30	25	25	25/12.5	12.5	10
信道数量	832	600	1000	180/1999	256	573
多址方式	FDMA	FDMA	FDMA	FDMA	FDMA	FDMA

6.1.2　结构和功能

模拟蜂窝电话系统由三部分组成,除了基站和移动台之外,还有位于移动台之上的移动交换中心(MSC)。MSC是基站与有线电话网之间的接口,是蜂窝无线网的控制中心。MSC不仅具有一般程控交换机的交换、控制功能,还具有适应移动通信特点的移动性管理功能。一个MSC管辖的服务区较大,通常包含几十个或几百个基站。基站与移动台均以频分多址方式工作,并将每7个或12个相邻小区组成一个区群,初步实现频率复用。

当区群小区数为7和12时,区群的几何形状是怎样的?

概括说来,模拟蜂窝电话系统的主要功能有:①具有与公共有线电话网进行交换的能力,移动用户之间、移动用户与有线电话用户之间可直接拨号;②具有双工通信的能力,即上下行通信可同时进行,且语音质量接近有线电话标准;③有一定的用户容量,一个系统一般能为几万个用户提供服务,还能适应业务增加需要,通过小区分裂以扩充容量;④使用频率复用技术,基站采用全向天线时区群小区数为 12,基站采用扇区天线时区群小区数为 7,信道配置的方式是等频距配置法,以尽可能减小邻道干扰;⑤不同地域的蜂窝系统可以联网,实现漫游功能;⑥具有越区切换功能,切换时间小于 20 ms。

📖 阅读材料

小区分裂

小区分裂是模拟蜂窝系统扩充容量的一种方法,它基于不同面积的小区划分。在整个服务区中,每个小区的面积可以相等,这是为用户密度恒定的情况设计的。而实际中用户的分布往往不均匀,甚至分布密度的差距很大;如果这时仍使用等面积的小区划分方式,就会出现高密度地带的小区负荷过重、资源紧缺,而低密度地带的小区负荷轻、资源闲置的情况。为了更合理地利用通信资源,可以在高密度地带设置较小面积的小区,如图 6-1 所示。如此一来,每个新小区的用户变少,负荷得到缓解。

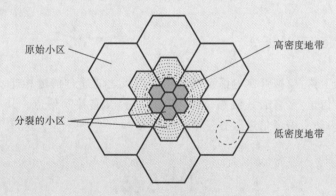

图 6-1　用户密度不等时的小区结构

不过,用户的分布情况会随时间变化,高密度区域的位置可能发生改变,原有的低密度地带可能变成高密度地带,这时为了不使原有的小区负荷过重,需要将原有小区进行分裂,使每个小区面积缩小,并为各小区配备基站,如图 6-2 所示。

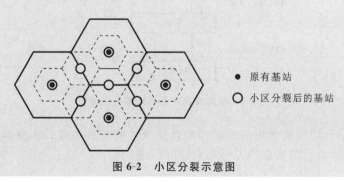

图 6-2　小区分裂示意图

小区分裂有效地缓解了用户密集区的系统负荷,不过它需要建设新的基站,成本较高,在高密度区域改变不频繁时较为适用。

 为什么上文中的小区分裂没有按照图6-3来进行?

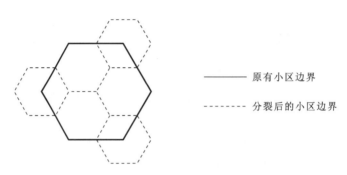

—— 原有小区边界

------- 分裂后的小区边界

图 6-3　小区分裂的另一种方案

■■■ 6.1.3　信道和信令

从抽象结构上讲,模拟蜂窝电话系统的相邻层级之间通过信道相连,如图 6-4 所示。系统中既有无线信道,又有有线线路;既有语音信道,又有控制信道。其中,控制信道专用于传输信令,为建立语音信道服务。

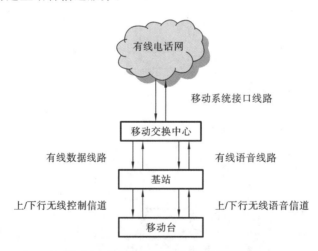

图 6-4　模拟蜂窝电话系统的信道类型

基站与移动台之间的无线信道必须配合信令才能正常工作。在模拟蜂窝电话系统中,最重要的信令是监测信令(SAT)和回馈信令(ST)。

监测信令(SAT)用于信道分配和对移动用户的通话质量进行监测。当某一语音信道需要分配给用户时,基站就在下行语音信道上发送 SAT;移动台检测到 SAT 后就在上行语音信道上返回该 SAT。基站收到返回的 SAT 后,就确认此语音信道已接通,可进行语音通话。在通话过程中,SAT 的这种发送和返回仍在不断进行,其用途是监测该信道的信噪比;如果信道比过低,则考虑更换信道或进行越区切换。

回馈信令(ST)在上行语音信道中传输。当移动台收到基站发出的振铃指令时,移动台在上行语音信道上发出 ST,表示振铃成功;一旦移动用户摘机通话就停发 ST,进入用户语音通话阶段。所以,基站可以根据 ST 的有无判定移动台是否处于摘机状态。此外,ST 也用于越区切换过程,向基站确认新分配的语音信道。

6.2　第二代数字移动通信系统的标准

6.2.1　第二代数字移动通信系统标准简介

通过第一代移动通信系统的标准我们看到,虽然不少国家都建设了移动通信设施,但标准却多为各国独享,且互不兼容,这就使得用一个模拟电话漫游多国成为一件不可能的事。这一问题在国家众多、标准聚集的欧洲显得尤为突出。为了应对这种情况,统一蜂窝电话标准和频率率先在欧洲多国展开。

1982 年,一个名为 Group Special Mobile(GSM)的组织成立,主导了一个欧洲统一的数字蜂窝标准。原有 TACS 的 900 MHz 附近频段在欧洲被分配给 GSM 以推动国家之间的漫游。GSM 规范于 1989 年定稿,两年后系统开通。GSM 标准使用 TDMA 和慢跳频应对越区干扰,使用带交织的卷积码和奇偶校验码来检错和纠错,使用均衡器补偿频率选择性衰落。在往后的十几年中,世界上超过三分之二的蜂窝电话使用 GSM 标准,超过 470 个运营商在 172 个国家支持着数以十亿计的用户。随着 GSM 标准越来越全球化,GSM 的意思变成了 Global System for Mobile Communications。

在第二代数字移动通信系统的开发过程中欧洲走在最前,而美国紧随其后。1992年,IS-54 数字蜂窝标准在美国定稿,1994 年开始商用,系统称为 D-AMPS。IS-54 标准采用了与 AMPS 同样的 30 kHz 信道宽度,用以促进无线运营商从模拟向数字转移,采用 TDMA 多址接入方式,用以改进切换和控制信令。随着时间的推移,IS-54 标准进行了改进,这些改进连同原来的标准一起被封装在 IS-136 标准中。与 GSM 标准类似,IS-136 标准采用了奇偶校验码、卷积码、交织和均衡等技术。

在日本,第二代个人数字蜂窝电话标准被称为 PDC(Personal Digital Cellular)标准。该标准于 1991 年建立,1994 年被采用。它类似于 IS-136,但采用 25 kHz 的语音信道以兼容日本原有的模拟系统。PDC 系统运行在 900 MHz 附近和 1400 MHz 附近两段频带上,每个信道可容纳 3 个用户,当采用高压缩率时每个信道能容纳 6 个用户。

另外一个竞争市场的标准是基于 CDMA 的,它由美国高通公司在 20 世纪 90 年代初期提出。这个称为 IS-95 的标准于 1993 年定稿,1995 年用 cdmaOne 的名字投入商用。

和 IS-136 一样,IS-95 被设计成与 AMPS 兼容,以便这两个系统在同一个频带内共存。在 CDMA 系统中,用户彼此叠加,接收机通过扩频码区分出不同的用户,这样信道数据速率就不像 TDMA 那样仅仅赋予一个用户。IS-95 中信道的码片速率为 1.2288 Mchip/s,扩频因子为 128。第二代数字蜂窝移动通信系统各标准的主要特性如表 6-2 所示。

表 6-2　第二代数字蜂窝移动通信系统各标准及其主要特性

特　性	标　准　名			
	GSM	IS-136	PDC	IS-95
上行链路频率/MHz	890～915	824～849	940～956 1429～1453	824～849
下行链路频率/MHz	935～960	869～894	810～826 1477～1501	869～894
载波间隔/kHz	200	30	25	1250
信道数量	1000	832	1600	2500
调制方式	GMSK	$\pi/4$-D-QPSK	$\pi/4$-D-QPSK	BPSK/QPSK
压缩语音速率/(kbit/s)	13	7.95	6.7	1.2～9.6
信道数据速率	270.833 kbit/s	48.6 kbit/s	42 kbit/s	1.2288 Mchip/s
数据码率	1/2	1/2	1/2	1/2(下行) 1/3(上行)
码间串扰消除/均衡	均衡器	均衡器	均衡器	RAKE 接收软切换
多址方式	TDMA/慢调频	TDMA	TDMA	CDMA

6.2.2　第二代数字移动通信系统的演进

20 世纪 90 年代后期,第二代数字移动通信系统在两个方向上演进:一是系统转向更高的频率,这是由于在欧洲和美国有更多的蜂窝带宽可以获得;二是支持语音业务之外的部分数据业务。1994 年,美国联邦通信委员会开始拍卖位于 1.9 GHz 附近的 PCS (Personal Communication System)蜂窝系统频段,购买这个频段内频谱的运营商可以使用任何标准。由于不同的运营商采用不同的标准,于是在美国的不同地区,1.9 GHz 附近频段上 GSM、IS-136、IS-95 都有使用,造成了单个电话漫游的困难。欧洲在 1.8 GHz 频段分配附加的蜂窝电话频谱,这个频段的标准称为 GSM1800 或 DCS1800,其采用 GSM 作为核心标准并做了一些改进,允许宏蜂窝和微蜂窝的覆盖。

在数字蜂窝系统使用的过程中,运营商引入语音业务之外的数据业务。增加数据业务能力的第二代数字移动通信系统有时称为 2.5G 系统。如 GSM 系统可通过几种方式升级而支持数据业务,其中最简单的为 HSCSD(High Speed Circuit Switched Data)标准,允许最多 4 个连续时隙分配给一个用户,这样可以提供最高达 57.4 kbit/s 的传输速率。对于数据业务来说,电路交换的效率很低,因此在电路交换的语音业务基础上发展了分组交换的数据业务,反映这一发展的标准称为 GPRS(General Packet Radio Service)。对 GPRS 而言,当 GSM 帧的 8 个时隙分配给一个用户时,最大可能的数据速率为 171.2 kbit/s。GPRS 的数据速率还可通过变速率调制和编码进一步提高,反映这一发展的标准称为 EDGE(Enhanced Data for GSM Evolution)。EDGE 提供最高达 384 kbit/s 的数据速率,其每个时隙的码率为 48 kbit/s~69.2 kbit/s。GPRS 和 EDGE 与 GSM 和 IS-136 兼容,这就为日后二者的合并升级留出了一条路径。

此外,IS-95 标准也通过特定的改进为各用户提供数据业务,并且数据速率最大可达 115.2 kbit/s,平均可达 64 kbit/s。这种演进称为 IS-95B 标准。

6.3　GSM 系统

▌▌▌ 6.3.1　GSM 系统原理

在覆盖区域的组织和划分上,GSM 系统均采用蜂窝小区结构;而在信道划分上,GSM 系统基于时间分割信道,同时采用频分和时分的多址接入方式。

频率复用技术在 GSM 系统中得到广泛应用,因此系统规划中多存在区群结构。每个区群由相邻的若干小区组成,每个小区含有多个载频,每个载频又分为 8 组时隙,每个时隙对应一个物理信道,由此体现出 GSM 兼有频分和时分两种多址接入方式。每当有移动用户需要进行通信时,系统便通过信道指配信令将特定的载频时隙临时分配给用户使用。在频域上,分配不同的载频给上行信道和下行信道,这样就能支持频分双工的通信方式。由于 GSM 基于时间分割信道,所以下行信号的传输机制是基站依时间周期性将短时信号(又称"突发")顺次发送给多个移动台,而上行信号的传输机制是每个移动台依照所分配的时隙周期性地发送短时信号给基站,如图 6-5 所示。

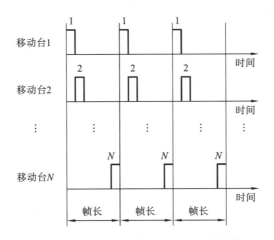

图 6-5　多个移动台的上行时分多址传输

前文已经提过,应用时分多址的一个关键技术是如何同步。由于移动台的移动性,它与基站的距离可能发生变化,这就引起传播时延随之变化;而时分多址对时延敏感,如果多个移动台发射的上行信号在时域上发生重叠,基站处就会发生干扰。为了应对这一问题,一种常用的方法是全网同步,即系统的每个移动终端都设有高精度时钟,经过全网定时校正后,利用时钟的高稳定性保持系统的高精度定时同步,如全球定位系统(GPS)就可实现一片区域内多个终端的时钟校正。另一种方法是使用定时提前量,通过移动台与基站距离的变化信息,将短时信号的发送时间作对应调整,使之在规定时隙内到达基站。很明显,定时提前量的信息需要在基站和移动台间不断传递以应对用户的移动性。

 还有一种应对传播时延的方法是设置定时保护时间,定时保护时间内不传输信息。当传播时延的波动在定时保护时间范围内时,基站仍可在时域上分辨不同信道。如果小区半径为 R,电磁波传播速度为 c,那么定时保护时间的最小值为多少?

 选学课文

GSM 网络组成及接口

在讲述组网原理时,我们接触到蜂窝移动通信系统的基本网络结构,初步了解了网络结构中的功能实体、A 接口和 Um 接口。具体到 GSM 系统中,还有其他类型的接口,它们与功能实体的布局和连接相关,如图 6-6 所示。

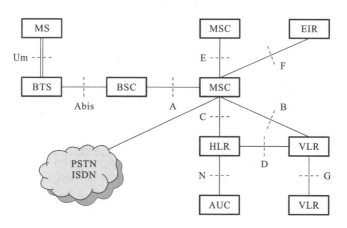

图 6-6 GSM 系统中的功能实体和接口

A 接口的物理连接是通过标准 2.048 Mbit/s 的 PCM(脉冲编码调制)数字传输链路实现的,它传送的信息包括对移动台及基站的管理、移动性管理及呼叫接续管理等;Um接口在设计上最为复杂,它传送的信息包括无线资源管理、移动性管理和接续管理等。除了 A 接口和 Um 接口,Abis 接口也是系统的主要接口之一,它用于 BSC 与 BTS 之间的远端互联方式;与 A 接口类似,它通过采用标准 2.048 Mbit/s 或 64 kbit/s 的 PCM 数字传输链路实现。Abis 接口支持所有向用户提供的服务,并支持对 BTS 无线设备的控制和频率分配。

　　值得注意的是,GSM 标准中对 A 接口有严格规定,所以不同厂家之间的 BSC 和 MSC 可以混合搭配使用。但 GSM 标准对 Abis 接口的协议并没有作详细规定,不同厂家都有自己的设计,这使得不同厂家之间的 BSC 和 BTS 不能混用;一旦混用,它们所采用的协议可能有差别,从而导致无法通信。Abis 接口的这种封闭特性为传统设备商的市场范围树立了一道天然屏障,阻碍了新兴设备商的成长步伐;而对于运营商和用户而言,希望设备商存在更多的市场竞争。为了缓解这一矛盾,在 GSM 延续的 WCDMA 标准中就特别注意了对 Abis 接口的规定,使 BSC 和 BTS 的搭配更为灵活。

　　网络子系统的内部接口种类较多,包括 B、C、D、E、F、G、N 接口。它们传送的信息与所连接的功能实体密切相关,物理连接方式大多也采用 2.048 Mbit/s 的 PCM 数字传输链路实现,这里就不再详述。

　　网络结构中的基站子系统(BSS)和网络子系统(NSS)分别对应图 6-6 中的什么区域? 请在图中用线框标记出来。

6.3.2　GSM 频率规划

　　在介绍第二代数字移动通信系统的标准时,我们已知 GSM900 的上行频段为 890 MHz～915 MHz,下行频段为 935 MHz～960 MHz,载频间隔为 200 kHz。容易看出,上下行都可容纳 124 个载频。如果将载频顺次以 1 至 124 编号,则上行载频的标称中心频率 f_u 可用载频序号 n 表示为

$$f_u(n)=890+0.2n \tag{6-1}$$

式中:$n=1,2,\cdots,124$,f_u 的单位为 MHz。

　　由于下行频段宽度和载频间隔与上行的相等,所以下行载频的标称中心频率 f_d 可表示为

$$f_d(n)=f_u(n)+45 \tag{6-2}$$

式中:n 的取值范围不变,f_d 的单位也是 MHz。这意味着 GSM900 的双工收发间隔为 45 MHz,对于任一上行载频,总有一间隔 45 MHz 的下行载频与之对应。

　　DCS1800 的情况与 GSM900 相似。DCS1800 的上行频段为 1710 MHz～1785 MHz,下行频段为 1805 MHz～1880 MHz,载频间隔同样为 200 kHz,于是上下行各能使用的载频数为 374。如果将载频顺次以 512 至 885 编号,则上行、下行载频的标称中心频率 f_u、f_d 可用载频序号 n 表示为

$$f_u(n)=1710+0.2(n-511) \tag{6-3}$$

$$f_d(n)=f_u(n)+95 \tag{6-4}$$

式中:$n=512,513,\cdots,885$,f_u 和 f_d 的单位为 MHz。很明显,DCS1800 的双工收发间隔为 95 MHz。

之所以在这里引入载频序号表示法,是因为 GSM 的频率复用需要依据载频序号来进行载频分配。在 GSM 建网初期,大多数系统采用 4×3 的频率复用方式,即一个区群包含 4 个相邻小区,每个小区分为 3 个扇区,规定一个区群内的 12 个扇区使用不同频率。具体实施时可依据序号将载频分为 12 组,并按一定顺序分配至扇区中,如图 6-7 所示。

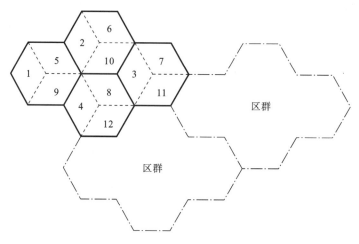

图 6-7 4×3 频率复用方式

图 6-7 中的数字对应频率组的编号。对应频域上相邻的频率组的编号也相邻。给扇区分配频率时除了保证一个区群内频率组无重复之外,还尽量使相邻的频率组不分配给相邻扇区,从而减小扇区边界处的邻频干扰。随着用户数量的迅速增长,频率复用有"密化"的趋势,即同一频率的复用距离缩短,如 3×3、2×6、2×3、1×3 的频率复用方式,它们可能在用户密度高的地区使用,也可以根据用户密度的变化与 4×3 的频率复用方式混合使用。

  如果仍旧将一个小区划分为 3 个菱形扇区,试用图表示 3×3 的频率复用方式的区群形状和频率组的扇区分配。

在进行频率规划时,一般采用地理分片方式进行。通常从基站最密集的地方开始规划,并在频率使用交界处尽量避开热点地区或组网复杂区。由于实际基站分布的不规则性,常根据实际需要对频率分配进行灵活调整。GSM 的频率规划方式虽有很大的灵活性,但必须在一定原则的范围内进行变化,该原则归纳起来有如下几点:

(1)同基站内和相邻扇区不允许存在同频频点,尽量避免存在相邻频率组;

(2)不允许相邻小区(或扇区)存在相同的广播信道或基站识别码;

(3)同一小区内广播信道和业务信道的频率间隔最好不低于 400 kHz,业务信道间的频率间隔最好不低于 400 kHz;

(4)必要时设置保护频带,以确保各用户的载干比满足要求。一般要求同频载干比高于 9 dB,200 kHz 邻频载干比高于−9 dB。

▉▌ 6.3.3　GSM 信道类型和帧结构

GSM 的频率规划原则上涉及广播信道和业务信道,它们是 GSM 信道中的两类。GSM 系统的信道分为控制信道(CCH)和业务信道(TCH),其中控制信道又分为广播信道、公共控制信道和专用控制信道。

业务信道主要用于传输语音和数据,有时传输少量的随路信令。语音业务信道按照速率的不同可分为全速率语音业务信道和半速率语音业务信道;同样地,数据业务信道按照速率的不同可分为全速率数据业务信道和半速率数据业务信道。半速率业务信道占用的时隙是全速率业务信道的一半。

控制信道用于传输各种信令,其各类别的名称及功能如表 6-3 所示。

表 6-3　GSM 控制信道

信道类别	类别说明	信道名称	主要功能
广播信道 (BCH)	"一点对多点"的单向控制信道,用于基站向所有移动台广播公用信息,传输移动台入网和呼叫建立所需的各种信息	频率校正信道 (FCCH)	传输供移动台校正其工作频率的信息
		同步信道 (SCH)	传输供移动台进行同步和对基站进行识别的信息
		广播控制信道 (BCCH)	传输通用信息,用于移动台测量信号强度和识别小区标志等
公共控制信道 (CCCH)	双向控制信道,在呼叫接续阶段用于传输链路连接所需的控制信令与信息	寻呼信道 (PCH)	传输基站寻呼移动台的信息
		随机接入信道 (RACH)	上行信道,用于移动台申请入网时向基站发送入网请求信息
		准许接入信道 (AGCH)	下行信道,用于基站在呼叫接续开始时向移动台发送分配专用控制信道的信令
专用控制信道 (DCCH)	"点对点"的双向控制信道,在呼叫接续阶段和通信进行中,用于在基站和移动台之间传输必需的控制信息	独立专用控制信道(SDCCH)	传输基站和移动台连接及信道分配的信令
		慢速辅助控制信道(SACCH)*	在基站和移动台之间周期性地传输一些特定信息,如功率调整、帧调整和测量数据等信息
		快速辅助控制信道(FACCH)*	传输与 SDCCH 相同的信息,只有在未分配 SDCCH 时才使用,使用时业务信息中断

*该信道允许被安排在业务信道中。

以上信道有具体的业务或控制功能描述,属于逻辑信道的范畴,而逻辑信道的实现须依托物理信道。在时分多址的物理信道中信号码元以帧的形式组织,帧结构是物理信道功能的基础。

在 GSM 系统中,每一个 TDMA 帧(单帧)分为 8 个时隙,每个时隙含 156.25 个码元。复帧由若干个单帧构成,其结构有两种:一种由 26 个单帧组成,这种复帧长 120 ms,

主要用于传输业务信息,称为业务复帧;另一种由 51 个单帧组成,这种复帧长 235.385 ms,专门用于传输控制信息,称为控制复帧。由 51 个业务复帧或 26 个控制复帧组成一个超帧,由 2048 个超帧组成一个超高帧。整个 GSM 系统中单帧的编号以超高帧为周期。

根据文中对 GSM 帧结构的描述,试证明以下结论:

① 单帧长度为 4.615 ms,每个时隙长 0.577 ms;

② 超帧包含 1326 个单帧,长度为 6.12 s;

③ 超高帧的长度为 3 小时 28 分 53 秒 760 毫秒;

④ 如果单帧的编号从 0 开始,则最大帧号为 2715647。

GSM 系统上行和下行传输所用的帧号相同,但在时间上,上行帧相对于下行帧推迟了 3 个时隙,这一机制允许移动台在这 3 个时隙的时间内进行帧调整、对收发设备进行调谐和转换等操作。

▓ 6.3.4　GSM 抗干扰技术

GSM 系统采用多种技术来应对干扰,部分技术在前面章节已经涉及,如卷积编码、交织、自适应均衡等。这里介绍另外两种抗干扰技术——跳频和间断传输。

在介绍混合多址时提到过跳频技术。跳频是指载波频率在很宽的频率范围内按某种规则进行跳变,并规定对方也按此规则进行同步跟踪接收。GSM 系统中的跳频分为基带跳频和射频跳频两种。基带跳频是将语音信号随时间变化使用不同频率的发射机发射,射频跳频是将语音信号用固定的发射机发送,由跳频序列控制发射频率的变化。射频跳频比基带跳频具有更高的抗同频干扰能力,但由于射频跳频技术目前不够成熟,对基站覆盖范围有影响,且对网络中各基站的同步要求高,因而多数厂家的基站仍采用基带跳频技术。

📖 阅读材料

跳频的抗干扰原理

跳频技术最早应用于军事通信。为什么它具有抗干扰能力呢?传统的移动通信都是在固定频率下工作的,很容易被敌方截获或施加电子干扰;而跳频技术使原先固定不变的电波发射频率按一定规则和速度跳变。由于敌方不了解我方电波信号的跳变规律,很难将信息截获。尽管敌方可以跟踪式地干扰我方电台,但由于跳频信号频谱变化无常,敌方对频率的搜索速度很难跟随我方频率的跳变速度。换言之,外部干扰的频率改变赶不上跳频系统的频率改变。从这个角度来看,跳频是一种"规避"式的抗干扰措施。

跳频速度的高低直接反映跳频系统的性能,跳频速度越高,抗干扰性能越好。军用跳频系统每秒跳变次数可达 10^4 数量级,民用 GSM 系统因控制成本使得跳速较慢,一般每秒不超过 50 次。

如果 GSM 系统规定每个单帧最多进行 1 次跳频,那么系统的每秒跳频次数最多为多少?

跳频技术不仅规避了外来干扰,而且对减小多径干扰也有良好的效果。这是因为采用跳频技术后,当主径信号已被接收,而其他径的信号尚未到达接收机时,频率的跳变可避免这些多径信号对主径信号构成影响,从而削弱了多径效应对通信质量的影响。

间断传输是 GSM 系统采用的另一种抗干扰技术,其基本原理是仅当有语音时开启发射机,而当发射端判断出通话者暂停通话时,立即关闭发射机使传输暂停;接收端若检测发现无语音时,在相应的空闲帧中填入轻微的"背景噪声",以免给接收用户造成通信中断的错觉。由于通信过程中发射机在开关状态间转换,而语音起到了激活发射机的作用,故间断传输技术又称为语音激活技术。

间断传输技术因发射端缩短了不必要的开启时间,使干扰减小,从而提高了系统容量。对移动台来说,开启时间的缩短意味着电能损耗的降低,使单次充电的工作时间延长,也符合低能耗的发展趋势。

 选学课文

GSM 安全措施

在介绍移动通信网络结构时,我们得知网络子系统中存在鉴权中心(AUC)。在 GSM 系统中,AUC 专用于安全性管理。它存储着鉴权信息,用来对用户进行鉴权,防止非法用户的接入;它也存储着密钥,用来对无线接口上的语音、数据、信令等进行加密,保证通信安全。

每个用户在运营商处进行开户登记时,会被分配一个用户号码和一个用户识别码。用户识别码通过 SIM 写卡设备写入 SIM 卡中,同时在写卡设备中又产生了一个对应此用户识别码的唯一的用户密钥 Ki。用户识别码和 Ki 在 SIM 卡和 AUC 中都有存储,便于核对。

AUC 中有一个伪随机码发射器,用于产生一个不可预测的伪随机数 RAND。RAND 和 Ki 经过鉴权算法(A3)产生一个响应数 SRES,经过加密算法(A8)产生一个 Kc。由 RAND、SRES、Kc 一起组成一个用户的三参数组,AUC 每次对一个用户产生若干个三参数组,传送给 HLR,HLR 将其存储在该用户的用户资料库中。VLR 会不定期地向 HLR 索取若干个三参数组,并在每次执行鉴权时按序使用一组。当用户通过随机接入信道请求接入网络时,VLR 通过控制信道将 RAND 传送给用户。SIM 卡收到 RAND 之后,结合 SIM 卡中的 Ki 经 A3 算法得到 SRES,并将其传送给 VLR。随后 VLR 将收到的 SRES 与三参数组中的 SRES 进行比对,二者相同则允许接入,不同则拒绝接入,由此完成鉴权过程。GSM 鉴权过程示意图如图 6-8 所示。

移动通信中电磁波的传播方向是发散的,容易被拦截。为了使用户的信息不被窃取,有必要对传送的数据进行加密。加密的具体过程是:移动台通过 A8 算法得到 Kc,根

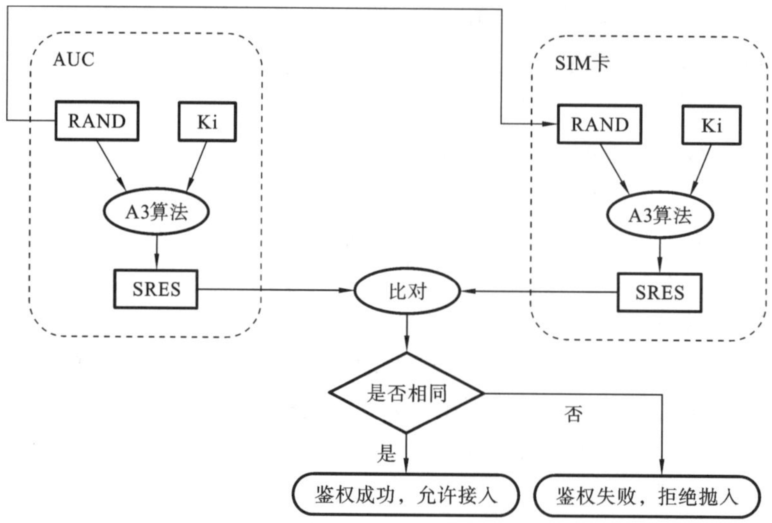

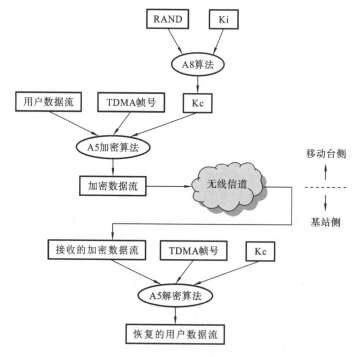

图 6-8　GSM 鉴权过程

据 MSC 发送的指令,基站和移动台同时使用 Kc。在移动台处由 Kc、TDMA 帧号和用户数据流共同经过另一加密算法(A5)对用户数据流进行加密,加密后的数据流在无线信道上传输。基站将接收到的加密数据流与 TDMA 帧号、Kc 一起再经过 A5 算法解密后得到原始的用户数据。GSM 加密/解密过程示意图如图 6-9 所示。

图 6-9　GSM 加密/解密过程

鉴权和加密是 AUC 的两大功能,也是 GSM 系统主要的安全措施。除此之外,网络子系统中的 EIR 可以识别合法和非法的移动设备,将识别结果发送给 MSC 以决定是否允许该设备进入网络;移动台的 SIM 卡可让合法用户自行设置密码以防止非法用户盗用移动台。这些机制都为 GSM 系统的通信安全提供了有力保障。

6.4　D-AMPS 系统和 PDC 系统

GSM 系统的商用获得了巨大成功,它的知名度和用户数均达到了前所未有的高度。除了 GSM 之外,有一定影响力的 TDMA 蜂窝移动通信系统还包括 D-AMPS 系统和 PDC 系统。

6.4.1　D-AMPS 系统

D-AMPS 系统采用美国电子工业协会制定的 IS-54 标准,它也最先在美国得到商用。这一系统在设计之初就注意与第一代 AMPS 系统的衔接,移动台的工作模式是数/模兼容的,其 30 kHz 的载波间隔也与 AMPS 一致,因此 D-AMPS 和 AMPS 可在同一通信网中并存,这十分有利于原有的模拟系统用户向数字系统平滑过渡。

D-AMPS 系统同时使用了时分多址和频分多址。时分多址的帧长为 40 ms,每帧含 6 个时隙,每时隙含 324 位(bit)。和 GSM 系统类似,D-AMPS 系统也定义了全速率和半速率两种物理信道。全速率信道每帧占用 2 个时隙,相当于每载波含 3 个物理信道;半速率信道每帧占用 1 个时隙,相当于每载波含 6 个物理信道。

 D-AMPS 系统的信道传输速率是多少?在全速率信道中,每个物理信道的平均速率是多少?

D-AMPS 系统的语音编码速率为 7.95 kbit/s。20 ms 的语音编码帧中共有 159 个信息位。这些信息位分为两类:一类对差错敏感,占 77 位,加上 CRC 校验位和卷积编码后变成 178 位用于传输;另一类对差错不敏感,占 82 位,直接用于传输。于是每帧用于传输的共有 260 位,传输速率为 13 kbit/s。为了防止突发干扰的影响,这些传输位在发送之前需在 40 ms 的时间间隔内进行交织编码。

为了兼容原有的模拟系统,D-AMPS 保留了 AMPS 的所有控制信道。又因为需要对数字传输进行必要的控制,D-AMPS 在业务信道中设置了专用控制信道,其中就有慢速辅助控制信道(SACCH)和快速辅助控制信道(FACCH),这一点与 GSM 相似。在调制方面,D-AMPS 使用 π/4 差分正交相移键控(π/4-D-QPSK),并采用滚降系数为 0.35 的平方根升余弦基带滤波器。

PSK、QAM 和平方根升余弦滤波

前面章节已介绍过 ASK 和 PSK 的基本原理。在前例中单位长度的 PSK 载波传递一个码元,码元 0 和 1 的载波相位相差 π,这种 PSK 称为二进制相移键控(BPSK)。如果单个码元的两种载波相位为 0 和 π,则 BPSK 的星座图如图 6-10(a)所示。单位长度的 PSK 载波还可以传递两个码元。两个二进制码元有四种形式,因此对应的 PSK 载波相位也有四种,相位间隔为 π/2,这种 PSK 称为四进制相移键控或正交相移键控(QPSK)。如果四种相位为 0、π/2、π 和 3π/2,则 QPSK 的星座图如图 6-10(b)所示。如果希望进一步提高码元传输效率,还可增大 PSK 的调制阶数,使用八进制相移键控(8PSK)、十六进制相移键控(16PSK)等。

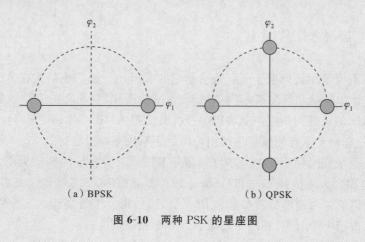

(a) BPSK   (b) QPSK

图 6-10   两种 PSK 的星座图

 想一想   8PSK 和 16PSK 的星座图是怎样的? 如果一味地增大 PSK 的调制阶数,可能带来什么问题?

为了克服解调参考载波的相位模糊问题,最常用而最有效的办法是在调制前将输入调制器的数字基带信号进行差分编码。采用差分编码的 PSK 称为差分相移键控(D-PSK)。如果差分编码后进行 QPSK 调制,载波相位同样有四种取值,该调制就称为差分正交相移键控(D-QPSK);如果对 D-QPSK 的四种载波相位进行 π/4 的相位偏移,则构成 π/4-D-QPSK 调制。

若充分利用载波特性,同时在幅度和相位上进行调制,则更容易提高调制效率,其中以正交调幅(QAM)应用最为广泛。QAM 依据其调制阶数分为 8QAM、16QAM、64QAM 等。在调制阶数一定时,可能存在多种 QAM 方式。图 6-11 表示 16QAM 的两种星座图。

平方根升余弦滚降滤波是一种常见的基带滤波方式,它的作用是降低带限基带信号的码间串扰,其频率响应为

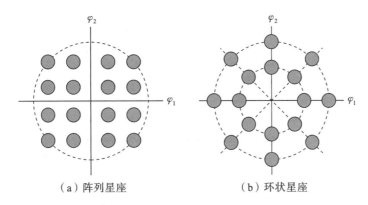

（a）阵列星座　　　　　　　（b）环状星座

图 6-11　16QAM 的星座图

$$H(f)=\begin{cases}1, & 0\leqslant|f|\leqslant\dfrac{1-\alpha}{2T}\\[2mm]\sqrt{\dfrac{1}{2}+\dfrac{1}{2}\cos\left[\dfrac{\pi}{2\alpha}(2T|f|-1+\alpha)\right]}, & \dfrac{1-\alpha}{2T}\leqslant|f|\leqslant\dfrac{1+\alpha}{2T}\\[2mm]0, & |f|\geqslant\dfrac{1+\alpha}{2T}\end{cases}\qquad(65)$$

式中：T 为输入脉冲信号周期，$\alpha\in[0,1]$ 为滚降系数。

当滚降系数取最大值和最小值时，平方根升余弦滚降滤波分别呈现怎样的频率响应特征？如果需要提高频带利用率，滚降系数应当增大还是减小？

6.4.2　PDC 系统

PDC 系统是日本的 TDMA 数字蜂窝系统，它的标准制定略晚于 GSM 和 IS-54，在无线传输、网络管理和控制方面，PDC 借鉴了这两类标准。

PDC 的信道分类与 GSM 相似，也分为业务信道（TCH）和控制信道（CCH）。不同的是控制信道分为四类：广播控制信道（BCCH）、公共控制信道（CCCH）、用户分组信道（UPCH）和辅助控制信道（ACCH），其中公共控制信道分为寻呼信道（PCH）和特殊信道（SCCH），辅助控制信道分为慢速辅助控制信道（SACCH）和快速辅助控制信道（FACCH）。

PDC 系统也同时使用了时分多址和频分多址。它的 TDMA 帧长为 20 ms，在全速率模式下分为 3 个时隙，半速率模式下分为 6 个时隙，时隙结构与逻辑信道类型及传输方向有关。PDC 的语音编码速率为 6.7 kbit/s，经过检错/纠错编码后语音传输速率为 11.2 kbit/s。PDC 也使用 π/4 差分正交相移键控（π/4-D-QPSK）进行调制，不过采用的平方根升余弦基带滤波器的滚降系数为 0.5。

6.5 通用分组无线业务

6.5.1 GPRS 网络结构

通用分组无线业务(GPRS)由 GSM 发展而来,它的问世是为了适应高速数据业务的需求。它的网络结构如图 6-12 所示。

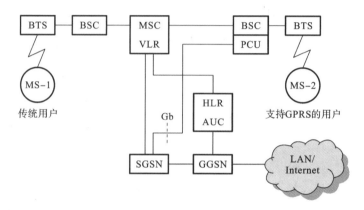

图 6-12 GPRS 网络结构

从网络结构可看出,GPRS 的嵌入给 GSM 网络带来一些变化,网络中增加了新的功能实体 PCU、SGSN 和 GGSN。PCU(分组控制单元)的主要作用是将分组数据从 GSM 语音数据中分离出来,并传递给 SGSN;它一般与 BSC 结合部署。SGSN(GPRS 服务支持节点)的工作性质与 MSC 相似,用于对移动台进行鉴权、位置管理和路由选择,建立到 GGSN 的通道并向其传递数据。GGSN(GPRS 网关支持节点)是 GPRS 网络对外部网络的网关和路由器,它提供 GPRS 与外部分组数据网的互连。具体说来,GGSN 接收移动台发送的数据,选择相应的外部网络并发送出去;或者接收外部网络的数据,根据其地址选择 GPRS 网内的传输通道,传送给相应的 SGSN。此外,GGSN 还兼有地址分配和计费的功能。

GPRS 的网络结构引入了一个新接口 Gb,它是 PCU 和 SGSN 之间的接口。很多设备商把 PCU 集成到 BSC 中,Gb 接口就成为 BSC 和 SGSN 之间的接口。图 6-12 中 MS-2 移动台能够支持 GPRS,其原因在于它归属的 BSC 存在 PCU 实体,能通过 Gb 接口与 SGSN 相连。

6.5.2 GPRS 信道

除了新接口,GPRS 网络还引入了一系列信道,如表 6-4 所示。

表 6-4　GPRS 信道

类　别	名　称	对应 GSM 信道	方　向	功　能
分组数据业务信道 (PTCH)	PDCH (PDTCH)	TCH	上行和下行	传输数据
	PACCH	SACCH	上行和下行	链路控制,传输移动台的信令,包括功率调整、确认信息等
分组广播控制信道 (PBCCH)	PBCCH	BCCH	下行	广播与分组数据相关的系统信息
分组公共控制信道 (PCCCH)	PPCH	PCH	下行	寻呼分组或电路交换业务
	PRACH	RACH	上行	移动台用于发起上行链路传输,发送数据或信令
	PAGCH	AGCH	下行	用于在分组建立阶段,向移动台发送无线资源分配信息

不难看出,GPRS 信道设置与 GSM 的相似度很高,名称上只是增加首字母 P,表示分组信道。在这些信道中,PDCH 是分组数据信道,属于物理信道的范畴,其中的一个复帧由 12 个无线块、2 个分组定时提前量控制帧、2 个空闲帧组成,其中每个无线块又由 4 个 TDMA 帧(单帧)组成,这样一个复帧共包含 52 帧。无线块中的单帧由 8 个时隙组成,每个时隙含 114 个码元。

📖 阅读材料

增强型 GPRS

增强型 GPRS 采用了增强数据传输技术(EDGE),它与 GSM 有相同的时隙结构,能在码元速率不变的情况下通过改进调试方式将 GPRS 的传输速率提高到原来的 3 倍。此外,增强型 GPRS 中还引入了链路质量控制,其方法一是通过信道质量预测,选择最合适的调制和编码方式;二是通过逐步增加冗余度来兼顾传输效率和可靠性。在传输开始时,使用高码率低冗余度的信道编码传输信息,传输成功会产生高码率,传输失败则增加信道编码冗余,提高检错/纠错能力,直至接收端成功解码。

6.5.3　GPRS 的优势和问题

相比于 GSM,GPRS 的技术优势明显。首先是它的资源利用率高:GPRS 用分组交换的传输模式替代了 GSM 原有的电路交换传输模式。电路交换模式在整个连接时间内,用户无论是否传输数据都独占无线信道;而分组交换模式中用户只有在收发数据时间内才占用资源,无数据传输时释放资源,这意味着同一无线信道可被多个用户高效率共享,从而提高了资源利用率。相应地,GPRS 用户的计费以数据量为依据,这使得在相同的连接时间内 GPRS 用户支付的费用较低。

　　GPRS 的另一个优势是接入时间短、传输速率高。分组交换的接入时间大都在 1 秒之内，能提供快速即时的连接，可使已有的网络应用（如网页浏览、电子邮件等）更迅速流畅，并为一些移动多媒体的应用提供了可行性。此外，GPRS 还支持互联网上应用最广泛的 IP 协议和 X.25 协议，能基于 GSM 的覆盖区域提供大范围内的互联网无线接入。

　　不过 GPRS 也存在一些问题。理论上的最大传输速率在实施时难以达到，这是因为运营商不可能将所有时隙都提供给同一用户使用，也不可能不附加任何检错或纠错措施，GPRS 终端设计对时隙的接收亦有限制，所以 GPRS 的实际传输速率不如预期（这也是第三代移动通信系统产生的一个重要诱因）。另一个问题是分组交换的连接强度比电路交换弱，因此使用 GPRS 会发生一些数据包丢失或出错的现象。又由于语音和 GPRS 业务不能同时使用相同的网络资源，所以过多的 GPRS 业务会挤占语音通信的网络资源。此外，GPRS 使用的 GMSK 调制限制了无线信道速率，如果希望进一步提高该速率，就需要改用新的调制方式。

6.6　IS-95 标准与系统

　　从讲述 IS-95 标准开始，我们要频繁地接触到一种多址方式——CDMA。这种技术在第三代移动通信系统中的普及程度到了登峰造极的地步，但它的实施却始于第二代移动通信系统推广之时，它的首次大规模应用正是基于第二代移动通信系统中的 IS-95 标准。

■‖ 6.6.1　IS-95 标准的特点

　　CDMA 蜂窝系统最早由美国高通（Qualcomm）公司成功开发，并于 1993 年由美国电信工业协会形成标准，名为 IS-95 标准。IS-95 是最早的 CDMA 空中接口标准，采用 1.25 MHz 的信道带宽，提供语音业务和简单的数据业务。这里所说的空中接口，是定义终端设备与网络设备之间的电波链接的技术规范，类比于有线通信中的线路接口。在随后的几年中，该标准经过多次修改，又先后形成了 IS-95A、IS-95B 等系列标准。为了与第三代移动通信系统相区别，人们将基于 IS-95 的 CDMA 系统称为窄带 CDMA 系统。

　　IS-95 系统的工作频率在 800 MHz 附近，采用码片速率为 1.2288 Mchip/s 的 PN 码（伪噪声码）进行扩频。系统中的频率复用因子可以为 1，即所有小区能够使用相同的频率，频谱利用率比 GSM 提高数倍。IS-95 系统主要承载的仍是语音业务，语音速率有 4 种：9.6 kbit/s、4.8 kbit/s、2.4 kbit/s 和 1.2 kbit/s。另外，它也支持基于电路方式的有限速率数据业务，最高速率为 9.6 kbit/s。IS-95 系统采用的关键技术主要有以下几点：

　　(1)功率控制——为了克服远近效应的影响，CDMA 系统必须采用功率控制技术。

　　(2)软切换——CDMA 系统中所有小区可以使用相同的频率，这使得软切换技术有了实现的基础。软切换过程中移动台会与多个基站同时通信，这样不仅会增大切换的成功率，而且会提供分集作用，使通信质量得到提高。

（3）多种分集技术结合——IS-95 系统的信道带宽为 1.25 MHz，比 TDMA 系统的信道要宽得多，因而这种宽带传输本身就实现了频率分集。IS-95 采用 RAKE 接收，实现了时间分集；采用多天线收发机制又实现了空间分集。IS-95 系统综合利用频率分集、时间分集和空间分集来应对信号衰落，保证了较高的通信质量。

6.6.2　IS-95 系统的信道组成

在 IS-95 系统中，除了传输业务信息外，同样需传输各种控制信息。为此，系统在基站和移动台之间除了业务信道之外，还设置了导频信道、同步信道、寻呼信道和接入信道。

导频信道传输由基站连续发送的导频信号。导频信号是一种无调制的直接序列扩频信号，使移动台可迅速而精确地捕获信道的定时信息，并提取相干载波进行信号的解调。移动台通过对周围不同基站的导频信号进行检测和比较，可以决定什么时候需要进行越区切换。

同步信道主要传输同步信息。在同步期间移动台利用此信息进行同步调整，同步完成后同步信道不再为移动台所用。但当基站或移动台关闭后再次开启时，仍需要重新进行同步。当通信业务量过大、业务信道已经满负荷时，同步信道可临时作为业务信道使用。

寻呼信道在呼叫接续阶段传输寻呼移动台的信息。移动台通常在建立同步后，选择或被指定使用一个寻呼信道来监听系统发出的寻呼信息和其他指令。与同步信道类似，寻呼信道在业务量过大时也可临时作为业务信道使用。

接入信道在业务信道未被使用时提供移动台到基站的传输通路，在其中发起呼叫，对寻呼进行响应以及传输登记注册之类的短时信息。接入信道与寻呼信道相对应，相互传送指令、应答和其他有关信息，在数量上每个寻呼信道可支持最多 32 个接入信道。接入信道使用分时隙的随机接入方式，允许多个用户同时申请同一接入信道。

业务信道共有四种传输速率（9.6 kbit/s、4.8 kbit/s、2.4 kbit/s 和 1.2 kbit/s），且业务速率可以逐帧改变以动态适应语音特征，如语音停顿的时间可降低这一速率以减少干扰、提高系统容量。业务信道并不纯粹地对应业务信息，部分控制信息有时也插入在业务信道中传输，如链路功率控制和越区切换指令等。

　　　根据各信道的功能描述，判断哪些信道的方向是下行，哪些信道的方向是上行。

6.6.3　IS-95 系统的控制功能

IS-95 系统的控制功能与其他蜂窝系统大体相似，部分功能有所改进。这里简要介绍两类最主要的控制功能：登记注册和切换。

登记注册是系统组网中位置管理的一个重要步骤,其目的是让基站知道移动台的位置、等级和通信能力,确定移动台的监听时隙,并能有效地向移动台发起呼叫等。前面章节对位置管理已有初步介绍。IS-95 系统支持的注册类型共有 9 种,其中 5 种与移动台的漫游状态有关,分别是通电注册、断电注册、周期性注册、距离性注册和区域性注册。移动台的电源在开启或关闭时需要进行通电注册或断电注册,这一点容易理解。周期性注册是移动台每隔一定的时间间隔进行注册,这一时间间隔需要合理设置,以免寻呼信道或接入信道的负荷过大。为了让基站及时了解移动台的位置,可在移动台的位移超过特定值或归属区域发生改变时进行注册,这就是距离性注册和区域性注册。

IS-95 系统中的基站和移动台支持三种切换方式:软切换、CDMA 间的硬切换、CDMA 至模拟系统的切换。软切换只能在同一频率的 CDMA 信道中进行,当切换双方基站使用不同频率时,基站则会引导移动台进行 CDMA 间的硬切换。考虑到与模拟系统的承接,基站也能够引导移动台由业务信道向模拟语音信道切换,这就是 CDMA 至模拟系统的切换。

📖 阅读材料

CDMA 通信技术

无论是在 CDMA 的历史上,还是在 3G 的历史上,高通都是一个绕不过去的名字。

早在 1977 年,利用扩频通信实现 CDMA 的方案就被提出,扩频技术使蜂窝移动通信的频谱效率大幅提高,但由于当时的数字无线技术和移动通信的市场均未成熟,因此没有能够投入使用。

1988 年 9 月,美国蜂窝通信工业协会(CTIA)提出了下一代蜂窝系统的用户性能要求,这些要求主要包括以下六点:

(1) 系统容量至少是 AMPS 模拟通信系统的 10 倍;

(2) 通信质量等于或者优于 AMPS;

(3) 能够充分地引入新业务;

(4) 具有语音和数据上的保密能力;

(5) 能兼容模拟系统,易于过渡和系统升级;

(6) 采用开放式的网络结构。

在当时的北美地区,TDMA 的应用已经很普遍,并且 CTIA 于 1992 年初步决定将 TDMA 作为美国移动网络的标准,这几乎意味着美国对高通的 CDMA 技术关闭了大门。然而经过实际论证,发现已经被批准的 TDMA 标准(IS-54)并不能完全满足上面所列的这些要求,尤其是系统容量上的差距比较大。这给了高通一线生机。

从 1988 年到 1995 年这段时间里,高通一直在为 CDMA 孤独地抗争,以求 CDMA 技术和系统被学术界、设备商、运营商甚至公众所接纳。这并不奇怪,因为之前 CDMA 技术仅仅应用于军事通信,其主要用途就是用来进行保密通信,其他作用并不在人们的视线中。要说 CDMA 还可以同频组网,其容量高出 TDMA 网络好几倍,这些未经验证的理论命题听来美妙却未必让人们信服,而且高通当时尚未解决 CDMA 网络的一个致命伤——远近效应。

但是高通一直没有放弃努力。从 1989 年开始就聘请公关公司启动了维持数年的公关推介项目,让高通的声音出现在任何可能的场合;为了在学术界获得影响力,高通的专家在 IEEE 不断推出重磅的关于 CDMA 的学术论文;为了加速 CDMA 系统的外场试验进程,高通不得不投资介入自身并不擅长的系统和终端设备制造领域,为运营商的测试提供早期设备;为了改变产业链支持不足的情况,高通又冒险对芯片设计领域进行巨额投资。直到高通终于通过功率控制和软切换解决了远近效应的问题之后,这种局面才发生了逆转。1993 年,CTIA 将高通提出的 CDMA 技术确定为一个暂定的标准。1995 年经过修改和完善后,正式颁布了窄带 CDMA 标准,这也是 CDMA 技术的第一个标准,名为 IS-95A。1995 年下半年,全世界第一个 IS-95A 商用网络在中国香港开通,高通持续的努力终于有了回报。这一年距高通公司创立已经有 10 年,距高通首次提出 CDMA 的理念也有 8 年。

IS-95A 主要是为了解决语音问题而设计的,在 IS-95A 系统中,所有小区可以采用相同的频率,频谱使用效率是 GSM 系统的 3～5 倍。随着 IS-95A 的商用,市场上对于较高速率数据业务的需求逐渐显现出来。基于这种需求,在 IS-95A 的基础上,又产生了 IS-95B 标准。它的核心思想是在不改变 IS-95A 基本架构的基础上通过捆绑几个信道来提供数据业务,其支持的最高速率为 115.2 kbit/s。出于多方面原因,IS-95B 并没有大规模商用;而它的下一个版本,是知名度颇高的 CDMA 1x。CDMA 1x 是第三代移动通信系统中 CDMA2000 标准的一种,这方面的内容将在后面详述。

6.7　扩频通信基础

除了前面介绍的 IS-95 之外,第三代移动通信系统四类标准中的三类都与 CDMA 密切相关,CDMA 已成为移动通信系统的主流多址方式之一。由于 CDMA 大都通过扩频通信来实现,因此在接触第三代移动通信系统之前,先对扩频通信作简要介绍。

6.7.1　扩频通信的基本概念

在很长一段时间内,所有的调制和解调技术都争取在静态加性高斯白噪声信道中达到更好的功率效率或带宽效率,因此这些调制方案的一个主要设计思想就是最小化传输带宽,目的是提高频带利用率,然而带宽资源非常有限,随着窄带化调制接近极限,最后只有压缩信息本身的带宽。于是调制技术又朝相反的方向发展,采用宽带调制技术,以信道带宽来换取信噪比的改善。扩频通信由此出现并得到深入研究。

扩频通信是一种信息传输方式,用来传输信息的信号带宽远远大于信息本身的带宽。频带的扩展由独立于信息的扩频码来实现,并与所传输的信息数据无关;接收端则用相同的扩频码进行相关解调。这项技术称为扩频调制,传输扩频调制信号的系统为扩频系统。扩频调制最早用于军事通信,它的频率跳变机制使信号的截获和干扰特别困难,从而具有很高的保密性和隐蔽性,能很好地抵抗噪声和人为干扰。由高通公司开发的 IS-95 系统是首例成功商业化应用的扩频系统,它迈出了扩频技术非军事化应用的第一步。

6.7.2 扩频通信的理论基础

以展宽信道带宽的方法是否可以大大提高系统的抗干扰性能呢？回答是肯定的,其理论基础正是赫赫有名香农信息论。这里再次给出著名的香农公式

$$C = B\log_2\left(1+\frac{S}{N}\right) \tag{6-6}$$

式中:C 为信道容量,B 为信道带宽,S 和 N 分别是信号和噪声功率。

由式(6-6)可知,决定信道容量的参数主要是信道带宽和信噪比(S/N)。移动通信中的主要矛盾多为信噪比,如果信道带宽有富余,就能够用带宽换取信噪比;即使带宽没有富余,为了确保信噪比也常常牺牲部分带宽。这种用频带换取信噪比的思想,就是扩频通信的基本原理,其目的是提高通信系统的可靠性。

那么,这种用频带换取信噪比的效果有没有限度呢?

将香农公式中对数的底数由 2 变为 e,则信道容量为

$$C = 1.44B\ln\left(1+\frac{S}{N}\right) \tag{6-7}$$

在移动通信典型的干扰环境下,有 $\frac{S}{N} \ll 1$,这时 $\ln\left(1+\frac{S}{N}\right) \approx \frac{S}{N}$,所以

$$C \approx \frac{1.44BS}{N} \tag{6-8}$$

信号的功率总是受限的。这里设 S 不变,N_0 为噪声功率谱,则

$$N = N_0 B \tag{6-9}$$

将上式代入信道容量表达式(6-8),最后得出

$$C \approx \frac{1.44BS}{N_0 B} = \frac{1.44S}{N_0} \tag{6-10}$$

这就是在已知信号功率和噪声功率谱的条件下,用频带换取信噪比的极限容量。由此可见,这种换取是有限度的。

6.7.3 扩频的方法和特点

最基本的扩频方法有三种,下面分别加以说明。

1. 直接序列扩频

直接序列扩频(简称直扩)直接使用具有高码率的扩频码序列在发射端扩展信号的频谱,而在接收端用相同的扩频码序列进行解扩,把频域上展宽的扩频信号还原成原始信号。

2. 跳变频率扩频

跳变频率扩频(简称跳频)用较低速率的编码序列指令去控制载波的中心频率,使其离散地在一个给定的频带内跳变,形成一个宽带的离散频谱。

3. 跳变时间扩频

跳变时间扩频(简称跳时)使发射信号在时域上跳变,这与跳变频率扩频有相似之

处。首先时间轴被划分成许多时片,由扩频码序列来控制某帧内哪个时片用于发射信号。简单的跳变时间扩频很少单独使用,因为它的抗干扰能力不强。

上述基本的扩频方法可以进行组合,形成各种混合系统,如跳频/直扩系统、跳时/直扩系统等。扩频技术所具有的抗衰落能力和频道共享能力对移动通信有很大的吸引力,因而目前扩频技术在移动通信中的应用已非常广泛,并呈继续扩张之势,部分国家已有短波和超短波跳频电台商品出售。综合来说,扩频系统具有如下特点:

(1) 能实现码分多址接入(CDMA);

(2) 信号的功率谱密度低,因此信号具有隐蔽性,且功率污染小;

(3) 有利于数字加密,防止窃听;

(4) 抗干扰性强,可在较低的信噪比条件下保证系统传输质量;

(5) 抗衰落能力强。

当然,上述特点的性能指标取决于具体的扩频方法、编码形式及扩展带宽。目前,扩频的带宽一般在 1 MHz~100 MHz 的范围内。

最后提一下在扩频通信中经常遇到的一个参数——扩频因子。扩频系统中信号被组织成码片的形式在无线信道中传输,而信号中的一个符号对应的码片数即为扩频因子,所以码片的速率是原来的符号速率与扩频因子的乘积。扩频系统中的扩频因子应取值合适,既要保证单一用户的数据速率,又应考虑控制误码率。

　　在码片速率一定时,如果要提高单一用户的数据速率,扩频因子是增大还是减小? 如果要降低误码率,扩频因子是增大还是减小?

6.8　第三代移动通信系统的标准概述

6.8.1　第三代移动通信系统标准演进

第二代移动通信系统标准类别多,频率使用较零散,不同系统的互通性很差。这使得国际电信联盟在 20 世纪 90 年代制定了一个第三代数字蜂窝电话的计划,采用全球统一的频段和标准,这个标准被命名为 IMT-2000 标准。基于此标准的宽带移动通信系统称为第三代移动通信系统,简称 3G。除了语音业务之外,IMT-2000 为高开销的应用提供 Mbit/s 级的数据速率,这些应用包括宽带互联网接入、交互游戏以及高质量的音频和视频娱乐等。单一标准的共识并没有实现,多数国家支持三个竞争标准中的一个:WCDMA 后向兼容 GSM 和 IS-136,被 3GPP 支持;CDMA2000 后向兼容 IS-95,被 3GPP2 支持;TD-SCDMA 是新提出的标准。

WCDMA 是欧洲 GSM 的接任标准,也在日本的 FOMA 和 J-Phone 3G 系统中有应用。这些不同的系统共享 WCDMA 链路级协议和空中接口,但在系统的其他方面有不同的协议,如路由和语音压缩。WCDMA 支持 2.4 Mbit/s 的峰值速率,典型速率为 384

kbit/s，采用 5 MHz 的信道。WCDMA 有一种增强版本，称为 HSDPA，提供大约
9 Mbit/s 的数据速率。

CDMA2000 基于 IS-95 标准，它的核心标准为 CDMA2000 1xRTT（或简称 CD-
MA2000 1x），表示无线传输技术（RTT）在一对 1.25 MHz 的无线信道中运行。该系统
倍增了 IS-95 系统的语音容量，并提供高速数据业务，其规划峰值速率约为 300 kbit/s，实
际速率约为 144 kbit/s。为了进一步提高数据传输速率，CDMA2000 经过了两次演进，
这些演进称为 CDMA2000 1xEV。演进的第一阶段为 CDMA2000 1xEV-DO，它使用一
个单独的 1.25 MHz 专用高速数据信道支持高达 3 Mbit/s 的下行链路和 1.8 Mbit/s 的
上行链路。演进的第二阶段为 CDMA2000 1xEV-DV，规划同样的无线信道支持高达 4.
8 Mbit/s 的数据速率，也支持 CDMA2000 1xRTT 和 CDMA2000 1xEV-DO 的用户。
CDMA2000 的另外一种增强方式是 CDMA2000 3x，该标准将 3 个 1.25 MHz 信道组合
成一个 3.75 MHz 的信道用于传输。

TD-SCDMA 是中国提出的第三代移动通信标准。与前两种标准相比，TD-SCDMA
最大的特点是在上下行链路中使用时分双工而不是频分双工，这样上下行传输的频率无
需配对。它结合了 FDMA、TDMA、CDMA 多种多址接入方式，其系统框架体系与 WC-
DMA 接近，因而也能后向兼容 GSM。

📖 阅读材料

3GPP 和 3GPP2

在第三代移动通信标准中，总有两个绕不开的名词——3GPP 和 3GPP2。它们是什
么意思呢？

3GPP 是 3rd Generation Partnership Project 的缩写，中文名称是第三代合作伙伴计
划。它是在 1998 年 12 月由欧洲的 ETSI、美国的 ATIS、日本的 ARIB 和 TTC 以及韩国
的 TTA 五个标准化组织联合发起。由于这五个组织本身都是地区性标准领域的最权威
机构，由它们联合成立的 3GPP 影响力可想而知。3GPP 在组织架构上主要有项目协作
组和技术规范制定组，技术规范制定组每年都会有一段时间把所有成员集合开会，讨论
技术问题，以此保证技术活动的顺利开展。技术规范制定组又分为无线接入网、核心网、
终端、业务/系统四个方面，从而形成一整套 3G 规范。这一规范基于 GSM 的核心网络技
术和 3GPP 成因支持的无线技术，如 UTRA、GPRS、EDGE 等，规范的名称就是 WCD-
MA。成立 10 多年后，3GPP 已陆续发布了技术规范的多个版本，版本名按时间先后分别
为 R99、R4、R5、R6、R7、R8、R9、R10、R11，并且今后还将有新版本问世。3GPP 的目标在
于希望世界各地的标准化组织联合起来，着眼于终端的全球漫游，构建一个全球统一的
移动通信网络。

3GPP2 的中文名称是第三代合作伙伴计划 2，成立于 1999 年 1 月，其主要成员是北
美和亚洲的标准化组织。中国通信标准化联盟也是该组织的成员。3GPP2 的组织机构
和目标宗旨与 3GPP 的非常相似，不同之处在于 3GPP2 制定的标准是 CDMA2000。所
以，它与 3GPP 实际上存在一定的竞争关系。

6.8.2 第三代移动通信系统的目标

第三代移动通信系统最初的设想是,它不但要满足多速率、多环境、多业务的要求,还应能通过一个统一的系统来实现。第三代移动通信系统的目标主要有以下三个方面。

1. 全球漫游

用户能在整个系统乃至全球漫游,而不再限制于一个区域或某个网络,这意味着真正实现随时随地的个人通信。第三代移动通信系统在设计上具有高度的通用性,拥有足够的系统容量和强大的多用户管理能力,是一个覆盖全球、具有高度智能和个人服务特色的移动通信系统。

2. 适应多种环境

采用多层级小区结构,即宏蜂窝、微蜂窝、微微蜂窝,将地面移动通信系统和卫星移动通信系统结合,与不同网络互通,提供无缝漫游和一致性的业务。

3. 高质量的多媒体业务

高质量的多媒体业务包括高质量的语音、高分辨率的图像、可变速率的数据等多种业务,是多种媒体信息一体化的表现。

为了达到以上目标,IMT-2000 标准对第三代移动通信系统中的无线传输技术提出了若干要求。这些要求很细致也很零碎,现将主要项目列举如下:

(1)由于第三代移动通信系统引入时,第二代移动通信系统的网络已具有相当规模,所以第三代移动通信系统的网络一定要能在第二代移动通信系统网络的基础上逐渐灵活演进而成,即实现平滑升级,并在业务上与其他固定网络兼容;

(2)在全球范围内使用公共频带,能够提供具有全球性使用的小型终端,以支持全球漫游;

(3)在多种环境下支持高速的分组数据传输,且传输速率能够按需分配;

(4)上下行链路能适应不对称业务的需求;

(5)具有高频谱利用率和高保密性;

(6)无线资源的管理、系统配置和服务设施灵活方便。

第三代移动通信系统的各个标准从设计、提交到修正、改进都遵循上述目标,在目标许可的范围内形成自身特色。因此,尽管第三代移动通信系统的标准并没有全球统一,但标准的类别较为整齐,不同标准之间也有一定的相似度,相比第二代移动通信系统标准杂乱的情况有了很大改观。这就为下一代移动通信系统"全球一统"的美好愿景打下基础。

6.9 WCDMA 标准与系统

6.9.1 WCDMA 概述

宽带码分多址(WCDMA)是源于欧洲和日本几种技术的融合。与高通原有的窄带

CDMA 相比, WCDMA 有相似之处, 也使用码分多址接入, 但这一标准的内容丰富得多且具体得多。它是一个详细定义移动终端怎样与基站通信, 信号怎样调制、数据帧怎么构建的完整的规范集。

WCDMA 是一个宽带直扩码分多址(DS-CDMA)系统, 即由 CDMA 扩频码得到伪随机码片, 通过用户数据与该码片相乘, 从而把用户信息扩展到较宽的频带上。使用 3.84 Mchip/s 的码片速率大约需要 5 MHz 的载波带宽, 传统的窄带 CDMA 系统载波带宽约为 1 MHz, 码片速率较低; 而 WCDMA 较宽的载波带宽能够支持这一高速率。不仅如此, WCDMA 还采用了可变的扩频因子和多码连接, 用以适应各种可变的用户数据速率。

WCDMA 支持频分双工(FDD)和时分双工(TDD)两种基本的工作方式。在频分双工模式下, 上行链路和下行链路分别使用两个独立的 5 MHz 载波; 在时分双工模式下只使用一个 5 MHz 载波, 上下行链路分时共享。WCDMA 中时分双工模式是频分双工模式的补充, 也使系统能够使用 IMT-2000 标准中不成对的频谱。表 6-5 列出了空中接口的主要参数。

表 6-5　WCDMA 的主要参数(空中接口)

参　　数	数值或说明
多址接入方式	直扩码分多址
双工方式	频分双工、时分双工
基站同步	异步方式
码片速率	3.84 Mchip/s
帧长	10 ms
载波带宽	5 MHz
多速率支持	可变的扩频因子、多码
检测方式	使用导频符号或公共导频进行相关检测
智能天线	标准支持, 应用时可选
业务复用	同一连接中可复用不同服务质量要求的业务

6.9.2　WCDMA 系统结构

典型的 WCDMA 系统分为核心网(CN)、无线接入网(UTRAN)和终端设备(UE)三部分。CN 与 UTRAN 间的接口定义为 Iu 接口, UTRAN 与 UE 间的接口定义为 Uu 接口, 如图 6-13 所示。

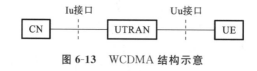

图 6-13　WCDMA 结构示意

CN 处理系统内的语音呼叫和数据连接,并实现与外部网络的交换和路由功能。它由电路交换域、分组交换域和广播域三个域组成。电路交换域由 MSC、VLR 等组成,主要负责电路型业务相关的呼叫控制和移动性管理;分组交换域由 SGSN、GGSN 等组成,主要负责与分组型业务相关的会话控制和移动性管理;广播域负责小区的广播相关业务。

UTRAN 处理与无线有关的功能,它由若干无线网络子系统(RNS)组成,一个 RNS 包括一个无线网络控制器(RNC)和多个基站(Node B)。每个 RNC 通过 Iu 接口与 CN 相连,通过 Iub 接口与 Node B 相连,又通过 Iur 接口与其他 RNC 相连,其结构如图 6-14 所示。

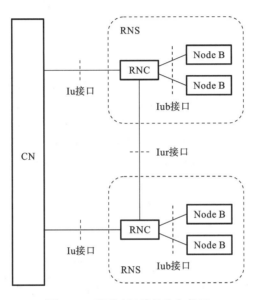

图 6-14　UTRAN 的结构与接口

RNC 在逻辑上类似于 GSM 系统中的 BSC。它的主要功能包括系统信息广播、接入控制、移动性管理、加密/解密和无线资源管理和控制等。Node B 覆盖一个或多个小区,其主要功能包括 Uu 接口的物理层处理、功率控制、协助管理部分无线资源等。它可以支持频分双工和时分双工中的一种或两种。综合来看,UTRAN 的主要功能如表 6-6 所列。

表 6-6　UTRAN 的主要功能

UTRAN 功能类别	功能分项说明
系统资源控制	接入控制
	拥塞控制
	系统信息广播
	无线信道加密/解密
移动性管理	越区切换
	RNS 重置
	定位和寻呼

续表

UTRAN 功能类别	功能分项说明
无线资源管理和控制	无线资源配置和操作
	无线环境调查
	无线协议功能
	射频功率控制
	随机接入检测和处理

6.9.3 无线空中接口

WCDMA 系统中的无线空中接口指的是 Uu 接口,它连接无线接入网和终端设备,是系统最核心的接口之一。Uu 接口由物理层、数据链路层和网络层三层构成,数据链路层又分为媒体接入控制(MAC)和无线链路控制(RLC)两个子层。

物理层由物理信道和传输信道两部分组成,物理信道主要由物理层通过信道编码、频率、正交调制等基本物理资源来实现。物理信道的各类型如表 6-7 所示。传输信道是物理层提供给 MAC 层的业务接入点,物理层和 MAC 层间的数据交换只能通过传输信道来进行。传输信道的各类型如表 6-8 所示。

表 6-7 物理信道的类型

信道方向	类 别	信道名
上行物理信道	上行公共物理信道	随机接入信道
		公共分组信道
	上行专用物理信道	上行专用物理数据信道
		上行专用物理控制信道
下行物理信道	下行公共物理信道	公共导频信道
		主公共控制信道
		辅公共控制信道
		同步信道
		下行共享信道
		捕获指示信道
		接入前导请求信道
		冲突检测/信道分配指示信道
		寻呼指示信道
		状态指示信道
	下行专用物理信道	下行专用物理数据信道
		下行专用物理控制信道

表 6-8　传输信道的类型

业务和数据类别	信道名
公共传输信道	广播信道
	下行接入信道
	随机接入信道
	寻呼信道
	公共分组信道
	下行共享信道
专用传输信道	上行专用传输信道
	下行专用传输信道

　　物理信道的帧分为超帧、无线帧和时隙。超帧时长 720 ms，由 72 个无线帧组成；每个无线帧又由 15 个等长的时隙组成，每个时隙对应的码片数为 2560。帧结构如图 6-15 所示。

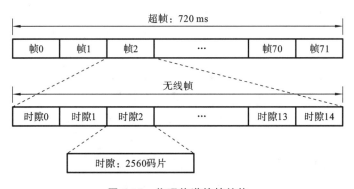

图 6-15　物理信道的帧结构

　　根据以上信息，WCDMA 的每个无线帧时长多少？对应的码片数为多少？

　　数据链路层中的 MAC 层实现逻辑信道到传输信道的映射，MAC 层又通过逻辑信道为上层提供数据传输、无线资源和 MAC 层参数的重新分配，以及向上层提供本地测量报告业务。数据链路层中的 RLC 层主要实现连接控制、数据组织、加密解密、流量控制、反馈重传等功能。网络层在数据链路层之上进行无线资源控制，处理 UTRAN 和 UE 间的连接管理、无线承载控制、移动性管理和测量等网络层信令。

选学课文

WCDMA 的增强型技术

为了应对移动业务量的激增,3GPP 在改进版本的协议中提出了基于 WCDMA 的增强型技术:高速下行分组接入(HSDPA)技术和高速上行分组接入(HSUPA)技术。

HSDPA 始于 R5 版本的协议,它在下行链路中采用了多种先进技术,包括自适应编码调制、混合自动重传请求、快速分组调度算法等。这些技术主要是针对大容量、高速率、高突发性的分组数据传输特点而发展起来的。在 R6 版本的协议中,下行用户速率的最高值由 R5 版本的 14.4 Mbit/s 提升至 30 Mbit/s,主要采用的技术有 MIMO、空间分集、空间辨识、空时编码等。此外,HSUPA 在 R6 版本中首次提出,它大幅提高了用户的上行数据速率。下面简介 R5 版本中新采用的技术。

1. 自适应编码调制(AMC)

AMC 技术的基本原理是根据当前无线信道的变化情况快速动态地确定当前链路的速率和调制方式,实现高数据量传输,改进系统容量,提高系统利用率。在 AMC 系统中,一般用户在理想信道条件下用较高阶的调制方式和较高的编码速率,而在不理想的信道条件下则用较低阶的调制编码方式。AMC 让处于有利位置的用户具有更高的数据速率,从而提高小区的平均吞吐量;在链路自适应过程中,通过调整调制编码方案而不是调整发射功率的方法来降低干扰水平。AMC 特别适用于高突发性的分组数据业务。

不过,AMC 对测量误差和时延较敏感。为了选择合适的调制方式,必须首先知道信道质量,信道估测的误差可能使系统选择错误的数据传输速率和传输功率,使系统容量降低或误码率升高。由于移动信道的时变特性,信道测量报告的延迟降低了信道质量估计的可靠性。

2. 混合自动重传请求(HARQ)

标准的自动重传请求(ARQ)是当一个数据包被成功接收时,接收端向发射端发送确认消息。如果数据接收失败,接收端向发射端发送否认消息,发射端会重新传送出错的数据。HSDPA 在下行链路采用了 HARQ 技术,HARQ 对 ARQ 进行了功能改进,主要体现在重传信息的内容及数据合并方式上,另外还缩短了处理时延。

HARQ 也是一种链路自适应技术,能够自动适应连续变化的信道条件。与 AMC 不同的是,HARQ 对测量误差和时延不敏感。所以可先通过 AMC 基于信道测量结果粗略地决定数据传输速率,HARQ 在此基础上根据实时信道条件再对传输速率进行微调,这样二者结合使用的效果比较理想。

3. 快速分组调度

快速分组调度机制使系统可以根据所有用户的情况决定给哪个用户分配信道,以何种速率使用信道。它使信道状况与占用用户相匹配,这样在每个时刻都能实现高数据速率。

但是,快速分组调度需兼顾每个用户的等级和公平性。HSDPA 的快速分组调度算法有四类:基于时间轮询方式、基于流量轮询方式、最大载干比方式、比例公平方式。其

中,比例公平方式综合考虑了公平性和效率,既照顾到大部分用户的满意度,又有在一定
程度上保证了系统的吞吐量,是目前比较推荐的快速分组调度算法。

6.10　CDMA2000 标准与系统

6.10.1　窄带 CDMA 的继承者

虽然 WCDMA、TD-SCDMA 都带有 CDMA 字样,但窄带 CDMA 的继承技术是 CD-MA2000。CDMA2000 是几种技术版本的统称,其中第一个版本是 CDMA2000 1x,该系统能实现对 IS-95 系统的完全兼容,技术延续性好,可靠性较高,是第二代移动通信系统向第三代移动通信系统最平滑的过渡。不过它的最高速率只有 307.2 kbit/s,没有达到IMT-2000 标准的要求,这样就推动了该版本的演进。

CDMA2000 1x 演进出的后续版本有两个,其中一个名为 CDMA2000 1xEV-DO,它是一个纯粹用于数据的版本,其核心思想是通过与语音业务使用不同的独立载波来提供高速数据业务,在最初版本中下行和上行链路数据速率最高分别可达 2.4 Mbit/s 和0.15 Mbit/s。将语音和数据业务的载波分离是为了提高载波承载的效率,不过在用户数和网络负荷都不大时增加载波会提高成本,所以就产生另一个演进版本 CDMA2000 1xEV-DV。在这个版本中系统可以同时支持高速分组数据业务和实时业务,在一个载波上传输实时、非实时和混合业务,其下行和上行链路数据速率最高分别可达 3.1 Mbit/s 和1.8 Mbit/s。还有一种增强型版本 CDMA2000 3x,它目前的应用程度远低于 CDMA2000 的其他版本,本章不作讨论。

从窄带 CDMA 到 CDMA2000 的演进过程可用图 6-16 表示。

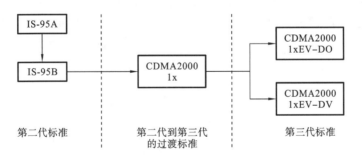

图 6-16　CDMA2000 的演进

　CDMA2000 1x 继承了 IS-95 的码片速率,扩频因子为 4,采用的 QPSK 调制能使码率增加一倍,信道编码采用的卷积码最高速率为 1/2,即编码后信息码字占全部码字的一半。根据这些信息,你能否解释文中 307.2 kbit/s 这一最高速率是如何得出的?

6.10.2 CDMA2000 1x 的网络结构

CDMA2000 1x 网络结构如图 6-17 所示,其核心网中电路域和分组域是分离的。电路域核心网继承了 IS-95 网络的核心网。分组域核心网提供分组数据业务所必需的路由选择、用户数据管理、移动性管理等功能,它包括分组数据服务节点(PDSN)、归属代理(HA)和鉴权/授权/计费服务器(AAA 服务器)三个功能实体。

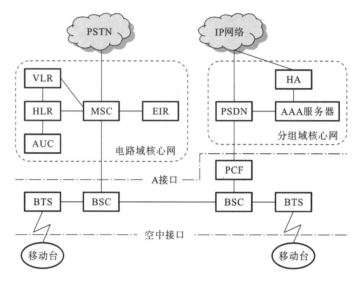

图 6-17 CDMA2000 1x 的网络结构

分组数据服务节点为移动用户提供分组数据业务的管理与控制功能,它至少连接到一个基站子系统,并对外连接到 IP 网络或其他公共数据网络。分组数据服务节点的主要功能包括建立、维护和终止与移动台的点对点连接,为 IP 用户指定 IP 地址,为移动 IP 业务提供外地代理功能等。网络结构中它与鉴权/授权/计费服务器直接通信,为移动用户提供不同等级的服务;它也与基站子系统中的分组控制功能(PCF)实体直连,与之共同建立、维护和终止数据链路连接。

归属代理主要用于为移动用户提供分组数据业务的移动性管理和安全认证,内容包括对移动台发出的移动 IP 注册信息进行认证,在外部公共数据网与外地代理之间转发分组数据包,建立、维护和终止与分组数据服务节点的通信并提供加密服务,从鉴权/授权/计费服务器获取用户身份信息,为移动用户指定动态归属 IP 地址等。

鉴权/授权/计费服务器负责管理用户,包括用户的权限、开通的业务等信息,并提供用户身份与服务资格的鉴权和授权、计费等服务。不同类别的网络中鉴权/授权/计费服务器的功能有差异:业务提供网络的该服务器负责在分组数据服务节点和归属网络之间传递认证(含鉴权、授权)和计费信息,归属网络的该服务器对移动用户进行鉴权、授权和计费,中介网络的该服务器在业务提供网络和归属网络之间进行信息的转发。

6.10.3　CDMA2000 的信道组成

在 CDMA2000 系统中,不同信道以各自的方式传输不同类型的信息,相互协作实现复杂的系统操作。下面从功能类别上对主要信道加以说明。

基本信道——传输语音、数据等业务信息。在传输业务信息的同时可以插入某些控制指令(如功率控制信息),是传输量最大的一类信道。

导频信道——传输导频信号。导频信号的作用是引导对信道定时信息的迅速且精确的捕获,并可以从中提取同步信号。移动台还可以通过对不同基站导频信号的检测和比较,实现分集、切换等功能。

同步信道——传输同步信号。移动台在同步期间利用同步信道的信息进行同步调整,同步完成后不再使用此信道。当业务繁忙导致业务信道不够用时,可以临时改作业务信道使用。

寻呼信道——在呼叫接续阶段传输移动台寻呼、信道指配等信息。移动台接入系统时,在完成同步后通过寻呼信道监听系统发出的寻呼信息和其他指令。必要时,寻呼信道也可以临时改作业务信道使用。

接入信道——在移动台发起呼叫,或对系统的寻呼进行响应以及发送登记注册等信息时,提供移动台到基站的传输通路。它是一种分时隙的随机接入信道,功能上与寻呼信道相对应,不过一个寻呼信道可支持多个接入信道。

功率控制信道——用于传输功率控制信息。由于特定信道的功率控制信息量小,因此将其复用到基本信道或导频信道中,周期性地传输功率控制信息。

辅助信道——用于传输高速数据业务。在 CDMA2000 系统中,语音和低速数据业务在基本信道中传输,高速数据业务在辅助信道中传输。

为了改进下行链路性能,CDMA2000 对 IS-95 的下行寻呼信道的一些功能进行了分解。在 CDMA2000 1xEV-DV 版本中,系统开销和一些广播信息等由下行广播控制信道发送;向空闲状态的移动台发送专用的寻呼信息等则由下行公用控制信道承担;信道分配消息由下行公用指配信道发送。CDMA2000 1xEV-DV 版本在上行信道方面增加了两个信道:一个是证实信道,用于向基站确认下行分组数据是否被正确接收;另一个是质量指示信道,移动台用此信道向基站指示最佳服务扇区的信道质量测量值。下行信道和上行信道的组成如图 6-18 所示。

6.10.4　CDMA2000 的关键技术

CDMA2000 为了提供高速数据服务,特别是提高下行数据速率,主要采用了以下关键技术。

1. 动态速率控制

移动终端根据载干比等指标了解信道环境的好坏,据此向基站发送请求,快速反馈目前下行链路中可以支持的最高数据速率,基站以此速率发送下行数据。信道环境越

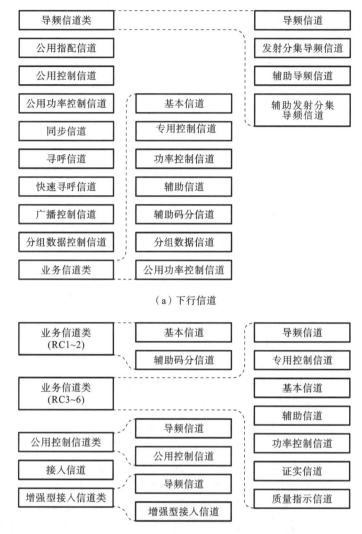

（a）下行信道

（b）上行信道（RC后的数字表示无线配置的种类，对应不同的信道编码和调制方式）

图 6-18　CDMA2000 的信道组成（1xEV-DV 版本）

好，速率越高。与功率控制相比，速率控制能够获得更高的数据业务吞吐量。

2. 自适应编码调制

根据终端反馈的数据速率情况，基站自适应地采用不同的编码和调制方式（如 QPSK、8PSK、16PSK）向终端发送数据。

3. 混合自动重传请求（HARQ）

根据数据速率的不同，一个数据包在一个或多个时隙中发送。HARQ 允许在成功解调一个数据包后提前终止发送该数据包的剩余时隙，从而提高系统吞吐量。

4. 比例公平调度

在不进行专门的调度设置时，系统默认使用比例公平调度算法。使用该算法的每个终端存在两个速率:一是根据动态速率控制请求的下行数据速率,二是之前一段时间内的平均数据速率。比例公平调度算法的基本思想是,这两个速率的比值越大,系统越优先给对应终端分配资源。这一算法使信道条件不好的用户将资源让给信道条件好的用户,避免因重传次数过多而降低系统吞吐量,而无线环境相近的用户则获得总量相近的无线资源。

 选学课文

CDMA2000 1xEV-DO 的产生

当前在 CDMA2000 的各版本标准中,应用最广、影响力最大的是 CDMA2000 1xEV-DO。而它的产生,正是基于人们对数据和语音两种业务性质的区别。

数据业务有自身的特点。首先它一般是突发的,具有不连续的特点。数据流量有时会突然大幅地增长,有时又停留在低流量状态,这都是十分常见的事。其次,数据业务对时延的敏感度较低。再次,数据业务的上下行流量一般不对称,下行流量往往远高于上行流量。最后,数据业务的服务质量需求因具体应用而异,有的应用数据流量需求小但要求反应速度快,有的应用允许反应速度慢但数据流量需求大。

而语音业务则是另一种情形。首先,它对时延敏感度高,进行语音通话的双方,如果一方的语音经过较长时间才能让另一方接收到,那么通信双方会觉得非常别扭;其次,语音业务的上下行流量基本对称;最后,语音业务的服务质量要求基本一致,时延小、质量高的语音是所有用户都期望的。

既然两者的要求差别这么大,如果将它们放在同一个载波上提供服务,很明显两者会互相影响,协调的难度较大。在 CDMA2000 1x 版本发布时,由于数据业务量小、速率不快,这个问题尚不明显。而后来按照 IMT-2000 的要求,希望大大提高数据速率,这个问题就浮出水面——既然两者协调有难度,是不是可以将两者分离,用不同的载波提供服务? 这就是 CDMA2000 1xEV-DO 的基本思想。事实上,这一思想对解决问题相当有效:将这两种业务分别承载于不同的载波上,对两者采取不同的传输和控制方法,则可以大幅简化系统设备的结构,简化资源控制方式,使两种业务能分别达到很高的服务质量。

2000 年 9 月,3GPP2 通过了 CDMA2000 1xEV-DO 的第一个标准,这个版本的标准记为 Rev.0,其下行速率最高为 2.4576 Mbit/s,上行速率最高为 0.1536 Mbit/s,现在这个版本在实际系统中已很少应用。后一个版本的标准记为 Rev. A,其下行速率和上行速率可分别达到 3.1 Mbit/s 和 1.8 Mbit/s,这个版本现在广为使用,其中就包括中国电信的 CDMA2000 系统。这样的数据速率与当时的 WCDMA R99 版本相比有一定的优势,不过好景不长,这些优势都被 WCDMA 学习吸收,并导致了 HSDPA 的诞生。CDMA2000 1xEV-DO 和 HSDPA 在一段时期内的激烈竞争由此引发。

尽管 CDMA2000 1xEV-DO 使用不同载波承载语音业务和分组数据业务,但其载波的射频特性与 IS-95、CDMA2000 1x 是完全相同的,其码片速率、链路预算等指标也完全一致,这就使得 CDMA2000 1xEV-DO 对 IS-95、CDMA2000 1x 的兼容性非常好。部署新系统不需要重新进行网络规划,而是沿用原系统的布局即可。这一特点得到通信界的普遍肯定,并为未来通信系统新旧交替的方法提供了宝贵经验。

6.11 时分系统与 TD-SCDMA 标准

6.11.1 时分双工的特点

移动通信的信息交流是双向的。对于数字移动通信而言,双向通信可以以频率或时间分开,前者称为频分双工(FDD),后者称为时分双工(TDD)。虽然时分双工也存在于WCDMA 系统,但在 TD-SCDMA 系统中时分双工的应用最为典型,因而在介绍 TD-SC-DMA 之前,先对时分双工作进一步认识。

比较各标准占用的频带后我们容易发现,使用频分双工的 GSM、IS-95、WCDMA 和CDMA2000,占用的频谱都是成对的。如 CDMA2000 1x 标准将 870 MHz～880 MHz 频段用于下行传输,则有另一个等宽的频段 825 MHz～835 MHz 用于对应的上行传输。唯独 TD-SCDMA 占用的频段不具有这种对称性。事实上,TD-SCDMA 标准中甚至没有预定哪些频率用于上行或下行,这是为什么呢?

时分双工的特点可以解释这种现象。时分双工能有效地使用各种频率资源,工作在该模式下的系统并不需要成对的频率。同一的频率既可用于上行又可用于下行,这样可充分利用不成对的频段,分配频率也变得简单。显然,对那些上行和下行数据量不对称的业务而言,时分双工是非常适用的。如 IP 型数据业务往往上下行不对称,频分双工对此只能浪费一个频段,而时分双工可以动态地改变上下行时隙数,更充分地利用频率资源。

多径传播引起的快衰落与频率密切相关。对频分双工而言,上行链路与下行链路之间的频率不相关,发射机难以预测自身传输的快衰落。而在时分双工模式中上行和下行链路使用相同的频率,发射机可以根据接收到的信号了解多径信道的快衰落,因而对应的信道能够用于开环功率控制和发射分集,发射机还可根据信道信息设计下行的波束成形。

时分双工的主要问题是覆盖距离较小,对终端的移动速度限制较严。频分双工系统的小区半径可达几十千米,时分双工系统的小区半径只有几千米;国际电信联盟对频分双工要求终端在 500 km/h 的移动速度下能够正常通信,而时分双工的对应速度要求仅有 120 km/h。此外,时分双工模式对基站间同步的要求严格得多,如果同步达不到要求,使用同一频率的上下行信道间必然产生干扰,小区间的干扰也会增大。这也使时分双工的多小区的频率规划非常必要且考究。

基于以上时分双工的特点,在分层蜂窝结构中频分双工和时分双工的应用场合有区别。频分双工应用于宏蜂窝(或覆盖面积大的蜂窝)中,主要用来解决覆盖问题,应用于对称的语音业务,应用于高速运动的终端;而时分复用应用于微蜂窝(或覆盖面积小的蜂窝)中,主要用来解决容量问题,应用于不对称的数据业务,应用于静止或低速运动的终端。

6.11.2 TD-SCDMA 的系统结构和技术指标

时分同步码分多址(TD-SCDMA)是中国于 1998 年向国际电信联盟提交的第三代移动通信传输方案,后来被吸收为第三代移动通信系统的三大标准之一。

TD-SCDMA 系统在设计之初充分考虑到当时中国与世界上多数国家采用 GSM 作为第二代移动通信系统标准的客观实际。TD-SCDMA 系统的基本结构如图 6-19 所示。

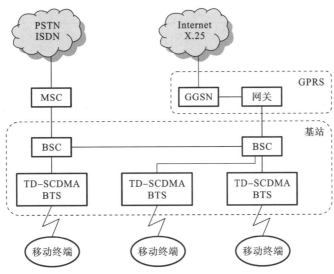

图 6-19 TD-SCDMA 系统的模块结构

和 GSM 系统类似,TD-SCDMA 功能模块主要包括核心网、基站控制器(BSC)、基站收发信台(BTS)和移动终端。为实现从 GSM 到 TD-SCDMA 的平滑过渡,TD-SCDMA 在建网初期仍然通过 GSM 的移动业务交换中心(MSC)实现语音和 ISDN 业务,通过 GPRS 网关支持节点(GGSN)接入互联网或 X.25 分组交换机来实现 IP 业务。TD-SCD-MA 系统的主要技术指标如表 6-9 所示。

表 6-9 TD-SCDMA 系统的主要技术指标

技 术 指 标	数值或说明
双工方式	时分双工(TDD)
多址接入方式	TDMA、CDMA
扩频方式	直接序列扩频(DS)
码片速率	1.28 Mchip/s
可变扩频因子	1～16
信道带宽	1.6 MHz

续表

技 术 指 标	数值或说明
帧长	10 ms
功率控制	开环、闭环
编码方式	卷积码、Turbo 码
调制方式	BPSK、QPSK
基站同步	GPS 或网络同步
智能天线	基站 8 的天线组成天线阵列
检测方式	联合检测

6.11.3 TD-SCDMA 的帧结构

TD-SCDMA 的物理信道有三层结构：无线帧、子帧、时隙。无线帧长 10 ms，由两个结构和长度完全相同的子帧构成。每个子帧分为长度为 0.675 ms 的七个常规时隙和三个特殊时隙，这三个特殊时隙分别为下行导频时隙、保护时隙和上行导频时隙，如图 6-20 所示。

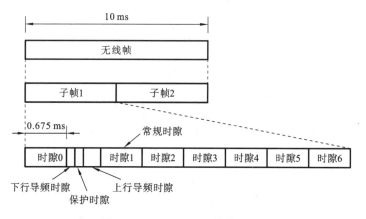

图 6-20 TD-SCDMA 的帧结构

 TD-SCDMA 一个无线帧包含的码片数是多少？三个特殊时隙一共包含的码片数是多少？

系统上下行的划分以常规时隙为单位。在每个子帧的七个常规时隙中，时隙 0 固定分配给下行链路，时隙 1 固定分配给上行链路，时隙 2 至时隙 6 根据需要分配给上行或下行链路。上行时隙和下行时隙之间由切换点分开，每个子帧有两个切换点，一个位于保护时隙，另一个位于某两个常规时隙之间。通过灵活配置上下行时隙的数目，使 TD-SCDMA 适用于上下行对称及非对称的业务模式。图 6-21 给出了不同的上下行时隙分配情况。

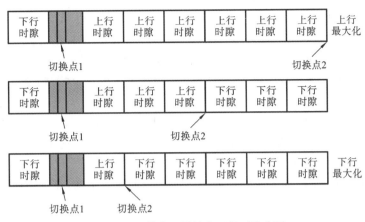

图 6-21　子帧中不同的上下行时隙分配

 想一想　　TD-SCDMA 的子帧中,有没有可能出现时隙 2 分配给下行链路并且时隙 6 分配给上行链路的情况?

　　每个子帧中的下行导频时隙是作为下行导频和同步而设计的。该时隙是由长为 32 个码片的保护间隔和 64 个码片的下行同步序列组成。下行同步序列是一组 PN 码,用于区分相邻小区。类似地,每个子帧中的上行导频时隙是为建立上行同步而设计的。该时隙由长为 128 个码片的上行同步序列和 32 个码片的保护间隔组成。上行同步序列也是一组 PN 码,用于在接入过程中区分不同的移动终端。保护时隙是基站侧由发射向接收转换的保护间隔,时长 75 μs。

6.11.4　TD-SCDMA 的同步

　　TD-SCDMA 名称中的 S 代表“同步”的意思。作为一个时分系统,TD-SCDMA 是非常讲究时间同步的。这里的同步包含两方面的内容:一是基站之间的同步,二是终端之间的上行同步。

　　基站之间必须同步,这由时分双工的特性决定。前面已经分析过,时分双工的上行和下行不是通过频段而是通过不同的时隙来区别。如果相邻小区的基站间同步不够精确,那么在一个基站进入上行时隙启动接收状态时,另一个基站可能还处于下行时隙的发射状态。这样发射出的下行信号就很容易对处于接收状态的基站造成影响。在频分双工的系统中,上行与下行的频率不同,基站尚能通过频率选择抑制这种影响;但时分双工的上下行信号可以共享同一频率,这种影响无法用滤波的方式去除,就变为非常严重的干扰。因此为了规避这种干扰,基站间的严格同步是必要的。为了实现大范围内众多基站的同步,常常利用 GPS 的时钟信号来进行同步校准,中国已初步建设完成的北斗卫星导航系统也可提供高质量的授时服务用于同步。

　　移动终端之间的上行同步也是系统同步的重要内容。上行同步指的是同一时隙内不同终端的信号同步到达基站接收机。TD-SCDMA 系统允许同一时隙里有多个终端同时接入,不同终端以相互正交的扩频码来区分。如果没有上行同步,终端扩频码在基站处的正交性将被打破,干扰终端的信号无法完全滤除,这样一个终端信号就部分变成另一个终端信号的底噪,降低了上行信号的信噪比,进而影响终端用户的通信质量。

前面介绍过上行导频时隙,它是 TD-SCDMA 子帧中的一个特殊时隙,它的一个重要功能是协助进行上行同步。终端在需要上行同步时,会在上行导频时隙上发射一串特殊的固定内容的码字,称为上行同步序列。基站接收到上行同步序列后会进行比对,根据码延迟的位置和功率损耗来决定终端后续的时间调整值和发射功率,并通知终端。终端得知了时间调整值之后就会进行时钟调整以实现同步。不过,上行同步不是一劳永逸的,因为终端具有移动性,它与基站间的距离也可能不断变化,因此每间隔一段时间就要重新执行一次上行同步,通过不断修正时间调整值来保持同步的精确性。

📖 阅读材料

中国通信标准的开山之作

TD-SCDMA,作为中国自主提出的第三代移动通信系统标准,自 1998 年正式向国际电信联盟提交以来,经历风风雨雨,目前已经到了商用的后期阶段。在第四代移动通信全面普及的形势下,它已经历了标准的专家组评估、国际电信联盟认可并发布、与 3GPP 体系的融合、新技术特性的引入等一系列的国际标准化工作。TD-SCDMA 标准成为第一个由中国提出的、以中国知识产权为主的、被国际上广泛接受和认可的移动通信国际标准。这是中国电信史上重要的里程碑。

1998 年初,在当时的邮电部科技司的直接领导下,由电信科学技术研究院组织队伍在同步码分多址(SCDMA)技术的基础上,研究和起草了符合 IMT-2000 要求的中国 TD-SCDMA 建议草案,并提交至国际电信联盟,从而成为 IMT-2000 的十五个候选方案之一。国际电信联盟综合了各评估组的评估结果,在 1999 年 11 月赫尔辛基 ITU-R TG8/1 第 18 次会议上和 2000 年 5 月在伊斯坦布尔的 ITU-R 全会上,TD-SCDMA 被正式接纳为 CDMA TDD 制式的方案之一。全球为之震惊,中国人为之振奋!

中国无线通信标准研究组作为代表中国区域性标准化组织,从 1999 年 5 月加入 3GPP 以后,经过大半年的充分准备和深入讨论,中国的提案被 3GPP 所接受,正式确定将 TD-SCDMA 纳入到 R4 和 R5 的工作计划中。2001 年 3 月,包含 TD-SCDMA 标准在内的 3GPP R4 版本规范正式发布,TD-SCDMA 在 3GPP 中的融合工作达到了第一个目标。至此,TD-SCDMA 不论在形式还是在实质上,都已在国际上被广大设备制造商、运营商认可和接受,形成了真正的国际标准。2006 年 1 月,TD-SCDMA 从中国的行业通信标准提升成为国家标准;2008 年,中国移动开始在多个城市对 TD-SCDMA 网络进行放号,TD-SCDMA 的商用序幕从此拉开。

在第三代移动通信技术蓬勃发展之际,不论是设备制造商、运营商,还是研究机构、国际行业组织,都已经开始对第三代移动通信系统以后的技术发展展开研究。在国际电信联盟认定的几个技术发展方向中,包含了时分双工技术和智能天线技术,认为这两种技术都是今后发展的趋势。而这两种技术在目前的 TD-SCDMA 标准体系中已经得到了很好的体现和应用,从这一点上也能够看到 TD-SCDMA 标准的发展前景。此外,在 R4

之后的 3GPP 版本发布中,TD-SCDMA 标准也不同程度地引入了新技术,提升了自身的技术含量和系统性能。与 WCDMA 类似,TD-SCDMA 将沿着 TD-HSDPA、TD-HSU-PA、TD-HSPA+的路线演进到新一代标准 LTE。

📖 阅读材料

中国的同步之星——北斗

关于基站同步的方法,目前广泛应用的一种方式是通过 GPS 来校准系统时钟。如当前 TD-SCDMA 系统和 CDMA2000 系统的外部天线上都装有 GPS 接收器,用来接收同步信号。GPS 是美国空军主导的定位系统,也是向所有用户免费开放的全球卫星导航系统。GPS 的时钟信号很精确,但整个 GPS 网络的稳定与安全完全依赖于美国。美国随时可能调整信号误差使某地区的系统性能下降,甚至关闭部分信号使某些系统设备失灵。对于其他国家而言,完全依赖 GPS 系统的同步存在安全隐患。

在很长一段时间内,由于缺乏先进的网络同步技术,中国自行发展的 TD-SCDMA 技术也采用 GPS 同步。但中国一直在努力,希望在时分系统的同步问题上绕开美国的GPS。很多新方法不断被提出并得到实践的验证,其中利用中国自主发射的北斗卫星作为时间信号源就是一个重要的替代方案。

北斗卫星导航系统(BDS)是中国自行研制开发的区域性有源三维卫星定位与通信系统,是继美国的 GPS、俄罗斯的 GLONASS 之后的第三个成熟的卫星导航系统(参见插图六)。北斗卫星导航系统致力于向全球用户提供高质量的定位、导航和授时服务,其建设与发展遵循开放性、自主性、兼容性和渐进性。该系统的空间段由 5 颗静止轨道卫星和 30 颗非静止轨道卫星组成,提供两种服务方式:开放服务和授权服务。开放服务是在服务区内免费提供定位、测速和授时服务,定位精度为 10 m,测速精度为 0.2 m/s,授时精度为 50 ns。授权服务是向授权用户提供更安全的定位、测速、授时和通信服务以及系统完好性信息。

从 2008 年 3 月开始,中国移动启动了"TD-SCDMA 系统 GPS 替代方案"等技术工作,探讨 GPS 之外的授时方案。一方面通过有线传输网络传输精确的时间同步信号,另一方面在 TD-SCDMA 基站加装北斗系统模块,采用 GPS/北斗系统双模同步方式,并互为主备用。最终目标是从时间信号的来源和传输两个方面相结合,摆脱对 GPS 的依赖。基于北斗卫星的授时方案已在研究实验中完成测试,显示北斗系统具有与 GPS 系统同等级的授时精度,可满足 TD-SCDMA 的同步要求。现在中国主要的 TD-SCDMA 设备厂商普遍推出了支持 GPS/北斗系统双模同步方式的设备,从而减少了对 GPS 的依赖,增添了中国移动通信领域自主创新的色彩。

6.12　TD-SCDMA 的关键技术

和 WCDMA、CDMA2000 相比,TD-SCDMA 具有时分双工、时分复用、上行同步等基本差异。不过如果仅将这些差异作为特色,TD-SCDMA 是难以成为国际标准的。它之所以能有如今的发展现状,其一系列关键技术功不可没。本节选取其中最有影响的几种关键技术加以介绍。

6.12.1 动态信道分配

TD-SCDMA通过"载频+时隙+扩频码"的参数组合来标记任意一条物理信道,信道分配也是无线资源的分配过程。系统中的RNC集中控制动态信道分配(DCA),在一定区域内,将几个小区的可用信道资源集中起来由RNC统一管理,RNC根据小区网络性能参数、系统负荷情况和业务服务质量等诸多因素,将信道动态地分配给呼叫用户。

DCA技术可以分为两个阶段。前一阶段是呼叫接入的信道选择,将资源分配给小区,采用慢速DCA;前文讲述的子帧中上下行时隙分配也属于慢速DCA。在不了解上下行流量时可先让上行和下行各占用一半时隙,然后根据流量调整时隙分配。譬如发现下行时隙一直满载信息而上行时隙多有空闲,说明下行流量大于上行流量,这时可将部分上行时隙改作下行时隙以缓解下行信道压力,提高资源利用率。

DCA的后一阶段是呼叫接入后为保证业务传输质量而进行的信道重选,即把资源分配给承载业务,采用快速DCA。比如在进行传输时发现某个信道一直受到比较严重的干扰,为保证通信质量,RNC将该信道的业务改由其他干扰程度低的信道来承载;另一种情况是当一个资源需求量大的实时高速率业务申请到来,而现有的单个信道由于其他业务的占用而没有足够的资源来承载时,可通过快速DCA进行资源整合,将各信道空闲的资源集中到一个信道中用以应对实时高速率业务。这样做无疑提高了业务的接入成功率。

6.12.2 智能天线技术

智能天线又名自适应天线,由多个天线单元组成,每一个天线后接有复数加权器、相加器、时延器等功能模块以实现一定的输出算法。智能或自适应的主要含义是指该算法中的权值(也可能附加其他参数)可根据需要进行自适应调整,这种自适应调整的方法就是智能天线的自适应算法。

传统的基站使用扇区化天线,扇区化天线的波束方向及强度固定,很少调整;而智能天线的基本思想是天线以多个高增益窄波束动态地跟踪多个期望用户,如图6-22所示。智能天线在接收模式下,来自窄波束之外的信号被抑制;在发射模式下,能使期望用户接收的信号功率最大,同时使窄波束照射范围以外的非期望用户受到的干扰最小。因此,智能天线能有效降低上下行的干扰,提高系统容量。不同于传统的FDMA、TDMA、CDMA,智能天线引入的是SDMA,利用用户空间位置的不同来区分不同用户。在相同频率、相同时隙和相同地址码的情况下,SDMA仍可根据信号不同的传播路径来区分用户。SDMA与其他多址方式完全兼容,从而可实现组合的多址方式。

自适应算法是智能天线研究的核心,大体上分为盲算法、半盲算法和非盲算法三类。

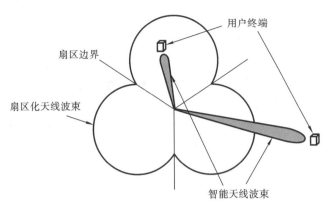

图 6-22　扇区化天线与智能天线的波束比较

盲算法不借助导频信号,而是利用调制信号固有的、与具体承载信息无关的一些特征,如恒模、子空间、有限符号集、循环平稳等,并调整权值以使输出满足这种特性。非盲算法需要借助导频信号,按照一定准则确定或逐渐调整权值,使智能天线的输出与已知输入之间具有最大的相关性。常用的相关准则有最小均方、最小均方误差、最小二乘等。相对于盲算法而言,非盲算法的误差较大,收敛速度也较慢,但占用较少的系统资源。半盲算法是将前两类算法结合,先用非盲算法确定初始权值,再用盲算法进行跟踪和调整,这样可综合二者的优点。

对时分双工系统而言,上下行频率可以相同,所以上行信道和下行信道基本对称。这样基站处的智能天线根据上行信号判断出用户终端的位置信息,并可据此信息组织下行发射,使波束保持在用户终端的方向。在大多数情况下,上行信道和下行信道对称是使用智能天线技术的必要条件之一。

 为什么智能天线技术在 TD-SCDMA 系统中得到了广泛应用,却没有出现在 WCDMA 和 CDMA2000 系统中?

■■ 6.12.3　接力切换技术

接力切换技术是 TD-SCDMA 系统的核心技术之一,其设计思想是利用智能天线和上行同步等技术,在对移动终端的距离和方位进行定位的基础上,根据终端的方位和距离信息作为辅助信息来判断目前终端是否移动到了可进行切换的相邻基站的邻近区域(切换区)。如果终端进入切换区,则 RNC 通知该基站做好切换准备,从而达到快速、可靠和高效切换的目的。接力切换巧妙地将硬切换的高信道利用率和软切换的高成功率结合起来,是一种高性能的切换方法。

实现接力切换的必要条件是网络能够准确获得终端的位置信息,包括信号到达方向和终端与基站之间的距离。TD-SCDMA 系统能利用智能天线和基带数字信号处理技术获得终端的方向信息,也能利用上行同步技术得到终端与基站之间的距离信息,这就为接力切换的施行提供了重要基础。

完成接力切换有三个步骤:测量过程、判决过程和执行过程。

在终端与基站的通信过程中,终端需要对本小区基站和相邻小区基站的导频信号强度进行测量。当前服务小区的导频信号强度在一段时间内持续低于特定门限值时,系统就可启动接力切换的测量过程。这一过程开始后,当前服务小区不断检测终端的位置信息,并将信息发送给 RNC。RNC 根据这些信息确定哪些相邻小区最有可能成为终端切换的目标小区,并作为切换候选小区。随后 RNC 通知终端对切换候选小区进行测量,并向 RNC 报告测量结果。RNC 收集测量结果之后进入判决过程。

接力切换的判决过程是根据各种测量信息和系统信息,依照一定的准则或算法判决终端是否应当切换,以及如何切换。如果测量信息显示当前小区的服务质量还足够好,则不对切换候选小区的测量结果进行处理。如果当前小区的服务质量不够好但满足业务需求,则开始对所有切换候选小区的测量结果进行分析,若分析结果表明存在比当前服务小区服务质量更好的候选小区,则判决进行切换,进入执行过程。如果当前小区的服务质量已不能满足业务需求,则立即对测量结果中信号最强的小区作为目标小区进行切换。一旦判决进行切换,则 RNC 通知目标小区对终端进行扫描,确定信号最强的方向,做好建立信道的准备。RNC 还要通过原基站通知终端无线资源重新配置的信息,并通知终端向目标基站发送上行同步信息,进入切换的执行过程。

接力切换的执行过程是将通信链路由当前服务小区切换到目标小区的过程。当前服务小区可通过 RNC 将终端的位置信息发送给目标小区,目标小区据此对终端进行精确定位和波束成形。终端在与当前服务小区保持业务信道连接的同时,网络通过当前服务小区的广播信道或下行接入信道通知终端目标小区的相关系统信息(含同步信息、目标小区扰码、传输时间、帧偏移等信息),这样就使终端在接入目标小区时,能够缩短上行同步的过程,缩短切换的执行时间。当终端的切换准备就绪时,RNC 通过当前服务小区向终端发送切换指令,终端收到指令后根据已得到的目标小区信息接入目标小区,同时网络释放当前服务小区与终端间的链路,接力切换完成。

接力切换是介于硬切换和软切换之间的一种新的切换方法,它们之间的比较见表 6-10。

表 6-10　接力切换与硬切换、软切换的比较

比较对象	相同点	不同点	接力切换的优势
接力切换与硬切换	具有较高的资源利用率,算法较简单,信令负荷较轻	接力切换断开原基站和连接目标基站几乎同时进行,硬切换则是分步进行	克服了硬切换掉话率高、切换成功率低的缺点
接力切换与软切换	具有较高的切换成功率、较低的掉话率和较小的上行干扰	接力切换并不需要同时由多个基站为一个终端提供服务,软切换的过程中总是存在多个基站为一个终端提供服务的时段	克服了软切换占用信道资源较多、信令复杂度高、下行链路干扰强的缺点

6.12.4　联合检测技术

从理论上讲,CDMA 系统中由于不同用户采用的扩频码不同且正交,用户之间不会

产生干扰。而实际应用中由于多径效应,所以终端发出的信号无法精确地同步到基站接收机。另外,远近效应也会使接收机收到的各信号强度有差别。这两种情况都可能削弱用户扩频码之间的正交性。当不同的扩频码的正交性不严格时,不同用户之间就会产生干扰,这就是多址干扰存在的原因。

传统的 CDMA 信号检测方法把多址干扰视作噪声来处理。基站和终端对每个信号进行分离和解析的过程是独立的,每次只针对所需的单个用户的信号,至于掺杂在其中的其他用户的信号,全部被视作噪声,这种信号分离技术称为单用户检测。很明显,单用户检测在效率上有明显缺陷,特别是在用户数或信号功率较大时,单用户检测的输出信噪比很低,导致系统容量大幅下降。例如,IS-95 系统由于使用单用户检测技术,它的实际系统容量远小于其扩频码理论上支持的码道数。另一方面,多址干扰信号实际包含了许多先验信息,如其他用户的信道码和信道估计信息等。这些信息如果视作噪声也是一种浪费,所以为了进一步提高 CDMA 的系统容量,可将多址干扰信号包含的信息加以利用,"变废为宝",这就是多用户检测的基本思想。

多用户检测的方法有两类:干扰抵消和联合检测。干扰抵消利用判决反馈,首先从总的接收信号中判决出其中的部分数据,接着根据数据和用户扩频码重构出数据对应的信号,然后从总接收信号中减去重构信号用于下一轮数据判决,如此循环迭代,直至判决出全部数据。

联合检测的机理有所不同。它首先将所有用户及其多址干扰作为一个整体接收并解调,解调后利用与多址干扰相关的先验信息,结合其他用户的信道估计信息,对整体接收信号进行联合求解,由此同时得出多个用户的信号。由于多址干扰没有视作噪声,信噪比有了大幅提升,接收灵敏度也提高了不少。从图 6-23 可以看出,联合检测的效果明显优于单用户检测。

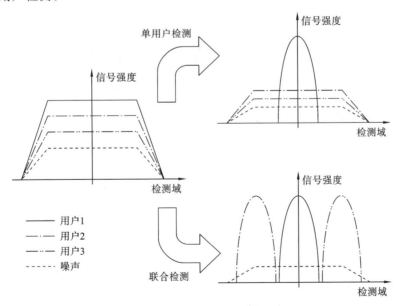

图 6-23　单用户检测和联合检测的效果示意图

在时分双工系统中用户以帧或时隙区分,而每个时隙中并行的用户不多。低用户数节省了联合检测的计算量,对信号的要求也有所降低。这是 TD-SCDMA 进行联合检测的优势所在。相对而言,WCDMA 和 CDMA2000 由于使用频率区分用户,所以同时隙内并行的信号很多,对联合检测不是太有利。

选学课文

软件无线电

移动通信发展至今,已出现过许多通信制式,仅第三代移动通信系统的制式就已介绍过三种。这种技术上的发展与革新不断让通信性能提升,满足用户日益增长的数据需求,不过系统的升级换代往往需要更换通信设备,引发高昂的设备成本和建设施工成本,且耗时较长。究其原因,主要是不同通信制式之间的调制方式和多址方式不同,大多数情况下不同制式不具有同设备中的并存性。

于是人们很自然地有了一个想法:能否设计出一套系统,它能够方便地变换自身角色,按需要来适应多种通信制式呢? 我们知道通信系统有一个从模拟到数字的发展过程,数字化表达的通适性强于模拟式表达,数字处理器件的操作方便性和通用性也远高于模拟器件。由于射频端总是以模拟信号进行无线收发,为了实现前面的想法,可以将模拟-数字转换(模-数转换)装置或数字-模拟转换(数-模转换)装置尽量向射频端靠近,数字化的信号就可以使用可编程数字器件通过编写软件来实现处理功能,这就是软件无线电的出发点。软件无线电的基本结构如图 6-24 所示。

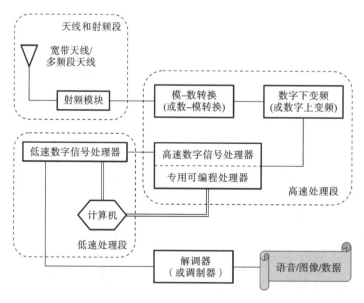

图 6-24 软件无线电的接收/发射装置结构

从图 6-24 可以看出,软件无线电的关键思想是构造一个具有开放性、标准化、模块化的通用硬件平台;而各种功能如工作频段、调制解调类型、数据格式、加密模式、通信协议等,通过软件来完成。这种无线收发设备可用软件控制和再定义,选用不同的软件模块就能实现不同的功能。因此,在通信制式升级换代时,只需要增添或更新其中的软件模块,使之适应新的调制方式、多址方式或业务类型即可。这就大大延长了无线收发设备的使用周期,节省了制式升级的时间和成本。

软件无线电是 TD-SCDMA 标准的基本技术之一,当前已有不少支持软件无线电的设备投入运营和商用。中国移动时分系统的二期招标,要求所有投标厂家的设备可以支持 TD-SCDMA 向 LTE TDD 的平滑升级,其中软件无线电设备就特别适用,显示出强大的竞争力。

6.13　WiMAX 标准简介

2007 年,国际电信联盟在日内瓦举行了无线电通信全体会议。在这次会议上经过多数国家投票通过,WiMAX 正式被批准成为第三代移动通信系统标准。于是继 WCD-MA、CDMA2000 和 TD-SCDMA 之后,第三代移动通信系统有了第四类标准。

WiMAX 在标准上的入围,着实让很多通信界人士吃了一惊。不过了解它的人都明白,它背后的力量实在不容小觑。来看看它的背景:标准由 IEEE 组织编写;研发由 Intel 主导;芯片领域有 Intel 和 TI;设备领域有阿尔卡特朗讯、北电、NEC、西门子;运营领域有 AT&T、BT、France Telecom、Sprint、Telefonica、KDDI 等(以上这些组织或企业,读者只需借助其他资料稍作了解,就可得知其不俗的知名度)。如此豪华的阵容很容易吸引业内人士的目光。那么,WiMAX 究竟是个怎样的标准呢?

WiMAX 的全名是全球微波互联接入(Worldwide Interoperability for Microwave Access)。这个名称比较有特色,它将接入和互联融为一体,并使微波覆盖全球。名称中并没有挂上"通信"的头衔,这使它在第三代移动通信系统标准中显得有些另类。的确,WiMAX 从根源上就与另外三类标准完全不同,那三类标准脱胎于传统的以语音为基础的技术体制,而 WiMAX 纯粹来自数据业务。

WiMAX 的标准名称中均含有"802.16"字段,因此它又称为"802.16 无线城域网"。它被人们所知,是因为它在创始之初仅仅是为企业和家庭用户提供"最后一千米"接入的宽带无线连接方案。因其在数据通信领域的覆盖范围大,对其他标准形成竞争态势,WiMAX 在相当长一段时间内备受关注,直到其被国际电信联盟正式接纳为国际标准。

WiMAX 最有代表性的主流标准有 IEEE 802.16d 和 IEEE 802.16e。前一种标准主要针对固定接收,在终端上插入 WiMAX 网卡进行无线上网属于这种情形;后一种标准增加了移动性,这就对其他标准形成了明显的竞争态势。能够在国际通信领域激烈的竞争中打出一片天地,WiMAX 必然拥有独特的优势,各厂商也正是看到了这些优势所可能引发的强大市场需求才对其抱有浓厚的兴趣。WiMAX 能够实现更远的传输距离(可达 50 km),提供更高速的宽带接入,可提供优质的最后一千米无线网络接入并提供多媒体通信服务。IP 数据通信的成功在客观上促进了 WiMAX 的快速成长。在一些性能指标上,不妨将 HSDPA 拿来与它做个比较,如表 6-11 所示。

表 6-11　HSDPA 与 WiMAX 性能比较

指标\制式	HSDPA	WiMAX
频率范围	上行:1920 MHz～1980 MHz 下行:2110 MHz～2170 MHz	802.16d:2 GHz～11 GHz 802.16e:不高于 6 GHz
信道带宽	5 MHz	1.25 MHz～20 MHz
最大数据速率	R5 版本:14.4 Mbit/s R6 版本:30 Mbit/s	802.16d:75 Mbit/s(20 MHz 带宽) 802.16e:30 Mbit/s(10 MHz 带宽)
基本业务	高速移动语音和数据	802.16d:固定宽带无线接入、点对点中继 802.16e:移动宽带无线接入

从上表中可以看出,WiMAX 的数据速率丝毫不逊于 HSDPA,此外它还支持动态信道带宽,可以在 1.25 MHz～20 MHz 范围内进行选择,这对频带资源紧缺的国家和地区有很大的吸引力。为了应对 WiMAX 的竞争,3GPP 积极开展了新一代移动通信标准 LTE 的制定和推进;关于 LTE 标准的内容,将在下一章中作详细介绍。

本 章 小 结

本章在介绍基本原理的基础上,开始介绍移动通信中的第一代模拟移动通信系统和第二、三代数字移动通信系统,从中可以看出公共移动通信的起步状态。对于这三代移动通信系统中的每种制式,书中都给出了主要参数以便作横向比较。第一代移动通信系统以 AMPS、NTT 和 TACS 为代表,第二代移动通信系统以 GSM、D-AMPS、PDC 和 IS-95 为代表。GSM 是最典型、应用最为广泛的时分数字移动通信系统。它在原有模拟移动通信系统上有很多结构和性能上的升级,同时它的很多技术被下一代新兴移动通信系统所借鉴。GSM 标准有明确的频率规划方式、信道类型和帧结构,这些都在本章中均有描述。GSM 还进一步发展出通用分组无线业务(GPRS)以适应高速数据业务的需求。IS-95 是第二代移动通信标准中唯一采用码分多址接入的标准,因此它在物理资源的规划和控制上与其他标准有明显区别,对后续码分多址系统的设计有重要的参考意义。

第三代移动通信系统以三大标准(WCDMA、CDMA2000、TD-SCDMA)及其相关技术为代表。从名称可以看出,CDMA 是它们的共性,所以本章简要介绍了扩频通信,阐述其理论基础并指明它与 CDMA 的密切联系。第三代移动通信系统的标准相对于第二代移动通信标准,其整合度更高。虽然没有实现全球统一,但制式间的互通性增强,也能实现从第二代移动通信系统的平滑升级。最重要也最核心的是,第三代移动通信系统在支持业务类型和服务性能上都有了显著提升,能够为用户带来更好的体验。

WCDMA 和 CDMA2000 标准在欧美得到广泛应用,它们分别继承和发展了第二代移动通信标准中的 GSM 和 IS-95,是典型的频分双工系统。TD-SCDMA 是中国提出的第三代移动通信系统标准,它除了具备时分双工系统的性质之外,还拥有动态信道分配、智能天线、接力切换、联合检测等一系列关键技术。

复 习 题

1. 第一代模拟蜂窝电话系统的各标准均使用_____的调制方式,多址方式为_____。

2. 基站与移动台之间的无线信道必须配合信令才能正常工作。在模拟蜂窝电话系统中,最重要的信令是_____和_____。

3. GSM 的意思是什么?

4. 第二代数字蜂窝电话系统的标准大多采用_____的多址方式,但其中的_____标准作为特例,采用了码分多址接入。

5. 频率复用技术在 GSM 系统中得到广泛应用,因此系统规划中多存在_____结构。每个_____由相邻的若干_____组成,每个_____含有多个_____,每个_____又分为 8 组_____,每个_____对应一个_____。

6. GSM900 的下行频段是什么? 如何用载频序号 n 表示下行载频的标称中心频率 f_d?

7. GSM 的频率规划原则有哪些?

8. GSM 系统的信道分为控制信道和_____信道,其中控制信道又分为_____信道、_____信道和_____信道。

9. D-AMPS 系统采用美国电子工业协会制定的_____标准,它也最先在美国得到商用。这一系统移动台的工作模式是数/模兼容的,其载波间隔为_____,因而 D-AMPS 和_____可在同一通信网中并存,这十分有利于原有的模拟系统用户向数字系统平滑过渡。

10. GPRS 的中文名称是什么? 试画出它的网络结构。

11. IS-95 系统采用的关键技术主要有哪些?

12. 扩频通信是一种信息传输方式,用来传输信息的信号带宽远远大于_____的带宽。频带的扩展由独立于信息的_____来实现,并与所传输的信息数据无关;接收端则用_____进行相关解调。

13. 扩频系统具有哪些特点?

14. 第三代移动通信系统的三大标准中,WCDMA 后向兼容_____和_____,被 3GPP 支持;CDMA2000 后向兼容 IS-95,被_____支持;TD-SCDMA 是新提出的标准。

15. 第三代移动通信系统的目标主要有哪三个方面?

16. 典型的 WCDMA 系统由哪几部分构成? 各部分之间的接口名称是什么?

17. WCDMA 系统中的无线空中接口指的是_____,它连接_____和终端设备,是系统最核心的接口之一。该接口由_____、数据链路层和网络层构成,数据链路层又分为_____和无线链路控制(RLC)两个子层。

18. CDMA2000 1x 演进出的后续版本有两个:_____和_____。

19. CDMA2000 1x核心网中电路域和分组域是分离的。电路域核心网继承了
_____的核心网；分组域核心网提供分组数据业务所必需的_____、
_____、_____等功能。

20. 在分层蜂窝结构中频分双工和时分双工的应用场合有区别。频分双工应用于宏
蜂窝（或覆盖面积大的蜂窝）中，主要用来解决_____问题，应用于对称的
_____业务，应用于_____的终端；而时分复用应用于微蜂窝（或覆盖面积
小的蜂窝）中，主要用来解决_____问题，应用于不对称的_____业务，应
用于_____的终端。

21. 作为一个时分系统，TD-SCDMA是非常讲究时间同步的。这里的同步包含两方
面的内容：一是_____的同步，二是_____的上行同步。

22. 动态信道分配（DCA）技术可以分为哪两个阶段？

23. 传统的基站使用扇区化天线，扇区化天线的波束方向及强度_____；而智
能天线的基本思想是天线以多个_____动态地跟踪_____。

24. 与硬切换和软切换相比，接力切换的优势在哪里？

25. 多用户检测的方法有两类：_____和联合检测。联合检测首先将所有用
户及其多址干扰作为一个整体接收并解调，解调后利用与多址干扰相关的_____
信息，结合其他用户的_____信息，对整体接收信号进行联合求解，由此同时得出
多个用户的信号。

第7章

LTE系统

2008 年 8 月 24 日,第 29 届夏季奥林匹克运动会在北京圆满闭幕,至此这一盛事被亿万中国人铭记于心。如果说 2008 年因成功举办奥运会对中国的国际影响有划时代的意义,那么它因另外的事件在移动通信界同样成为一个里程碑。因为在这一年,LTE 标准获得定案,这意味着第三代移动通信系统之后的 LTE 系统即将问世并商用。在这一年之前,绝大多数人对 LTE 这个概念是陌生的;而在这一年之后,LTE 成为越来越多的人口中时髦的通信词汇,颇像新时期移动通信潮流的引领者。

LTE 作为继第三代移动通信标准之后的新一代标准,在性能上有更大提高,能有力地支持更多业务。这既是业界的期望,也说明 LTE 包含若干先进技术。的确,LTE 从底层架构到上层业务都有令人耳目一新的感觉,所有变更与改进无不围绕性能与用户体验展开。本章将从不同角度介绍 LTE 标准,并对 LTE 系统进行较为细致的剖析,其中渗透了若干决定其性能的关键技术。希望通过本章的学习,能够实现对 LTE 标准和系统从陌生到熟悉再到理解的转变。

7.1 LTE 的背景

7.1.1 众望所归的演进

以智能手机为代表的智能终端的出现和普及,为移动通信新业务的发展提供了无限可能,同时也对移动通信网络的业务承载能力提出了更高的要求。第三代移动通信系统虽然以满足多媒体数据业务需求为主,但由于其容量和承载能力有限,对高清电视这样的高速率视频流媒体业务的支撑仍然显得力不从心,这在一定程度上影响了移动通信业务与应用的发展。因此,移动互联网业务的蓬勃发展迫切需要网络向大容量和高带宽演进。

与此同时,数据业务流量的激增也为运营商带来建设和运营方面的巨大挑战。由于业务收入不能随着业务量线性增长,承载成本和业务收入之间的差距随着数据业务量的增长也越来越大,因此运营商势必要寻求更高速率和更低成本的技术体制。

面对这一系列矛盾,国际电信联盟于 2005 年 10 月提出了未来移动通信系统 IMT-Advanced,即第四代移动通信系统。IMT-Advanced 是具有超越 IMT-2000 性能的新型移动通信系统,它能够提供基于分组传输的先进移动业务,支持从低到高的移动性应用和很宽范围的数据速率,满足多种环境下用户业务的需求,提供高质量的多媒体应用。2008 年 3 月,国际电信联盟开始征集 IMT-Advanced 无线接入技术标准,3GPP 和 WiMAX 论坛等国际组织都开始对 IMT-Advanced 进行积极的预研并给出提案,分别对应 LTE-Advanced 和 802.16m 两类技术规范,其中 LTE-Advanced 包括频分双工(FDD)和时分双工(TDD)两部分。2012 年 1 月,国际电信联盟会议正式审议通过将 LTE-Advanced 和 802.16m 技术规范作为 IMT-Advanced 的国际标准,中国主导的 TD-LTE-Advanced 同时成为国际标准。至此,移动通信技术正式开始向第四代移动通信演进。

📖 **阅读材料**

与 LTE 有关的 3GPP 文件版本

3GPP 的 R8 版本文件首次将 LTE 写入技术规范,其中定义了 LTE 的基本概念和演进的分组核心网(EPC)架构,该版本已于 2008 年 12 月冻结。而 LTE-Advanced 的标准化始于 3GPP R10 版本的技术规范,该版本冻结于 2011 年 3 月。有的业界人士将 LTE 的规范化(R8)视为第四代移动通信标准的起点,也有人认定 LTE-Advanced(R10)才是正式的第四代移动通信标准,将 R8 中的 LTE 视为第三代移动通信标准向第四代移动通信标准的过渡。但无论倾向于哪一种划分方式,有一点是确定的:LTE 和 LTE-Advanced 属于同类技术标准,后者对前者的关键技术有补充,并且这种补充和改进还将延续。

7.1.2 LTE 的技术需求

LTE 是 Long Term Evolution 的缩写,即长期演进。LTE 标准对系统提出了严格的技术需求,主要体现在容量、覆盖、移动性支持等方面,概括如下:

峰值速率——20 MHz 带宽内下行峰值速率为 100 Mbit/s,上行峰值速率为 50 Mbit/s。

频谱效率——下行是 HSDPA 的 3～4 倍,上行是 HSUPA 的 2～3 倍。

覆盖增强——提高小区边缘码率,5 km 范围内满足最优容量,30 km 范围内轻微下降,并支持 100 km 的覆盖半径。

移动性提高——0 km/h～15 km/h 范围内性能最优,15 km/h～120 km/h 范围内性能高,支持 120 km/h～350 km/h,甚至在某些频段支持 500 km/h。

时延优化——用户平面数据单向传输时延小于 5 ms,控制平面空闲至激活的状态转移时延小于 100 ms。

服务内容多样化——具有高性能广播业务,实时业务支持能力提高,VoIP 达到 UTRAN 电路域的性能。

运维成本降低——扁平、简化的网络架构,有利于降低运营商网络的运营和维护成本。

7.1.3　LTE 网络的全球部署

自 2009 年 12 月 TeliaSonera 在挪威的奥斯陆和瑞典的斯德哥尔摩同时部署了全球第一个 LTE 商用网络以来,LTE 网络在世界范围内遍地开花,成为有史以来发展最为迅速的移动通信网。截至 2012 年,全球已部署商用 LTE 网络超过 100 个。LTE 系统的部署已经成为移动通信产业的主流趋势。未来的移动电话、计算机和消费电子产品都将植入 LTE 通信模块,LTE 的发展还将带动物联网的巨大发展。

目前的 LTE 网络以 FDD 网络居多,不过 TDD 网络的发展也很快,包括日本、印度、沙特阿拉伯、波兰、巴西在内的五个国家已部署了 LTE 的 TDD 网络。随着 LTE FDD 和 LTE TDD 技术标准的进一步融合,两者在性能、技术等方面的差异不断减小。LTE TDD 相对 TD-SCDMA 在产业链上已有长足的进步,同时时分双工模式对频谱资源的高利用率使 LTE TDD 的发展前景十分可观。

📖 阅读材料

中国的 LTE 网络部署

中国的第三代移动通信系统已经占有相当份额的市场,并且该市场仍在迅速发展。在推动第三代移动通信网络建设和市场发展的同时,中国移动、中国联通、中国电信三大运营商也在业务、成本、竞争等压力的推动下,先后开始进行 LTE 试验网络建设。2013 年 12 月,这三大运营商均获得中国工业和信息化部正式发放的第四代移动通信业务 LTE TDD 经营许可权(4G 牌照)。

中国移动在 2010 年上海世博会期间在世博园内开通了中国首个 LTE TDD 试验网,向世人展示了 LTE 的高速数据传输能力。2010 年底,工业和信息化部批复同意承担 "LTE TDD 规模试验网"项目,试验城市共 7 个(广州、深圳、上海、厦门、杭州、南京、北京)。参与试验网建设的设备厂家包括了大唐、中兴、华为、爱立信、上海贝尔-阿尔卡特、诺西等主流设备厂家。每个城市的规划站点数量均超过 200 个,为 LTE TDD 网络正式商用积累了宝贵的建设和运营经验。2012 年中国移动在 10 个城市建设 LTE TDD 网络,总站点规模达 2 万个,并在杭州等地开始 LTE 的试行商用。

中国联通也于 2011 年初启动 LTE FDD 试验网项目,整个项目包括实验室测试和外场测试两个环节。外场测试在上海和西安两地进行,分别对 LTE 覆盖、容量、组网、室内分布等关键性能进行测试。2012 年该试验网的规模扩大至 5 个城市,并进一步测试验证了系统间协同组网、不同频段的系统性能等。中国电信也在对其 CDMA2000 网络的后续演进技术进行研究。由于高通将 CDMA2000 的后续演进并入 LTE,因此中国电信的研究对象也转向了 LTE FDD。

虽然各大运营商对 LTE 的部署时间规划各有先后,但从技术路线来看,向 LTE 演进的方向是明确的。数据业务的爆炸式增长和频谱资源的稀缺将推动各大运营商最终走向网络演进的道路,由此可以预见 LTE 技术广阔的应用前景。

7.2 系统架构

7.2.1 系统架构概述

介绍系统架构,首先需要认识一系列名词概念,这些概念有部分从前一代系统演化而来,也有部分是LTE所独有的。在3GPP中LTE无线接入技术的规范工作开展的同时,无线接入网络和核心网络的总体系统架构被重新修订,两个网络各自的功能也被明确区分,这项工作被称为系统架构演进(SAE)。SAE形成了一个具有扁平架构的无线接入网(RAN)和一个结构全新的演进分组核心网(EPC)。RAN和EPC组成一个系统,称为演进分组系统(EPS)。在多数情况下,可以把EPS视作LTE标准对应的系统实体。因此在本章中,我们将EPS统一表述为"LTE系统"。

RAN负责整体网络中所有的无线相关功能,包括调度、无线资源管理、重传协议、编码和各种多天线方案等。EPC提供完整的移动宽带网络所需的功能,包括认证、计费、端到端连接的建立等。之所以没有将这些功能放在RAN中而是分离至EPC,是因为这样的分离机制允许同一EPC支持多种无线接入技术。

7.2.2 演进分组核心网

演进分组核心网(EPC)是从GSM和WCDMA技术所使用的核心网络逐步演进而来。EPC只支持接入分组交换域,不支持接入电路交换域。EPC的基本结构和接口如图7-1所示。

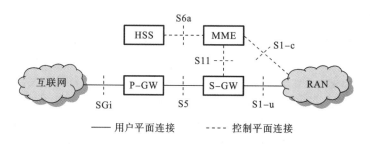

图7-1 EPC的基本结构与接口

(注:用户平面和控制平面严格意义上是根据协议类型来划分的。这里可以粗略地理解为用户平面传递用户的各类应用数据,控制平面传递包括信令在内的控制信息)

EPC的结构中包括若干功能实体,其中移动性管理实体(MME)位于EPC的控制平面,它的作用包括针对移动终端的承载连接及释放、空闲到激活状态的转移、安全密钥的管理。归属用户服务器(HSS)是包含用户信息的数据库。服务网关(S-GW)是EPC连接RAN的用户平面节点,它具有终端移动性切换支持的功能,也处理与计费相关的统计信息。分组数据网关(P-GW)将EPC连接到互联网;对于特定终端的IP地址分配,以及根据一定规则来进行的业务质量改善,均由 P-GW 进行管理。以上这些功能实体可看作逻辑上的节点。在实际的物理实现中有些节点可能被合并,例如 MME、S-GW 和 P-GW 这三个逻辑节点可以合并成一个物理节点。

7.2.3　无线接入网

LTE 的无线接入网(RAN)采用扁平化架构,只包含一种功能实体——eNodeB。eNodeB 负责一个或多个小区中与无线传输相关的功能,它是一个逻辑节点而不是物理实现。eNodeB 的一种常见的物理实现是基站,但由于 LTE 的小区划分方式灵活,基站并非是唯一的物理实现,这一点需要注意。RAN 的基本结构和接口如图 7-2 所示。

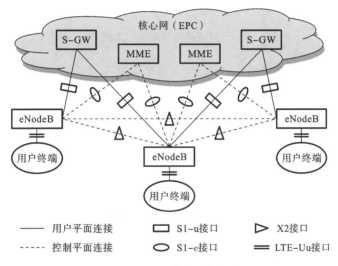

图 7-2　RAN 的基本结构与接口

很明显,连接 EPC 和 eNodeB 的是 S1 接口。eNodeB 通过 S1 接口的用户平面部分(S1-u)连接到 S-GW,通过 S1 接口的控制平面部分(S1-c)连接到 MME。为了分担可能出现的高负荷业务,一个 eNodeB 可以与多个 S-GW 或 MME 相连。相邻的 eNodeB 之间以 X2 接口连接。X2 接口用于支持激活模式的移动性,如相邻小区之间通过该接口的数据包转发来实现无损越区切换。X2 接口也可用于多小区无线资源管理,如功率分配、小区间干扰协调等。

 选学课文

网络结构的扁平化

LTE 的系统设计目标中,包含了支持更高吞吐率、改善激活和承载建立响应时间、压缩分组包发送时延之类的内容。这些目标限制了网络结构的复杂度,使网络层级不能太多,于是网络结构就有了扁平化的趋势。扁平化的结构涉及的中间节点减少,从而可以缩短处理时延,改善系统性能。实际上,3GPP 从 R7 版本的标准开始,网络结构就向着扁平化的方向改进,如图 7-3 所示。

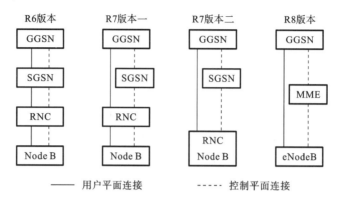

图 7-3 3GPP 网络结构的扁平化演进(R6～R8)

R7 版本首先引入了直通隧道的概念,直通隧道使用户平面数据不再通过 SGSN,而是由 RNC 直接与 GGSN 相连;后来 R7 版本又将 RNC 的功能并入 Node B 中。R8 版本定义的 LTE 网络结构中,RNC 这一级控制节点被取消,这使无线网络的 RAN 层面完全扁平化,只有 eNodeB 一级网元;同时核心网方面取消了电路域,只保留了分组域结构。这种架构上的变化为网络的分组化和全 IP 化奠定了基础。

7.3 物理层基础

7.3.1 OFDM 与多址接入方式

正交频分复用(OFDM)是多载波传输技术的一种,它是 LTE 下行链路的传输方案。OFDM 在时域内使用简单的矩形脉冲成形,因而每个子载波的频谱形状满足 sinc 平方函数,如图 7-4 所示。

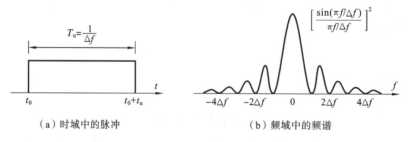

(a)时域中的脉冲　　　　　　　(b)频域中的频谱

图 7-4 OFDM 的单个子载波

OFDM 的多个子载波在频域上排列紧密,设子载波的符号调制周期为 T_u,那么子载

波间隔 Δf 等于子载波的调制速率 $1/T_u$，如图 7-5 所示。OFDM 传输可能占用数百个子载波，并且这些子载波共用相同的无线链路到达同一个接收机。

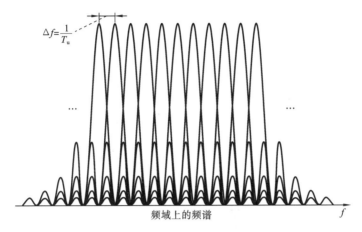

图 7-5　OFDM 的多个子载波叠加

OFDM 调制器的基本结构如图 7-6 所示，它包含 N 个复调制器，每个复调制器对应一个 OFDM 子载波。设 $a_{k,m}$ 是第 m 个 OFDM 信号间隔 $mT_u \leqslant t < (m+1)T_u$ 内第 k 个子载波传送的复调制信号，则在该信号间隔时间内 OFDM 信号 $x(t)$ 的复基带表达式为

$$x(t) = \sum_{k=0}^{N-1} x_k(t) = \sum_{k=0}^{N-1} a_{k,m} \mathrm{e}^{\mathrm{j}2\pi k \Delta f t} \tag{7-1}$$

式中：$x_k(t)$ 是第 k 个子载波上调制后的信号，频率为 $f_k = k\Delta f$。

可见，OFDM 传输是基于数据块的，在每个 OFDM 信号间隔内，并行传输 N 个调制信号。调制方式可以是任意的，LTE 的调制方案有 BPSK、QPSK、16QAM 和 64QAM。

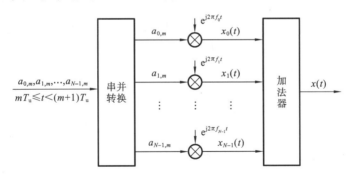

图 7-6　OFDM 调制器

OFDM 对子载波的间隔没有严格规定，从几千赫兹到几十万赫兹都可以。使用多大的子载波间隔取决于系统应用的环境，包括无线信道的频率选择性和信道变化率。子载波间隔选定后，子载波数目可以通过传输总带宽决定。在 LTE 中，子载波的基本间隔为 15 kHz，对于 10 MHz 的频率配置，子载波数目应在 600 个左右。

取 OFDM 中任意两个不同的子载波 $x_p(t)$ 和 $x_q(t)$，在时间间隔 $mT_u \leqslant t < (m+1)T_u$ 内，总有

$$\int_{mT_u}^{(m+1)T_u} x_p(t)x_q^*(t)\mathrm{d}t = \int_{mT_u}^{(m+1)T_u} a_p a_q^* \, \mathrm{e}^{\mathrm{j}2\pi p\Delta ft} \mathrm{e}^{-\mathrm{j}2\pi q\Delta ft}\mathrm{d}t = 0, \quad p \neq q \qquad (7\text{-}2)$$

即子载波两两正交,这就是正交频分复用名称的由来。因此,OFDM 传输可以视作正交函数 $\varphi_k(t)$ 集合的调制,其中

$$\varphi_k(t) = \begin{cases} \mathrm{e}^{\mathrm{j}2\pi k\Delta ft}, & t \in [0, T_u) \\ 0, & t \notin [0, T_u) \end{cases} \qquad (7\text{-}3)$$

OFDM 传输的物理资源常被称为时频格,如图 7-7 所示。时频格的每列代表一个 OFDM 符号,每行对应一个 OFDM 子载波。

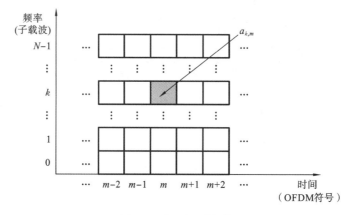

图 7-7 OFDM 时频格

从时频格的意义可以看出,OFDM 在时域和频域对物理资源都有分割,因此它本身就是一种多址技术,称为正交频分多址(OFDMA)。LTE 的下行资源分配采用 OFDMA 技术,在时频二维空间分配无线资源。如果 OFDMA 分配给用户的时频资源是动态的,并按照某种规则变更,就称为跳频 OFDMA。因为 OFDMA 能够通过动态分配时频资源适应不同的带宽要求和用户需求,所以 LTE 系统的下行资源分配可以根据系统和用户需求动态调整资源块数量。

对于 LTE 的上行,有必要考虑峰均比(信号功率的峰值与均值之比)对用户终端的影响问题。由于 OFDM 符号是多个独立子载波信号的叠加,因此当这些信号相位一致时,会有一个很高的瞬时峰值功率,提高了峰均比。高峰均比容易产生非线性失真和谐波分量,造成频谱扩展和带内信号畸变,进而破坏子载波间的正交性,导致系统性能下降;另外高峰均比会增加模-数或数-模转换的复杂度,降低准确性。由于这些原因,必须采用其他有效技术来降低峰均比,因而 LTE 上行多址方案采用离散傅里叶变换扩频正交频分复用(DFT-S-OFDM)技术,又名单载波频分多址(SC-FDMA)技术。

DFT-S-OFDM 可以看作线性预编码的 OFDMA 方案,数据经过以下四个步骤处理。

第一步:将输入的 M 个原始码流进行离散傅里叶变换(DFT)处理,输出 M 个 DFT 点。

第二步:将第一步输出的 M 个点进行首位补 0 扩展,变为 N 个数据($N>M$),使 N 等于 2 的整数次幂。

第三步:将第二步得到的 N 个数据进行子载波映射,并进行逆快速傅里叶变换(IF-

FT)输出 N 个 IFFT 样点。

第四步:将第三步得出的 N 个点增加循环前缀(目的是消除符号间干扰和子载波间干扰)和数-模转换等处理后进入射频端,通过空中接口由用户终端发送给 eNodeB。

在 eNodeB 处进行以上步骤的逆处理就可以恢复出原始码流。从 DFT-S-OFDM 的处理过程可以看出,由于 $N>M$,空中接口传输的数据量变大,故此方案是通过多消耗上行无线资源来降低峰均比。由于上行数据的传输量一般远小于下行用户的传输量,因此上行无线资源相对富余,适用于 DFT-S-OFDM。

▉▉ 7.3.2 帧结构

LTE 系统的一个时域采样的时间为 $T_s = \dfrac{1}{15000 \times 2048}$ s,这也是 LTE 时域的最小单位。LTE 上下行链路的无线帧长均为 10 ms,根据双工方式的不同,无线帧的内部结构也有差别。

FDD 模式中每个无线帧分为 10 个子帧,每个子帧由 2 个时隙组成。当使用常规循环前缀时,每个时隙包括 7 个符号,首个符号的循环前缀长 $160T_s$,其余 6 个符号的循环前缀长 $144T_s$;当使用扩展循环前缀时,每个时隙包括 6 个符号,每个符号的循环前缀长 $512T_s$。上行和下行的时隙结构大体一致,不同之处在于下行时隙由 OFDM 符号构成,上行时隙则由 DFT-S-OFDM 符号构成。

TDD 模式中每个无线帧分为 2 个半帧,每个半帧由 5 个子帧组成。子帧对应的符号和循环前缀的定义与 FDD 模式一致。子帧分为常规子帧和特殊子帧,这两种子帧的长度相等。常规子帧由两个时隙构成,用于业务数据传输;特殊子帧与 TD-SCDMA 帧结构中特殊时隙的设置相似,也由下行导频时隙、保护时隙和上行导频时隙构成。TDD 帧结构如图 7-8 所示。

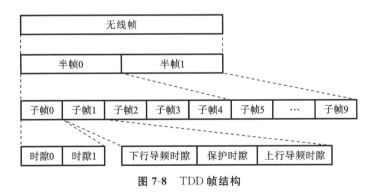

图 7-8　TDD 帧结构

 想一想　　LTE 的每个无线帧包含多少时域采样?每个子帧包含多少时域采样?

LTE 标准中定义了 9 种特殊时隙配置格式,对应两种循环前缀下不同的上下行导频时隙和保护时隙,如表 7-1 所示,其中上行导频时隙的时长设置相对简单,这是为了简化用户终端的设计。

表 7-1　TDD 特殊子帧的时隙配置(表中时隙的数据单位为 T_s)

配置编号	下行常规循环前缀			下行扩展循环前缀		
	下行导频时隙	上行导频时隙		下行导频时隙	上行导频时隙	
		上行常规循环前缀	上行扩展循环前缀		上行常规循环前缀	上行扩展循环前缀
0	6592	2192	2560	7680	2192	2560
1	19760			20480		
2	21952			23040		
3	24144			25600		
4	26336			7680	4384	5120
5	6592	4384	5120	20480	—	—
6	19760			23040	—	—
7	21952			—		
8	24144			—		

与 FDD 不同,TDD 帧结构可以根据需要进行上下行子帧配比的调整。TDD 模式支持 10 ms 和 5 ms 两种上下行转换周期。10 ms 周期的无线帧只包含一个特殊子帧,位于子帧 1,其余子帧为常规子帧;5 ms 周期的无线帧包含两个特殊子帧,位于子帧 1 和子帧 6。LTE 标准中定义了 7 种上下行配置,见表 7-2。

表 7-2　TDD 无线帧的上下行配置

配置编号	上下行转换周期/ms	子帧编号										上下行配比
		0	1	2	3	4	5	6	7	8	9	
0	5	下行	特殊	上行	上行	上行	下行	特殊	上行	上行	上行	6∶2
1	5	下行	特殊	上行	上行	下行	下行	特殊	上行	上行	下行	4∶4
2	5	下行	特殊	上行	下行	下行	下行	特殊	上行	下行	下行	2∶6
3	10	下行	特殊	上行	上行	上行	下行	下行	下行	下行	下行	3∶6
4	10	下行	特殊	上行	上行	下行	下行	下行	下行	下行	下行	2∶7
5	10	下行	特殊	上行	下行	下行	下行	下行	下行	下行	下行	1∶8
6	5	下行	特殊	上行	上行	上行	下行	特殊	上行	上行	下行	5∶3

注:上行——用于上行的常规子帧;下行——用于下行的常规子帧;特殊——特殊子帧。

7.3.3　物理信道

根据承载信息的类型及功能的不同,LTE 系统中定义了 6 种下行物理信道、2 种下行物理信号、3 种上行物理信道和 1 种上行物理信号。

下行物理信道包括物理下行共享信道(PDSCH)、物理广播信道(PBCH)、物理多播信道(PMCH)、物理控制格式指示信道(PCFICH)、物理下行控制信道(PDCCH)和物理 HARQ 指示信道(PHICH)。下行物理信号包括下行参考信号和下行同步信号。下行物理信道对业务数据基带信号的处理过程如图 7-9 所示,大致包括如下步骤:

(1) 加扰——使用伪随机序列对数据进行加密并添加用户标识;

(2) 调制——将加扰后的码字调制成复值符号;

(3) 层映射——将复值调制符号映射到一个或多个传输层;

(4) 变换预编码——经变换算法生成新的复值符号;

(5) 资源映射——将复值符号映射到下行物理传输资源单元;

(6) 信号生成——为每个天线端口生成复值的时域 OFDM 信号。

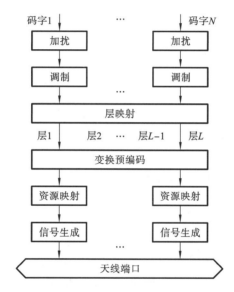

图 7-9　物理信道的处理过程

上行物理信道包括物理上行共享信道(PUSCH)、物理上行控制信道(PUCCH)和物理随机接入信道(PRACH)。上行物理信号只有上行参考信号一种类型。上行物理信道对业务数据基带信号的处理过程也可参照图 7-9,但是在信号生成的步骤中为每个天线端口产生的幅值时域信号类型不同,不是 OFDM 信号而是 DFT-S-OFDM 信号。

7.3.4　载波聚合

在 3GPP 的 R10 版本规范中引入了载波聚合机制,这使得载波聚合成为 LTE-Advanced 的重要特征。在载波聚合机制下,多个 LTE 载波可由同一终端并行接收或发送。它使系统的总带宽更宽,并相应获得更高的单链路数据速率。

从射频角度看,聚合后多载波的集合可以视为一个单一的射频载波。载波聚合中每个参与聚合的载波称为组分载波。LTE 标准对带宽的设置很灵活,允许设置大约 1 MHz

到 20 MHz 的任何传输带宽,故组分载波带宽最高可达 20 MHz。载波聚合机制允许聚合最多 5 个组分载波(各组分载波的带宽可以不同),所以总传输带宽最高可达 100 MHz。组分载波具有后向兼容性,即能被早期版本(R8 或 R9)的 LTE 终端访问。参与聚合的组分载波可以归属相同或不同频带,频带内的组分载波也可以连续或离散,图 7-10 显示出组分载波在频域内分布的三种情况。

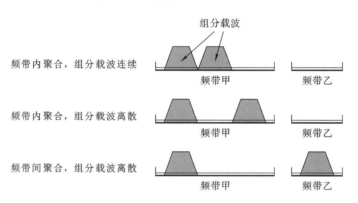

图 7-10　组分载波的频域分布

载波聚合对组分载波在频域内并无连续性要求,不相邻的组分载波也可被聚合,这就为利用分段频谱提供了有利条件,一个仅拥有分段频谱的运营商可以通过载波聚合提高传输总带宽,以支持更高的数据速率。但是,这三种情况在射频实现的复杂度上有很大不同,聚合连续组分载波的复杂度最低,频带间的聚合复杂度最高。因此,虽然物理层和协议的规范都支持这三种情况,但在实际应用时仍有限制:频带间的载波聚合对通信环境提出的要求很高,并且只有性能非常好的终端设备才能对这种聚合方式提供硬件支持。

上行和下行链路的载波聚合可以对称,也可以不对称。在 R10 版本规范中,不对称的载波聚合仅支持下行链路负荷过重的情形,简言之,对终端配置的下行链路组分载波数量总是大于等于上行链路组分载波数量。不对称的极端情形是在下行链路进行载波聚合时,上行链路无载波聚合,只使用单一载波,这种情形允许存在。

阅读材料

LTE TDD 与 TD-SCDMA 的共存

LTE TDD 的设计考虑了与 TD-SCDMA 制式的共存,两者具有相同的无线帧长度。一般来说,要处理来自两个共址且频率接近的 TDD 系统之间的干扰,一个必要条件是对齐两系统之间的切换点。虽然这两种制式的子帧长度不同,但由于 LTE 支持多种下行导频时隙长度,这就为与 TD-SCDMA 对齐切换点提供了有利条件。

不同的上行和下行导频时隙使保护时隙的长度从 1 个到 10 个 OFDM 符号不等。为了支持与 TD-SCDMA 的共存,LTE 特殊子帧中各时隙的长度可以从表 7-3 中选择合适的值,用以在两种制式存在时域偏置(即切换点有时间差)时,充分发挥保护时隙的作用以对齐切换点。

表 7-3　常规循环前缀下特殊子帧中各时隙包含的 OFDM 符号数

下行导频时隙	3		9		10		11		12
上行导频时隙	1	2	1	2	1	2	1	2	1
保护时隙	10	9	4	3	3	2	2	1	1

想一想　表 7-3 中的数据和表 7-1 中的数据有何联系?

7.4　多天线技术

7.4.1　MIMO 原理

多入多出(MIMO)是移动通信中最典型的多天线技术,在 LTE 中得到了广泛且有效的应用。MIMO 系统中发射天线和接收天线都能进行分集,用以提高系统性能。MIMO 还能带来复用增益,即利用信道增益矩阵的结构来获得若干独立的信号通路,通过在这些通路上发送独立的数据来提高数据速率。下面简要介绍 MIMO 的基本原理。

在窄带点对点通信系统中,设发射端天线数为 t,对应的发射符号为 $x_1, x_2, \cdots, x_t$,接收端天线数为 r,对应的接收符号为 $y_1, y_2, \cdots, y_r$,则系统模型表示为

$$\begin{bmatrix} y_1 \\ \vdots \\ y_r \end{bmatrix} = \begin{bmatrix} h_{11} & \cdots & h_{1t} \\ \vdots & & \vdots \\ h_{r1} & \cdots & h_{rt} \end{bmatrix} \begin{bmatrix} x_1 \\ \vdots \\ x_t \end{bmatrix} + \begin{bmatrix} n_1 \\ \vdots \\ n_r \end{bmatrix} \tag{7-4}$$

上式可简单表示为 $Y = HX + N$,其中 N 表示 r 维噪声向量,H 是尺寸为 $r \times t$ 的信道增益矩阵,其中 h_{ij} 表示从发射天线 j 到接收天线 i 的增益。

为了得到独立的信号通路,需要进一步研究信道增益矩阵 H。设 H 的秩为 R_H,则必有 $R_H \leqslant \min(t, r)$。对任意的 H,可进行如下奇异值分解:

$$H = U\Sigma V^{\mathrm{H}} \tag{7-5}$$

式中:U 和 V 均为酉矩阵,尺寸分别为 $r \times r$ 和 $t \times t$;矩阵 Σ 是由 H 的奇异值 $\sigma_i (i = 1, 2, \cdots, r)$ 构成的对角矩阵,其尺寸与 H 相同。这些奇异值集合 $\{\sigma_i\}$ 中有 R_H 个非零元素(奇异值分解的相关内容可参阅附录 B)。如果 $R_H = \min(t, r)$,则意味着 H 满秩,这种传输情形称为富散射环境。H 中的元素相关性越强,R_H 越接近最小值 1。

用发送预编码和接收成形对信道的输入 X 和输出 Y 分别进行变换,就可以实现信道的并行分解。发送预编码将输入向量 $\tilde{X}$ 经线性变换 $X = V\tilde{X}$ 后作为无线信道的输入,接收成形将无线信道的输出 Y 作线性变换 $\tilde{Y} = U^{\mathrm{H}}Y$,其流程如图 7-11 所示。

$\tilde{X}$ 和 $\tilde{Y}$ 之间的函数关系通过以下推导得出:

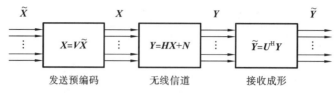

图 7-11　发送预编码和接收成形

$$\tilde{Y} = U^H Y = U^H (HX + N) = U^H (HV\tilde{X} + N) \Big\}$$
$$H = U\Sigma V^H \Big\}$$
$$\Rightarrow \tilde{Y} = U^H (U\Sigma V^H V\tilde{X} + N) = U^H U\Sigma V^H V\tilde{X} + U^H N$$
$$\Rightarrow \tilde{Y} = \Sigma \tilde{X} + \tilde{N}$$

$(7\text{-}6)$

式中：$\tilde{N} = U^H N$。

由于与酉矩阵相乘不改变噪声的分布，故 N 和 $\tilde{N}$ 是同分布的。这样 MIMO 信道就变换成了 R_H 个独立且并行的单入单出（SISO）信道，其第 i 个信道的输入和输出分别为 $\tilde{x}_i$、$\tilde{y}_i$，信道增益为 σ_i，噪声为 $\tilde{n}_i$。等效分解模型如图 7-12 所示。

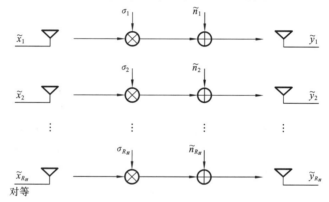

图 7-12　MIMO 信道的并行分解

并行的 SISO 信道间互不干扰，接收端解调的复杂度随 R_H 线性增长。每个 SISO 信道的性能与 σ_i 和 $\tilde{n}_i$ 相关，但从宏观上可以认为 MIMO 信道的数据速率是单天线系统的 R_H 倍，即复用增益为 R_H。

7.4.2　下行单用户 MIMO

LTE 使用了 MIMO-OFDM 的物理层结构，使其在较为合理的成本下，可以获得更高的传输速率。由于物理层已经采用了 OFDM 技术，MIMO 的引入是为无线资源增加空间维的自由度，同时对无线信道建模提出了更高要求。LTE 将 MIMO 技术分为单用户 MIMO 和多用户 MIMO。单用户 MIMO 在同一时频单元上一个用户独占所有的空间资源，这时预编码考虑的是单个收发链路的性能；而多用户 MIMO 在同一时频单元上多个用户共享所有的空间资源，相当于一种空分多址技术，这时预编码需要与多用户调度结合起来评估系统性能。LTE 中的多天线技术中，以下行单用户 MIMO 和上行多用户 MIMO 的应用面最广,这里分别加以介绍。

下行单用户 MIMO 是大幅提高单用户下行速率和系统下行频谱效率的重要方法。LTE 系统的下行单用户 MIMO 是基于预编码技术的 MIMO 方案,它由发射端的预编码及对应的接收端匹配滤波组合形成,预编码矩阵根据空时信道特征获取。图 7-13 为一个基于预编码技术的单用户 MIMO 下行链路示意图,其中发射端的预编码矩阵 V 和接收成形矩阵 W 均为酉矩阵,V、W 和无线信道矩阵 H 满足奇异值分解关系 $H = U\Sigma V^{\mathrm{H}}$,其中 $U = W^{\mathrm{H}}$。

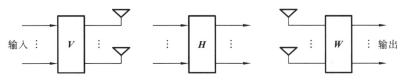

图 7-13　下行单用户 MIMO 示意图

在实际应用中,多路发射功率可使用注水算法使功率效率最大化。在一般的信噪比条件下,奇异值较小的特征信道不获得功率分配。

📖 阅读材料

注水算法

注水算法是根据某种准则,并根据信道状况对发送功率进行自适应分配,目的是最大化传输速率。注水算法可以在不同的维度上进行。一种注水方式是在时间维度上,为信道质量高的时间多分配功率,为信道质量低的时间少分配功率。另一种注水方式是在空间维度上,对于多个并行的子信道,为质量高的子信道多分配功率,为质量低的子信道少分配功率。很明显,要实现功率的注水算法,发送端必须知道信道状态信息。

除了注水维度上指标的差异,总功率(即注水量)的多少对分配结果也有影响。总功率与指标差异在同一量级时,只有指标较好的部分有功率分配,注水集中于对应区间,如图 7-14(a)所示;总功率远大于指标差异时,各部分功率分配趋同,注水近似于平均分配,如图 7-14(b)所示。这是注水算法的一个基本特征。由于无线信道的传输功率受限,所以大多数情况下功率分配对指标差异敏感,信道质量成为自适应功率分配的关键因素。

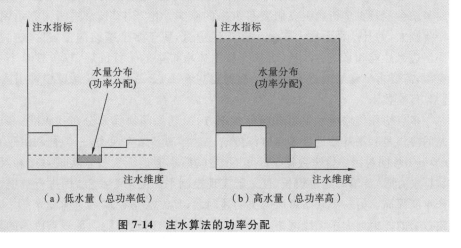

图 7-14　注水算法的功率分配

7.4.3 上行多用户 MIMO

在上行多用户 MIMO 中,多个用户同时使用相同的时频资源块进行上行传输,每个用户采用单根发射天线,接收端对上行多用户混合信号进行联合检测,最后恢复出各用户的原始发射信号。上行多用户 MIMO 能大幅提高系统的上行频谱效率,但无法提高单用户的上行数据速率。

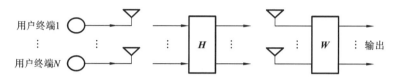

用户终端1 ⋮ 用户终端N　H　W　⋮ 输出

图 7-15　上行多用户 MIMO 示意图

上行多用户 MIMO 示意图如图 7-15 所示。发射端的 N 个信号来自 N 个不同的用户终端,经过空时无线信道的线性处理(无线信道矩阵 H)并混入噪声后到达基站接收端。接收端通过多用户均衡器进行联合检测,恢复出原始发射信号(接收线形矩阵 W)。需要注意的是,多个用户组合进行 MIMO 传输有一个必要条件,那就是它们之中任意两个的信道特征都不相关(或相关性很弱),否则联合检测会失效。此外,利用同一时频资源块进行上行多用户 MIMO 的用户终端数不能超过上行接收天线数,即图 7-15 中接收天线数一定不小于 N,否则秩 $R_w < N$,将导致接收端无法完全区分 N 个用户的信号。

7.5　多点协作传输

7.5.1 多点协作传输概述

移动通信的传输速率是经常被关注的指标。为了保证数据速率,当终端在小区边缘时基站会消耗更多资源去克服衰落带来的影响。由于 LTE 常进行同频组网,小区间的干扰较大,并且这种干扰大多发生在小区边缘,属于多个基站的覆盖区域。这时欲提高小区边缘性能和系统吞吐量,改善高数据速率带来的干扰问题,仅依靠单个基站间效果有限,需要多个基站间进行协作。这种思想在 LTE-Advanced 系统中被引入,称为多点协作传输技术。

多点协作传输技术主要有两种实现方式:基站间协作和分布式天线。顾名思义,基站间协作是利用基站进行多点协作传输。这样的基站有两类,一类是利用原有的若干个eNodeB协同对用户传输数据。eNodeB 之间原本通过无线技术实现对接和互联,传输的数据量有限,传输时延也较长,这只能实现控制平面的信令交互,而进行数据业务间的协作难度很高。另一类基站可以解决前述问题,其方法是在基站间铺设光纤。因为光纤传输数据的能力远大于无线网络,在数据速率和传输时延上能满足多点协作的要求。这时

eNodeB之间原有的 X2 接口功能有所扩展,从一个单纯的控制平面接口变成一个用户平面/控制平面综合接口。

▇▌ 7.5.2　分布式天线

分布式天线是多点协作传输的另一种实现方式,它是一种从小区分裂的角度来考虑的新型网络架构,其核心思想是通过插入新的站点来缩短天线与用户终端间的距离。不过,与前面介绍的小区分裂不同,分布式天线新增的站点并不是一个完整意义上的基站,而是仅包含射频模块的天线站,类似于一个射频远端单元(RRU);若干个天线站通过光纤与一个基站相连,所有的基带处理仍集中在基站,形成集中的基带处理单元(BBU),如图 7-16 所示。

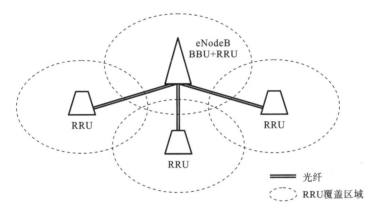

图 7-16　分布式天线的结构

基站中 BBU 生成的射频信号通过光纤传送至各天线站,由于多个 RRU 通过光纤共享一个 BBU,在这些 RRU 的覆盖区域内进行多个 RRU 协作传输就容易得多。LTE-Advanced 为多点协作传输定义了两个集合,分别是协作集和报告集。协作集是直接和间接参与协作发送的节点(即 RRU)集合,报告集是需要测量其与用户终端间链路信道状态信息的小区集合。多点协作传输时 BBU 需要借助这两个集合进行数据处理。

▇▌ 7.5.3　协作类型

LTE-Advanced 中多点协作传输有两种类型。第一种类型称为联合处理,联合处理中协作集里的每一个节点都会发送数据,因此数据会存储于协作集的每个节点。联合处理又分为联合传输和动态小区选择两部分内容。联合传输可以选择协作集中的多个节点同时为用户终端进行传输,用于提高信号质量;动态小区选择中一个时刻只能选择协作集里的一个节点为某个用户终端进行传输。第二种类型称为协作调度/协作波束成形。这种类型下只有服务小区可以进行数据传输,协作集则负责调度和波束成形。

联合传输、动态小区选择以及协作调度/协作波束成形的主要区别在哪里?

在多点协作传输的分布式天线方式中,由于 RRU 的放置比基站灵活,受制条件较少,因而能有效覆盖原来网络中的盲区。这使得小区边缘服务质量提升的同时覆盖面更广,可以视为多点协作传输的一个额外优点。

7.6 中　　继

7.6.1　电磁信号的"二传手"

应用多点协作传输技术对节点的互连有较高要求。具体地说,参与协作的基站间或基站与下属天线站之间需要使用光纤进行连接。但实际中出于成本或地形因素的考虑,并非所有地区的网络都有条件购置或铺设光纤。对于无法利用光纤的网络,解决覆盖的问题常常借助中继技术。

中继的基本思想是基站不直接将信号发送给终端,而是先发送给一个中继站,然后由中继站发送给终端。基站与中继站之间通过 Un 接口(同时也有 S1 和 X2 接口)相连,该接口不要求使用光纤连接而可以采用无线传输。由此看来,基站与终端在进行移动通信时,中继站对它们之间的电磁信号起传递作用,相当于一个"二传手",如图 7-17 所示。

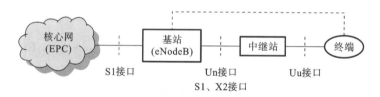

图 7-17　电磁信号的中继(LTE-Advanced)

中继技术的出现比 LTE 早得多,在移动通信发展初期就得到了应用。LTE-Advanced 将中继作为一项重要技术提出,其原因有二:一是 LTE-Advanced 系统在容量上有很高的要求,二是可供获得大容量的宽带频谱一般在较高频段获得,而高频段电磁波的路径损耗和穿透损耗均较大,在覆盖上往往不尽如人意。中继技术在很大程度上改善了覆盖性能,从而对系统的高容量提供了有力支持。

7.6.2　中继站的种类

根据中继方式的不同,中继站大体分为两类:放大型中继站和解码型中继站。

放大型中继站又被称为直放站,它简单地放大和转发接收到的模拟信号。它对基站和终端都是透明的,可以在现有网络上直接使用。在很多网络中,直放站是用来解决覆盖漏洞的一个普遍工具。一般情况下,直放站不论其覆盖范围内是否有终端,都不间断地放大并转发接收到的信号,并且它对任何信号都使用同样的放大机制,包括有用信号、噪声和干扰。因此,直放站适用于高信噪比环境。

直放站的输出信噪比一定不高于它的输入信噪比,原因是什么?

和直放站不同,解码型中继站在给终端转发信号之前,会将信号解码并重新编码。解码和重新编码的过程对放大噪声和干扰作用很小,因此解码型中继站在低信噪比环境下也适用。同样因为存在解码和重新编码的过程,解码型中继站比直放站的传输时延大,并且它的 Un 接口和 Uu 接口可能设置不同的数据速率,所以解码型中继站对终端不一定透明。

3GPP 的 R8 版本规范中已有直放站的应用,而解码型中继站在 R10 版本中被引入。为了能够兼容 R8 和 R9 版本对应的终端,R10 版本要求中继站对终端透明。从逻辑上可以将中继站视为基站,它利用 LTE 的无线接口连接到无线接入网的其他部分;而从物理实现上看中继站与基站不同,在输出功率等指标上有很大区别。

▌ **7.6.3**　LTE 的中继链路

在中继技术中,基站与中继站间的连接称为回程链路,中继站与终端间的连接称为接入链路。与中继站使用回程链路连接的小区称为供体小区,中继站通过接入链路覆盖的小区称为中继小区,如图 7-18 所示。供体小区可以为若干中继站服务,也可以不通过中继站直接为供体小区内的终端服务。

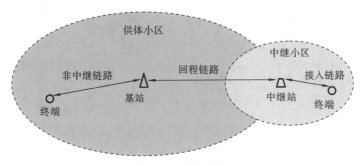

图 7-18　中继链路

中继站通过回程链路与基站连接,又通过接入链路与终端连接,所以在中继站处应特别注意避免这两个链路之间的干扰。回程链路与接入链路的隔离可以通过频域、时域或空间域来实现。

根据回程链路与接入链路使用的频段,中继可分为带外中继和带内中继。带外中继表示回程链路与接入链路在不同频段上工作,只要两种链路之间的频率间隔足够大,就可以避免它们之间的干扰。换言之,两种链路在频域上被隔离。带外中继对无线接口的改动很小,可以在全双工模式下工作。相对地,带内中继表示回程链路与接入链路在相同频段上工作,这时需要额外机制来避免干扰。空间域上的隔离可通过适当地布置天线来实现,时域上的隔离则需明确区分链路占用的时隙。在 R10 版本规范中,推出了时域上的隔离机制,回程链路与接入链路可共享频段但不能同时工作,这一点与时分双工类似。

既然 LTE 要求中继站对终端透明,那么理论上一个中继站可以通过另一个中继站连接到基站。不过 R10 版本规范不考虑这种多层中继的情况,基站和终端间最多通过一次中继;此外中继是固定的,R10 版本规范亦不支持中继在不同供体小区间的切换,但为将来引入移动中继留出了改进空间。

7.7　组网和干扰分析

7.7.1　LTE 组网方式

LTE 的常规组网方式有三种:异频组网、单频组网和分数频率复用组网。图 7-19 以三个小区为例表示三种组网方式中的频率分配情况。其中,异频组网的三个小区使用的频率互不相同,频率复用系数为 3;单频组网的各小区使用相同频率,频率复用系数为 1。单频组网主要应用于广播类业务,基站在相同时间、相同频率时发送相同的信号。为了避免符号间的干扰,常使用扩展循环前缀。分数频率复用的情况较复杂,三个小区的边缘使用异频,内部区域则使用同频。对于小区边缘和内部区域的不同划分,频率复用系数也有所不同。单频组网和分数频率复用组网都属于同频组网。

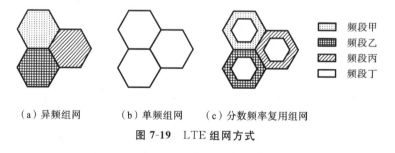

| 频段甲 |
| 频段乙 |
| 频段丙 |
| 频段丁 |

（a）异频组网　　　（b）单频组网　　　（c）分数频率复用组网

图 7-19　LTE 组网方式

 有些场合将异频组网和单频组网都归入分数频率复用组网的类别,你如何理解这一归类?

LTE 还有一种组网方案就是分层组网。分层组网是一种叠加网络,即大覆盖蜂窝(宏蜂窝)中包含小覆盖蜂窝(微蜂窝和微微蜂窝)。这种组网覆盖主要应对室内覆盖、热区覆盖等需求。这方面内容在前面章节已有讲解。分层组网需要考虑不同层级蜂窝间的干扰,这是因为宏蜂窝和微蜂窝既可以异频组网,又可以在填补盲区的情况下进行同频组网,微蜂窝边缘与宏蜂窝之间需要进行干扰协调。此外,分层组网还需注意带宽、频率、互操作、站型选择等。

选学课文

软频率复用

软频率复用由分数频率复用衍生而来。仍以三小区组网为例,分数频率复用将带宽频率分为四组固定资源,分别分配给小区中心和各边缘区域,并保证相邻小区边缘的频率资源相互正交。软频率复用也是将带宽频率分为四组,其中一组仅用于各小区中心区域,另外三组频率资源相互正交,既用于各小区边缘区域,又可用于中心区域。除此之外,软频率复用采用动态的频率复用因子,可以自适应地调整小区边缘的频率资源。也就是说,它能够根据小区用户实际分布情况,动态地调整三组(用于小区边缘的)频率占用带宽的比例,从而显著提高小区边缘频率利用率。当然,相邻基站间用于资源协调的信令量会多于分数频率复用,系统复杂度较高。

软频率复用与分数频率复用的比较如表 7-4 所示。

表 7-4　软频率复用与分数频率复用的异同

频率复用方式		分数频率复用	软频率复用
资源规划单元		连续多个资源块	连续多个资源块
频率分割 (三小区)	小区中心使用资源	部分正交频率	全部频率
	小区中心复用系数	1	1
	小区边缘使用资源	部分正交频率	部分正交频率
	小区边缘复用系数	3	3
	频率使用特点	相邻小区边缘用户使用相互正交的频率资源	相邻小区边缘用户使用相互正交的频率资源
功率控制		可结合	可结合
性能对比		资源配置固定,资源协调信令较少,边缘频率利用率低	中心频率资源固定,边缘频率资源可调,边缘频率利用率高,资源协调信令较多

7.7.2　LTE 干扰类别

LTE 的干扰主要有以下类别。

1. 符号间/子载波间干扰

由于 LTE 使用了 OFDM,理论上各小区(或扇区)内的子载波是正交的。但在移动衰落信道中,多普勒频移导致子载波间出现干扰。因此在物理层协议中设置了较密的 OFDM 子载波,子载波带宽为 15 kHz,同时在时域中插入保护间隔来隔离多径延迟导致的此类干扰。

2. 小区序列及物理信道干扰

由于小区内的用户随机接入容易发生碰撞,因此不同用户的接入前导采用不同序列,序列的相关性在一定程度上影响部分物理信道(如 PRACH)的性能。

3. 天线间干扰

LTE 采用了多天线技术,自然存在天线间的干扰。这类干扰通过检测信道质量信息、预编码矩阵等机制,使用链路自适应和 HARQ 等技术来规避,并提高多天线增益。

4. 邻区同频干扰

虽然 OFDM 使小区内子载波相互正交,但在同频组网情况下相邻小区子载波间仍然存在较大干扰,需要进行干扰协调。

5. 交叉时隙干扰

交叉时隙干扰是时分双工模式下特有的干扰。在同频组网时,相邻小区的上下行时隙如果配置不一致,将产生交叉时隙干扰。相邻的宏蜂窝和微蜂窝也可能出现此类干扰。交叉时隙干扰需要通过合理的时频资源规划来进行规避。

为了提高频率利用率,LTE 的上下行组网大多采用同频组网方案。为了改善小区通信性能,提高边缘吞吐量和平均吞吐量,降低小区间的干扰,LTE 引入了 OFDM 和其他邻区干扰抑制技术。

▋▋ 7.7.3 邻区干扰抑制技术

多点协作传输可视为 LTE-Advanced 系统中抑制邻区干扰的一种技术。除它之外,应用于其他 LTE 系统的邻区干扰抑制技术主要有三种:干扰随机化、干扰消除和干扰协调。

虽然相邻小区的数目有限,但由于 LTE 多采用同频组网方案,导致干扰强度较大。如果干扰源的变化快,可以采用统计方法对干扰进行估计,通过干扰随机化将干扰变为白噪声,从而抑制邻区干扰。需要注意的是,干扰随机化并没有降低干扰的能量。

干扰消除对小区资源的使用无限制,允许频率复用因子为 1,所以能够获得更高的频谱效率。实现干扰消除可以通过接收端的多天线空间抑制方法,这种方法不依赖额外的发射端配置,仅利用邻区到终端空间信道的差异来区分信号;由于仅依靠空分手段,实施效果有限。另一种干扰消除方法源于多用户检测,将来自干扰小区的信号解调、解码,然后重构该小区的干扰,最后在接收信号中减去干扰分量,以达到消除干扰的目的。显然,接收机预知的干扰信号信息越多,干扰重构越准确,干扰消除的效果越好。不过干扰消除也存在不足:邻区之间必须保持同步,接收机需要获得干扰信号的解调和解码信息;另外,接收机的复杂度较高,这导致处理时延和功率损耗相应地提高。

干扰协调的核心思想是通过小区间的协商机制合理地分配资源,尽量保证邻区之间使用的频率正交,以减小邻区干扰,提高相邻小区的信噪比以及小区边缘的数据速率和覆盖程度。干扰协调主要基于分数频率复用组网方案,相邻基站间的资源协商通过 X2 接口进行。由于干扰协调技术使用灵活且效果理想,所以它很快成为抑制 LTE 网络小区间干扰的主流技术。

干扰协调技术可分为静态干扰协调、动态干扰协调和半静态干扰协调。它们之间的主要区别在于对频率集的处理不同。所谓频率集是为组网而对频率资源进行切割和区域分配的结果。静态干扰协调是指 LTE 的频率集在系统初始化阶段就已确定,并且不随传输时间而改变。静态干扰协调简单易行,但随资源的限制较多,如果各小区的负载变化较快,则这种方法显得不灵活。动态干扰协调是指 LTE 的频率集随时间而变化,小区内负载变化会触发各小区的频率分配发生改变,具有很好的适应性;不过动态干扰协调的信令开销大,导致基站间信令时延加长,降低了系统效率。半静态干扰协调是前两种协调方式的折中,频率集随时间变化但频度不高,只有在满足一定时间间隔且特定指标有要求时才更新频率集。半静态干扰协调的系统资源调度效率高,是 LTE 的主要干扰协调方式。

7.8　广播多播业务

7.8.1　广播多播业务概述

在很长一段时间内,蜂窝移动通信系统集中于单个用户、发展单播业务而非多播或广播业务的数据传输。另一方面,广播网如无线广播网和电视广播网,追求同一内容的大面积覆盖,但几乎不为单一用户提供数据传输。这里介绍的多媒体广播多播业务(MBMS)应用于蜂窝系统中,从而使蜂窝网能够同时提供单播业务和广播多播业务。基于 LTE 的 MBMS 也称为演进型广播多播业务(E-MBMS)。

MBMS 将同样的内容发送给特定区域中的多个用户,这个特定区域称为 MBMS 区,通常由多个小区组成。这些小区配置了点对多点的无线资源,所有订阅了 MBMS 的用户可以同时收到相同的信号。这种无线接入网不跟踪用户的运动,用户可以不通知网络而直接接收信号。

给移动设备提供广播多播业务时,常常重点关注覆盖和功耗问题,该业务以良好的覆盖和终端的低功耗为目标。因为在广播多播系统中,没有针对特定用户来调节传输参数,所以传输数据速率主要取决于用户链路质量的最低值。按通常规律,低链路质量的用户往往位于小区边缘。针对这些用户,LTE 采用广播多播单频网(MBFSN)的方式发送广播多播业务,多个小区在相同时间内采用相同的物理资源同步发送相同的内容。这样可以将来自多个小区的信号直接当成多径信号加以合并。对于参与 MBFSN 传输的小区边缘用户而言,相邻小区的信号不再是干扰,而是有用信号,其能量带来的是正收益。因此,MBFSN 的优势显而易见:增加小区边缘用户接收信号的强度,并降低其干扰水平,还能产生对抗无线信道衰落的空间分集,并提高 MBMS 的频谱效率。

7.8.2　广播多播系统结构

前面提到,终端的低功耗是广播多播业务的目标之一。实现这一目标需要广播多播系统具备好的发射结构。与 MBMS 区类似,MBFSN 区也由发送相同信号的若干小区组成。不仅如此,一个小区也可以属于多个 MBFSN 区,如图 7-20 所示。MBFSN 区在网络重规划之前是静态的,不随时间变化。

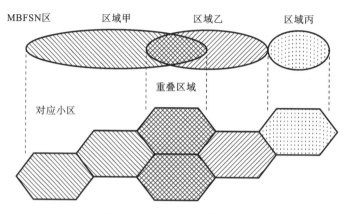

图 7-20 MBFSN 区的规划

MBFSN 的功能实现不仅需要其中小区之间的时间同步,而且各小区会针对特定业务使用同一组无线资源,可见小区之间的协调必不可少。这种协调通过多小区多播协调实体(MCE)来实现。MCE 是无线接入网的一个节点,分配 MBFSN 区中小区无线资源及传输相关的参数。MCE 位于 RAN 侧,可以控制多个 eNodeB,每个 eNodeB 处理一个或多个小区。相应地,MME 在 EPC 侧,存在广播多播业务中心(BM-SC)和 MBMS 网关两个功能节点,前者负责授权和信息供应商认证、计费及数据整体配置,后者负责处理从 BM-SC 到 MBFSN 区中所有 eNodeB 的 IP 组播数据包,也处理通过 MME 的会话控制信令。LTE 的 MBMS 架构如图 7-21 所示。

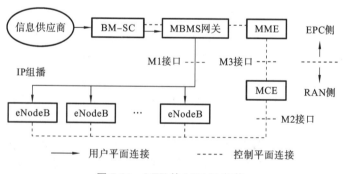

图 7-21 LTE 的 MBMS 架构

IP 组播是一种在单次传输中将一个 IP 数据包发送至多个网络接收节点的方法。MBMS 数据通过 IP 组播从 BM-SC 经 MBMS 网关被发送至各 eNodeB,随后 eNodeB 在所辖小区中实施该数据的广播。容易看出,用 MBMS 代替同一数据的多次点对点传输,可以大大节省传输网络的资源。

选学课文

MBMS 节点与接口功能

在 LTE 的 MBMS 架构中,MCE 和 MBMS 网关是两个新增的逻辑节点,其中 MCE 分配 MBFSN 区中小区无线资源及传输相关的参数。如果对应 MBMS 的无线资源不足,MCE 决定对新 MBMS 服务不建立无线承载。除了时频资源分配外,MCE 还决定无线配置,如调制和编码方案。MBMS 基于 IP 组播方式向每个 eNodeB 发送 MBMS 用户平面数据,并经 MME 对 RAN 执行 MBMS 会话控制信令。进行物理实体设计时,MCE 可以并入 eNodeB 中,而 MBMS 网关也可以是其他网元的一部分。

针对逻辑节点的变化,MBMS 新增的接口主要包括 M1、M2 和 M3,如图 7-21 所示。M1 是 MBMS 网关和 eNodeB 之间的用户平面接口,用于 IP 组播点到多点的用户平面数据下行分发,但无上行数据分发。M1 接口还有管理 IP 组播的功能,MBMS 网关维护 IP 组播,当会话到达时,MBMS 网关分配 IP 组播地址,会话停止时释放该地址。M2 是 MCE 和 eNodeB 之间的控制平面接口,发送多扇区传输模式之间无线配置数据和会话控制信令。M3 是 MCE 和 MME 之间的控制平面接口,用于传输 MBMS 会话控制信令,包括 MBMS 会话开始和停止,也具有 MBMS 会话管理功能,如 M3 接口服务上下文管理、接口复位和错误处理等。

7.8.3　MBMS 会话过程

MBMS 会话过程包括会话起始过程和会话停止过程。会话起始过程的目的是请求 RAN 通知用户终端将有 MBMS 会话,并为 MBMS 会话建立一个无线接入承载。MBMS 会话起始过程由 EPC 触发,其步骤如图 7-22 所示。

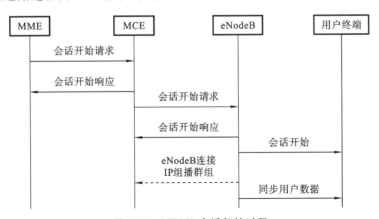

图 7-22　MBMS 会话起始过程

MBMS 会话停止过程同样由 EPC 触发,请求 RAN 通知用户终端结束原 MBMS 会话并释放对应的无线资源,其步骤如图 7-23 所示。

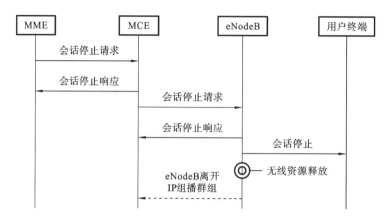

图 7-23 MBMS 会话停止过程

会话起始过程和会话停止过程有相似之处,在过程初期都需要功能实体间的会话请求和响应。MCE 在响应过程中会监测无线资源,并提取监测结果用于 MBMS 会话。eNodeB 占用或释放无线资源时都会将对应资源变动信息传递给 MCE。

7.9　频谱与射频特征

▦ 7.9.1　频带部署背景

在已有的多个国际通信标准中,许多频带被指定专用于移动通信。随着 LTE 的不断成熟与发展,LTE 将在这些专用频带上进行部署,这里的专用频带既包括第三代移动通信系统已经使用的频带,也包括尚未被任何制式占用的频带。频谱灵活性是 LTE 无线接入的一个重要特征,也是 LTE 设计目标的一个重要方面。

国际电信联盟针对不同业务和应用作了全球性的频谱指定。1992 年,世界无线电通信大会指定了频带 1885 MHz～2025 MHz 和 2110 MHz～2200 MHz 用于 IMT-2000 标准的系统,该频带也称为 IMT-2000 的核心频带。虽然该频带中的一部分于 20 世纪 90 年代被第二代移动通信系统使用,但第三代移动通信系统的频带部署依然始于这 230 MHz 带宽之中。

在核心频带之外,世界无线电通信大会又于 2000 年指定了附加频带。该频带包括已经被第二代移动通信系统使用的 806 MHz～960 MHz 和 1710～1885 MHz 频带,也包括尚未被占用的 2500 MHz～2690 MHz 频带。2007 年,世界无线电通信大会扩展了附加频带,新增的频带包括 450 MHz～470 MHz、698 MHz～806 MHz、2300 MHz～2400 MHz、3400 MHz～3600 MHz。这些频带既可用于 IMT-2000 也可用于 IMT-Advanced,但它们的适用性随国家和地区的不同而存在差别。这种地域性差别意味着不存在可用于全球漫游的单一频带,实现多地区漫游需要相应的设备支持多个频带。

想一想　　LTE 的指定频带与第二代和第三代移动通信系统的频带有很多交集,这样部署有什么好处?

📖 阅读材料

频带部署细节

为了使 LTE 可以工作在成对和非成对频带中,双工方式需具备一定的灵活性,因此 LTE 可同时支持频分和时分两种双工方式。3GPP 的 R8 版本规范定义了 19 个成对频带用于频分双工,9 个非成对频带用于时分双工。频带部署细节如表 7-5 和表 7-6 所示。

表 7-5　3GPP 定义的 LTE 成对频带

频带编号	上行频带/MHz	下行频带/MHz	主要应用国家/地区
1	1920～1980	2110～2170	亚洲、欧洲
2	1850～1910	1930～1990	亚洲、美国
3	1710～1785	1805～1880	亚洲、欧洲、美国
4	1710～1755	2110～2155	美国
5	824～849	869～894	美国
6	830～840	875～885	日本
7	2500～2570	2620～2690	亚洲、欧洲
8	880～915	925～960	亚洲、欧洲
9	1749.9～1784.9	1844.9～1879.9	日本
10	1710～1770	2110～2170	美国
11	1427.9～1447.9	1475.9～1495.9	日本
12	698～716	728～746	美国
13	777～787	746～756	美国
14	788～798	758～768	美国
17	704～716	734～746	美国
18	815～830	860～875	日本
19	830～845	875～890	日本
20	832～862	791～821	欧洲
21	1447.9～1462.9	1495.9～1510.9	日本

表 7-6 3GPP 定义的 LTE 非成对频带

频带编号	频率范围/MHz	主要应用国家/地区
33	1900～1920	亚洲(不含日本)、欧洲
34	2010～2025	亚洲、欧洲
35	1850～1910	(未部署)
36	1930～1990	(未部署)
37	1910～1930	(未部署)
38	2570～2620	欧洲
39	1880～1920	中国
40	2300～2400	亚洲、欧洲
41	2496～2690	美国

容易发现,上述两个表中有些频带是相互重叠的。部署在各地区的频带不同但有接近的趋势,不少频带被多地区所共用,这就为漫游提供了便利。两表中的频带 1、频带 33 和频带 34 与早期 R99 版本规范中划定的频带相同,被称为 2 GHz 核心频带;其他频带随后被陆续加入,为扩展频带,其中频带 12、频带 13、频带 14、频带 17 曾用于无线广播,现在由于广播电视正从模拟向高频谱效率的数字技术进行迁移,这些频带随之被部分迁移以支持其他无线技术。

对于 2007 年新增的四段频带,450 MHz～470 MHz 和 698 MHz～806 MHz 被分配给全球移动业务,2300 MHz～2400 MHz 也将部署范围扩展至美洲,3400 MHz～3600 MHz 在被分配给亚洲、欧洲和美洲部分国家,它们被用于移动业务的同时,也成为卫星通信的频带之一。

7.9.2 频谱和信道带宽的要求

分配给 LTE 的频带大部分来自 IMT-2000 标准频带,也有少量来自 GSM 系统频带。工作频带的不同不影响 LTE 的无线接口设计,但会对射频需求有特定要求。例如,基站设备的部署位置往往受到限制,经常需要多个运营商合用站点或者一个运营商在一个站点部署多个技术,这对基站的收发都提出了更多要求。又如,射频频谱的使用需要通过复杂的国际监管协议来调控,因此需要实现不同国家运营商之间的协调,以及相邻频带上业务的共存。值得一提的是,在同一频带的 TDD 系统运营商之间的共存需要跨网同步,以避免不同运营商之间上下行传输过程中的干扰。这意味着所有运营商需要相同的上下行配置和帧同步。另外,频带的定义具有区域性,会不断有新频带随 3GPP 新版本规范的发布而加入,这对终端的频带支持程度提出了要求。

LTE 的频域结构建立在资源块的基础上。每个资源块由 12 个子载波组成,总带宽为 180 kHz。基本的射频规范规定 LTE 射频载波上允许有 6～110 个资源块的传输带宽配置,并且可以以 180 kHz 为步长,从介于 1.4 MHz~20 MHz 的信道带宽中取值,这种规定给频谱提供了灵活性。不过,为了实现当前系统的平滑升级和未来 LTE 频带的部署,目前只定义了 6 种信道带宽(见表 7-7 所示),基站和用户终端的射频要求也只匹配这 6 种信道带宽。

表 7-7　已定义的 LTE 信道带宽参数

信道带宽/MHz	资源块数量
1.4	6
3	15
5	25
10	50
15	75
20	100

如果将来需要添加新的工作频带或信道带宽,则在射频规范中加入相应的射频参数和要求,但无需改变物理层规范。

7.9.3　多标准无线基站

前面提到,多个运营商常常需要合用站点,单个运营商也经常在一个站点部署多个接入类型,这就要求相应的基站支持多种无线接入技术。随着通信制式的演进,基站的这种多技术支持变得愈加必要。虽然在传统上多种无线接入技术之间也共享现场安装部件如电源、天线、馈线或回程传输,但是数字基带和射频技术的发展使这些部件的集成度越来越高,因而部件的共享方式也发生改变。

基站包括基带和射频两套功能结构,并带有一个天线前端的无源合路器和分配器。在一个多标准无线(MSR)基站中,接收端和发射端可以在通用有源射频组件中同时处理不同接入技术的多个载波,不过这种公共射频实现的复杂度也显著提高。图 7-24 中的 MSR 基站就在射频上支持 GSM 和 LTE 两种接入方式。

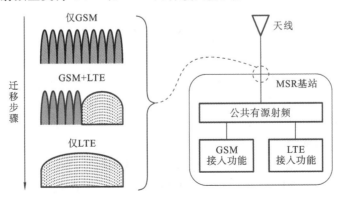

图 7-24　支持的 GSM 和 LTE 的 MSR 基站

MSR 基站的优势主要有两方面。一方面,对多种接入技术的支持使基站的设计更趋同。换言之,单个基站方案的开发和实现具有更广的适应场景,这对基站供应商和运营商十分有利。另一方面,不同接入方式可在同一基站中实现无缝迁移,制式的更替只需通过基站参数的重新配置而无需或仅需极少量的硬件更换,极大地节省了基站维护成本。图 7-24 也表示了 MSR 基站在频谱上由 GSM 向 LTE 的无缝迁移。

 选学课文

传输信号质量评估

虽然信号质量测量理论上的定义很简单,但实际上评估却是个非常复杂的过程,因为它已成为一个多维优化的问题,需要找到时间、频率和信号星座图上的最优匹配。LTE 标准对传输信号的质量有明确的要求,规定基站及用户终端信号在信号域和频域上偏离理想调制信号的程度不能过大。这种偏离可能源于射频模块,也可能由放大器的非线性特性引入。对这种偏离程度的量度是评估传输信号质量的主要方式。

针对基站和用户终端的信号质量是通过误差矢量幅度(EVM)来表示的。EVM 是调制信号星座图上的误差,定义为平均误差矢量功率和平均参考符号功率比值的均方根,用百分数表示。换言之,EVM 表示信号误差幅度占信号平均幅度的百分比。如果发射端和接收端之间没有其他误差因素,则 EVM 决定了接收端获得的最大信干比。

用户终端对传输信号质量还有一个带内发射的要求。带内发射是信道带宽内的辐射,它限制用户终端在信道带宽内多少个资源块内进行发射。考虑到用户发射端影响基站接收端的方式,带内发射的测量在去除循环前缀和时频转换之后进行。

另外,LTE 的基站大都配有多个发射天线,它们帮助实现发射分集、MIMO、载波聚合等功能,因此传输信号质量还受到基站时间校准的影响。为了使用户终端能够正确接收来自多个天线的信号,任何两个发射天线的时间对齐误差不能过大,最大允许误差取决于具体的功能组合。LTE 标准对时间校准有明确要求,对于时钟精度要求高的通信而言,时间对齐误差也是传输信号质量的评估因素之一。

本 章 小 结

本章对 LTE 标准和系统作了较为详细的讲述。LTE 标准的提出有其必然性,它的预期性能大大高于第三代移动通信标准。高性能的原因是多方面的,例如系统架构更高效、物理资源的分配与使用更科学等。以 LTE 为背景,本章还专门介绍了 OFDM 和 MIMO 两种技术,这两种技术是第四代移动通信标准制定期间的研究重点,在 LTE 传输中有出色的表现,大幅抑制了信道间的干扰和信道衰落,其衍生技术的研究热度持续至今。

除了以 MIMO 为代表的多天线技术,LTE 系统还使用了其他方法来提高自身性能,如通过基站协作和分布式天线实现多点协作传输,通过中继技术增强覆盖效果、提高系统容量,通过多种组网方式提高频率利用率,还应用了若干相关技术来抑制邻区干扰。这其中的大部分技术先于 LTE 产生,但在 LTE 系统中应用得更为充分。广播多播业务和射频特征是本章最后的内容,前者针对特定的应用场景,后者落实到具体的发射与接收的物理实现。

本章引入的专业名词和缩写较多,要注意识别和记忆,避免混淆。读者也可在学完本章后将新词汇总结成表格供复习参考之用。

复 习 题

1. LTE 的中文名是_____,英文全称是_____。

2. LTE 系统架构中的无线接入网(RAN)和演进分组核心网(EPC)分别具有什么功能?

3. 在无线接入网(RAN)的结构中,eNodeB 通过_____连接到 S-GW,通过_____连接到 MME。相邻的 eNodeB 之间以_____连接。

4. OFDM 在时域和频域对_____都有分割,因此它本身就是一种_____,称为正交频分多址(OFDMA)。如果 OFDMA 分配给用户的时频资源是动态的,并按照某种规则变更,就称为_____。

5. LTE 系统的下行物理信号和上行物理信号分别有哪几种类型?

6. LTE 标准对带宽的设置很灵活,允许设置大约_____MHz 到_____MHz 的任何传输带宽。载波聚合机制允许聚合最多_____个组分载波(各组分载波的带宽可以不同),所以总传输带宽最高可达_____MHz。

7. LTE 中将 MIMO 技术分为单用户 MIMO 和多用户 MIMO。单用户 MIMO 在同一时频单元上_____独占所有空间资源,这时预编码考虑的是_____的性能;而多用户 MIMO 在同一时频单元上_____共享所有的空间资源,相当于一种_____技术,这时预编码需要与多用户调度结合起来评估系统性能。

8. 多点协作传输主要有基站间协作和分布式天线两种实现方式。基站间协作是利用_____进行多点协作传输;分布式天线是一种从_____的角度来考虑的新型网络架构,其核心思想是通过_____来缩短天线和用户终端间的距离。

9. 中继的基本思想是什么?

10. 在中继技术中,基站与中继站间的连接称为_____,中继站与终端间的连接称为_____;与中继站使用回程链路连接的小区称为_____,中继站通过接入链路覆盖的小区称为_____。

11. 分层组网需要考虑_____的干扰,这是因为宏蜂窝和微蜂窝既可以_____组网,又可以在填补盲区的情况下进行_____组网,微蜂窝边缘与宏蜂窝之间需要进行_____。

12. LTE 的干扰主要有哪些类别?

13. 干扰协调的核心思想是什么?

14. IP 组播是一种在单次传输中将一个_____发送至多个网络接收节点的方法。

MBMS 数据通过 IP 组播从 BM-SC 经_____被发送至各 eNodeB，随后 eNodeB 在_____中实施该数据的广播。

15. MBMS 会话起始过程和会话停止过程有相似之处，在过程初期都需要功能实体间的_____和_____。MCE 在响应过程中会监测_____，并提取监测结果用于 MBMS 会话。eNodeB 占用或释放无线资源时都会将对应资源变动信息传递给_____。

16. 1992 年，世界无线电通信大会指定了频带_____ MHz～_____ MHz 和_____ MHz～_____ MHz 用于 IMT-2000 标准的系统，该频带也称为 IMT-2000 的核心频带。

17. 多标准无线（MSR）基站的优势主要体现在什么方面？

第**8**章

第五代移动通信

移动通信的历次更新换代都是由当时最主要的需求所激励的。基于移动互联网和物联网迅速发展的大背景，人们有理由相信移动通信系统历经四代发展之后，需要新的变革来满足业务量提升导致的海量数据传输的需求，很多国家和地区相继提出了第五代移动通信系统(5G)的构想。继 IMT-Advanced 之后，国际电信联盟无线电通信部门(ITU-R)已开始为第五代移动通信系统征集意见，部署相关的研究工作，并将这一代移动通信系统标准命名为 IMT-2020。

国际上对第五代移动通信系统的规划和实施，促使中国加速推进该系统的研发和网络建设步伐。一系列国家层面的重大科技项目，为 IMT-2020 在中国的落地和商用探索出一条可行的道路，继而为应对本领域的国际竞争打下基础。

8.1　系统概述

8.1.1　时代的需求

从 20 世纪末到 21 世纪前 10 余年，移动通信业务发展逐渐加速，类别从基础且单纯的语音业务演进至复杂的宽带数据业务。在信息社会的大背景下，这种发展一直没有任何"减速"的迹象，人们在移动通信网络的需求上不断增添新的内容。对新一代移动通信网络的需求至少体现在三个方面。首先，移动通信网络中的数据流量在未来可见的时间内维持爆发式的增长，每十年增长百倍以上。随着智能手机的普及，服务类别不断推陈出新，例如电子理财、在线学习、线上医疗、多媒体点播服务等。其次，移动物联网产业浪潮规模庞大且近在眼前，移动物联网应用中的车联网、智能家居、网络问诊服务等业务成为激励网络发展的重要因素，接入网络的设备将达千亿数量级，"万物互联"的场景已成为现实需求。最后，移动互联网和物联网相互渗透形成的新"跨界业务"除了影响网络设备的数量和业务种类之外,还更新了移动通信的服务理念,把以机器为中心的通信视作以人为中心的通信之外的另一种模式,这种模式可在日常起居、办事效率、安全保障等方面显著提升人们的生活质量,而这种新模式的存在使得新一代移动通信系统必须面对服务特征多元化的这一挑战。

以上这些不断增长的需求给移动通信的技术革新和系统运用等方面提出了一系列课题。移动通信需要满足的要求不断提高,既涵盖吞吐量、时间延迟、链路密度等指标,又包括建设成本、运行复杂度、能量消耗、服务质量等方面。于是,第五代移动通信系统自然而然地成为人们研究的关注点,移动通信由此开始从第四代向第五代过渡。

移动通信设备在基站端的计算和处理能力随着系统的更新换代而得到很大提升。不仅如此,集成电路技术、多种无线接入技术迅速发展,应用规模随之扩大且与计算机技术的融合不断加深。在这样的条件下,第五代移动通信系统成为面向业务应用和用户体验的智能网络,以技术的演进和创新为驱动力来满足包含广泛数据和连接的各种业务快速发展的需要,提升用户体验。这时,用某种典型的技术特征或某个单一的业务能力来定义这种新系统的属性已不再合适。

■‖ 8.1.2 世界范围内的研究

对第五代移动通信系统的研究是全球化的,涉及的部分组织如表 8-1 所示。

表 8-1 部分 5G 研究组织

国家/地区	项目/机构名
欧盟	METIS
欧盟	5GPPP
中国	IMT-2020(5G)推进组
日本	ARIB AdHoc
韩国	5G Forum
北美	部分高校
全球	NGMN

早在 2012 年,欧盟就正式成立 METIS(Mobile and Wireless Communications Enablers for the Twenty-Twenty Information Society)项目用以面向第五代移动通信技术的研究。该项目由爱立信负责组织和协调,欧洲的很多设备商、运营商、学术机构和一些大型公司都是该项目的成员。该项目的目标是于 2015 年前在无线传输网络的需求、特性和指标上统一意见,形成第五代移动通信系统概念和关键技术上的共识,从而为第五代移动通信系统的建立做好铺垫。METIS 对此描绘的蓝图是所有人都可以随时随地连接到任何物体,获取信息并共享数据。

 联系第 1 章中个人通信的内容,它的目标是如何体现在第五代移动通信系统的设想中的?

除了 METIS 之外,欧盟还于 2013 年底成立 5GPPP(5G Infrastructure Public-Private Partnership)。许多设备厂商、电信业者和本领域的科研单位共同参与了该组织。5GPPP 可以视作 METIS 之后针对第五代移动通信技术研究和标准化工作的延续性组织,它的工作主要分为基础研究、系统优化和规模化调试三个阶段。在该组织已公布的第五代移动通信技术规格发展草案中,定义了这一代技术的重点,包括后续本领域从业者通过软件可编程的方式向同一基础架构发展,把网络设备资源转化为具有运算能力的基础建设。第五代移动通信在传输速度和网络效能上比上一代显著提高,同时有能力通过虚拟化和软件定义网络等技术使网络资源得到更快速和灵活的应用,从而提升相应的服务质量。

另一个由运营商主导的组织 NGMN(Next Generation Mobile Networks)也面向第五代移动通信网络展开研究,其发布的第五代移动通信白皮书《*Executive Version of the 5G White Paper*》从多个运营商的视角阐述了第五代移动通信网络的设备需求、系统性能、先进业务、用户体验、商业模式等。

8.1.3　中国对第五代移动通信的研究

面对国际上第五代移动通信研究的迅速开展,中国于 2013 年初成立了 IMT-2020 (5G)推进组。该推进组由中国工业和信息化部、国家发展和改革委员会、科学技术部基于原中国 IMT-Advanced 推进组联合发起,成员囊括中国国内主要的制造商、运营商、高校和科研机构。IMT-2020(5G)推进组的成立以凝聚中国产学研用力量,推动中国第五代移动通信技术研究,开展国际交流合作为目标。它的组织架构如图 8-1 所示。

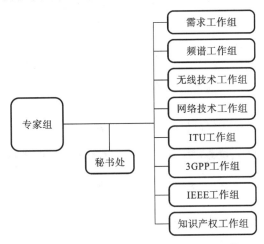

图 8-1　IMT-2020(5G)推进组的组织架构

IMT-2020(5G)推进组自成立以来,已发布了一系列研究进展报告。表 8-2 选取其中重要的内容进行简要介绍。

表 8-2　IMT-2020(5G)推进组的主要研究进展报告

报告名称	核心内容
《5G 愿景与需求白皮书》	提出"信息随心至,万物触手及"的 5G 愿景、关键能力指标以及 5G 典型场景

续表

报告名称	核心内容
《5G 概念白皮书》	从移动互联网和物联网主要应用场景、业务需求及挑战出发,可归纳出连续广域覆盖、热点高容量、低功耗大连接和低时延高可靠四个 5G 主要技术场景
《5G 网络技术架构白皮书》	5G 技术创新主要来源于无线技术和网络技术两方面,网络技术领域中基于软件定义网络和网络功能虚拟化的新型网络架构已取得广泛共识
《5G 无线技术架构白皮书》	5G 技术创新主要来源于无线技术和网络技术两方面,无线技术领域中大规模天线阵列、超密集组网、新型多址和全频谱接入等技术已成为业界关注的焦点

■■ 8.1.4 第五代移动通信的贡献与前景

21 世纪初以来,主要经济体的共同战略选择之一是数字化转型。在移动通信对众多行业进行渗透融合的情形下,社会呈现愈来愈明显的数字化转型势头。包含大量知识在内的数字化信息是当代经济社会的关键生产要素,与交通网、能源网相并列的现代通信网已成为必需的关键基础设施。以此为背景,移动通信技术为经济结构优化和效率提升提供了重要动力;同时在发展经济、提高生产效率、培育新市场、挖掘产业增长点、实现可持续性增长等方面发挥特殊作用。主要经济体为提振实体经济、加速经济复苏,共同选择以移动通信技术的革新加快数字化转型来实现。新一代移动通信成为数字化战略的前导领域。

由于各国为各自的数字经济战略优先支持新一代移动通信的研究和应用,全球的数字化转型步伐不断提速。例如,欧盟于 2016 年中发布《欧盟 5G 宣言——促进欧洲及时部署第五代移动通信网络》,以期让欧洲大陆在第五代移动通信网络的部署和商用方面处于世界领先位置;英国则于 2017 年上半年发布《下一代移动技术:英国 5G 战略》,提出若干发展举措使第五代移动通信的优势尽早得到利用,以期塑造出全球领先的数字经济。

📖 阅读材料

经济社会数字化转型的关键使能器

一些前沿技术,如云计算、大数据、人工智能等均与第五代移动通信实现越来越深地融合,为人与万物的连接创造条件。第五代移动通信系统实质上成为数字化转型的关键基础设施,这体现在多个方面。其一,它可为用户提供超高清视频、下一代社交网络、浸入式游戏等体验感更佳的业务,升级人们之间的交互方式;其二,在智慧城市、智能家居等移动通信深度参与的应用中,它通过支持海量机器通信的能力将千亿量级的设备接入网络,升级物与物之间的连接;其三,它在可靠性和时延上具有的卓越性能,极大地促进车联网、移动医疗、工业互联网等行业应用。

总体来看,第五代移动通信很好地支持百姓创业和社会创新,为制造强国、网络强国的建设提供坚强后盾。作为重要的战略型发展领域,移动通信引领国家数字化转型的浪潮还将持续相当一段时间。

8.2　网络架构

8.2.1　需求决定新架构

第五代移动通信网络的需求与 LTE 有很多差别,这些差别体现在传输速率、连接密度、时延、移动性、成本等方面,所以相应地,第五代移动通信网络架构不可能照搬 LTE,而是引入了全新的技术。为了提升频谱效率、增加连接数和降低时延,第五代移动通信网络具有相当的弹性,以高效的方式满足多种业务特征、海量连接以及大规模的容量要求。第五代移动通信突破时空限制,带给用户高质量的交互体验,迅速拉近了人与物之间的距离,实现万物与人的互联互通。

第五代移动通信网络整体需求规定支持多系统制式、统一鉴权架构、多系统同时接入、核心网与无线接入网独立演进等,其设计目标一般包括灵活、高效、支持多种业务、实现网络即服务等。第五代移动通信网络通过核心网与无线接入网融合、移动性管理、策略管理、网络功能重组来降低终端能耗,活化业务配置,提供更优质的服务体验。

8.2.2　整体网络架构

第五代移动通信网络架构宏观上分为核心网和无线接入网两部分,这与 LTE 系统相似。核心网由分离的控制平面(AMF)和用户平面(UPF)构成,无线接入网则由若干 gNodeB 组成。NG2、NG3、Xn 是三类接口,其中 NG2 连接控制平面和 gNodeB,NG3 连接用户平面和 gNodeB,gNodeB 之间则通过 Xn 接口相连,如图 8-2 所示。

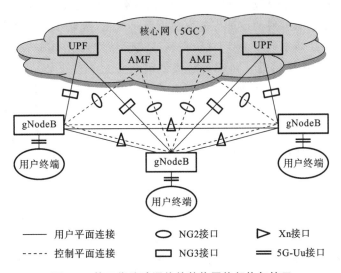

图 8-2　第五代移动通信的整体网络架构与接口

联系上一章中"RAN 的基本结构与接口"一图来看,将第五代移动通信的整体网络架构设计成如图 8-2 所示有何好处?

第五代移动通信核心网和无线接入网的功能划分与 LTE 网络基本保持一致,如表 8-3 所示。

表 8-3   第五代移动通信核心网与无线接入网的功能分工

网 络 名 称	功能实体	功 能 分 工
5G 核心网 (5GC)	AMF	非接入层(NAS)安全
	UPF	空闲模式下移动性管理
		移动控错点管理
		协议数据单元(PDU)处理
5G 无线接入网 (NG-RAN)	gNodeB	小区间无线资源管理
		无线承载控制
		连续移动性控制
		无线接入控制
		测量配置与现实
		动态资源分配

 选学课文

第五代移动通信核心网和无线接入网的演进方向

第五代移动通信核心网的演进有其内在原因。首先,承载业务的日渐泛化不断提高着移动通信在社会生活中的重要性,这使得网络流量爆炸式增长,但同时带来了稳定性、可控性、安全性等方面的问题。传统的解决方式是将更多对应的功能(如组播、防火墙等)加入到网络体系中,但这样的处理方法让交换设备不得不面临持续臃肿且性能提升遭遇瓶颈的问题。其次,推出一项新的网络业务常常需要在网络中并入对应的硬件设备,这直接导致这些硬件设备的整合和操作更为复杂,同时提高了资金成本和能量损耗,并且新业务不断涌现还进一步压缩了硬件设备的生命周期。综合以上原因,核心网的演进势在必行。

解决核心网演进的问题有两个常见的技术方法:软件定义网络(SDN)和网络功能虚拟化(NFV)。软件定义网络是一种新型的网络设计理念,它从网络交换设备中分离出控制功能,该功能由一个逻辑上独立的网络控制系统接管。网络控制系统在公共服务器上运行,用户可直接进行控制功能编程。这就使控制功能摆脱了路由器的硬件限制,也不再受设备特定生产厂商的束缚,编程和定义网络变得自由。网络功能虚拟化则与运营商网络的专属电信设备有关,这些设备对引入新业务的适应性较弱且成本高,不利于移动宽带业务的高速发展和网络流量的迅猛增长。网络功能虚拟化可以看成是一种软件和硬件分离的架构,采用标准的大容量服务器、存储器和交换机承载各种网络软件功能,实现软件的灵活加载和部署配置。这样能够降低业务部署的复杂度,加快网络部署和调整速度,提高网络设备的通用性和适配性,在节省了硬件部署成本的同时也活化了系统的网络能力。

除了核心网架构演进之外,作为运营商网络组成部分的无线接入网同样需要演进,使其功能与架构满足第五代移动通信的网络要求。从宏观上看,演进后的无线接入网能够兼容传统的空中接口和第五代移动通信空中接口,而且可以提高小区边缘协同处理效率和资源利用率,是一个满足多场景的多层异构网络。出于支持多种设备和系统平滑升级的要求,第五代移动通信无线接入网由孤立的接入管道转而支持多样式和多制式接入点,使网络拓扑更灵活,资源控制和协同能力也大幅提升,这为运营商根据特定需求更高效地部署适配网络提供便利条件。到目前为止,无线接入网演进采用的技术方法有不少,包括多网络融合、无线网格网络、接入网虚拟化等,并且随着系统的更新换代,更多方法还在不断涌现中。

8.3　大规模天线技术

■ 8.3.1　"升级版"的多天线技术

在上一章中提到,MIMO 是 LTE 系统中典型的多天线技术。这一技术因其在峰值速率、频带利用率和传输稳健性方面的优势,几乎已被所有主流的移动通信系统采用。第五代移动通信因用户量和数据业务量的激增而面临不小的技术压力,从而将多天线技术"升级"成为大规模天线技术,其中最典型的是 Massive MIMO,它为 MIMO 技术朝大规模化和三维化方向的发展创造了条件。

2010 年贝尔实验室在基站设置大规模天线阵,形成大规模 MIMO 系统。经过理论研究和性能初步评估,系统容量和传输效率得到大幅提高,并且能量消耗还可以进一步降低。这让移动通信业界首次注意到 Massive MIMO 的出色表现,由此拉开 Massive MIMO 与新一代移动通信制式结合的序幕。

Massive MIMO 的主要理论依据是,随着基站天线数趋于无穷大,多用户间的信道趋于正交,致使高斯噪声与相互独立的小区间干扰逐渐消失,从而用户的发射功率可以降得很低。这时单个用户的容量仅受限于一类干扰,即来自不同小区间选用相同导频序列的用户造成的干扰。当然,实际应用时出于对信号处理的能量消耗、硬件复杂度和运营维护成本的考虑,天线数量不可能无限增加。即使理论性能难以达到,Massive MIMO 仍为第五代移动通信系统进一步提升性能提供了重要的拓展思路。

■ 8.3.2　系统模型

假设一个蜂窝系统包含 N 个小区,它们工作在相同频段(即频率复用因子达到 1),

如图 8-3 所示，每个小区有 U 个单天线用户，其基站建有 T 根天线，上行和下行都采用 OFDM。如果第 i 个小区的第 u 个用户到第 n 个小区的基站信道矩阵为 $\boldsymbol{m}$，则定义该矩阵为

$$\boldsymbol{m}_{n,i,u}(k) = \sqrt{\alpha_{n,i,u}} \cdot \boldsymbol{\beta}_{n,i,u} \tag{8-1}$$

式中：$\alpha_{n,i,u}$ 表示大尺度衰落，$\boldsymbol{\beta}_{n,i,u}$ 表示第 u 个用户到第 n 个小区基站的小尺度衰落，它是一个尺寸为 $T \times 1$ 的矩阵。

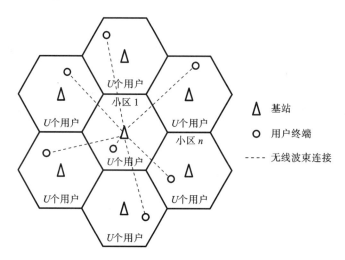

图 8-3　多小区 Massive MIMO 蜂窝系统示意图

将模型适当简化，认定小尺度衰落为瑞利衰落，这时第 i 个小区的所有 U 个用户到第 n 个小区基站的所有天线间的信道矩阵为

$$\boldsymbol{M}_{n,i} = [\boldsymbol{m}_{n,i,1}, \quad \cdots, \quad \boldsymbol{m}_{n,i,u}] \tag{8-2}$$

第 n 个小区基站接收到的上行链路信号可用下式表示：

$$\boldsymbol{s}_n = \boldsymbol{M}_{n,n}\boldsymbol{x}_n + \sum_{i \neq n} \boldsymbol{M}_{n,i}\boldsymbol{x}_i + \boldsymbol{w}_n \tag{8-3}$$

式中：$\boldsymbol{x}_n$ 是第 n 个小区的 U 个用户发射的信号，$\boldsymbol{w}_n$ 是加性高斯白噪声矢量，其协方差矩阵为 $\boldsymbol{E}(\boldsymbol{w}_n\boldsymbol{w}_n^{\mathrm{H}}) = \lambda_{\mathrm{uplink}}\boldsymbol{I}_T$。

对于线性模型(8-3)，根据 MMSE 多用户联合检测，发射信号的估计可以表示为

$$\hat{\boldsymbol{x}}_n = \boldsymbol{M}_{n,n}^{\mathrm{H}} \Big(\sum_{i=1}^{N} \boldsymbol{M}_{n,i}\boldsymbol{M}_{n,i}^{\mathrm{H}} + \lambda_{\mathrm{uplink}}\boldsymbol{I}_T \Big)^{-1} \boldsymbol{s}_n \tag{8-4}$$

检测误差的协方差矩阵可以表示为

$$\boldsymbol{E}\big[(\boldsymbol{x}_n - \hat{\boldsymbol{x}}_n)(\boldsymbol{x}_n - \hat{\boldsymbol{x}}_n)^{\mathrm{H}} \big] = \Big[\boldsymbol{I}_U + \boldsymbol{M}_{n,n}^{\mathrm{H}} \Big(\sum_{i \neq n}^{N} \boldsymbol{M}_{n,i}\boldsymbol{M}_{n,i}^{\mathrm{H}} + \lambda_{\mathrm{uplink}}\boldsymbol{I}_T \Big)^{-1} \boldsymbol{M}_{n,n} \Big]^{-1} \tag{8-5}$$

第 n 个小区上行多址接入的总容量定义为

$$\begin{aligned} C &= \Im(\boldsymbol{x}_n, \boldsymbol{s}_n | \boldsymbol{M}_{n,1}, \cdots, \boldsymbol{M}_{n,N}) \\ &= \mathcal{H}(\boldsymbol{x}_n | \boldsymbol{M}_{n,1}, \cdots, \boldsymbol{M}_{n,N}) - \mathcal{H}(\boldsymbol{x}_n | \boldsymbol{s}_n, \boldsymbol{M}_{n,1}, \cdots, \boldsymbol{M}_{n,N}) \end{aligned} \tag{8-6}$$

为方便分析，假设 $\boldsymbol{x}_n$ 服从独立同分布的循环对称复高斯分布，则上式中

$$\mathcal{H}(\boldsymbol{x}_n | \boldsymbol{M}_{n,1}, \cdots, \boldsymbol{M}_{n,N}) = \log_2 \det(\pi \mathrm{e} \boldsymbol{I}_U) \tag{8-7}$$

当 $M_{n,1},\cdots,M_{n,N}$ 和 s_n 已知时，x_n 的不确定性可由其最小均方误差来决定，所以

$$\slashed{S}(x_n \mid s_n, M_{n,1}, \cdots, M_{n,N}) \leqslant \log_2 \det\left\{ \pi e\left[I_U + M_{n,n}^{\mathrm{H}}\left(\sum_{i\neq n}^{N} M_{n,i} M_{n,i}^{\mathrm{H}} + \lambda_{\mathrm{uplink}} I_T \right)^{-1} M_{n,n}\right]^{-1}\right\} \tag{8-8}$$

因此总容量的最小值可表示为

$$C_{\min} = \log_2 \det\left(\sum_{i=1}^{N} M_{n,i} M_{n,i}^{\mathrm{H}} + \lambda_{\mathrm{uplink}} I_T \right) - \log_2 \det\left(\sum_{i\neq n}^{N} M_{n,i} M_{n,i}^{\mathrm{H}} + \lambda_{\mathrm{uplink}} I_T \right) \tag{8-9}$$

根据大数定律，有

$$\lim_{T\to+\infty} \frac{m_{n,i,u}^{\mathrm{H}} m_{n,i,u'}}{T} = \begin{cases} \alpha_{n,n,u}, & i=n, u=u' \\ 0, & 其他 \end{cases} \tag{8-10}$$

也就是当基站天线数接近无穷大时，则

$$\lim_{T\to+\infty} \frac{M_{n,n}^{\mathrm{H}} M_{n,i}}{T} = \begin{cases} A_{n,n}, & i=n \\ 0, & 其他 \end{cases} \tag{8-11}$$

该式结合矩阵恒等式 $\det(I+AB) = \det(I+BA)$，可得

$$\lim_{T\to+\infty}\left[C_{\min} - \sum_{u=1}^{U} \log_2\left(1 + \frac{T\alpha_{n,n,u}}{\lambda_{\mathrm{uplink}}} \right) \right] = 0 \tag{8-12}$$

可见，无多小区干扰时第 n 个小区在基站天线数接近无穷大时的容量为

$$\lim_{T\to+\infty} C_{\min} = \sum_{u=1}^{U} \log_2\left(1 + \frac{T\alpha_{n,n,u}}{\lambda_{\mathrm{uplink}}} \right) \tag{8-13}$$

这意味着在接收机已知理想信道信息的条件下，当基站天线数接近无穷大时，多用户干扰和多小区干扰趋于零，系统容量随天线数 T 以 $\log_2 T$ 的量级增大，极限亦为无穷大。

📖 阅读材料

大规模天线协作

　　上一章介绍过，以 LTE 为代表的第四代移动通信系统采用了多点协作传输技术。不过在实际应用中由于存在信息交互问题，该技术仍未将系统容量提升至预期水平。大规模天线系统在设计之初，曾有意回避了基站间的协作机制，目的是降低系统实现的复杂度。

　　后来随着网络节点的密集部署和云无线接入网的应用，人们再次考虑将大规模天线与协作传输相结合。具体来说，为各基站节点配备多天线之后，将这些节点连接至云基带处理池，于是节点于多个用户之间形成了大规模分布式天线系统。从很多文献的数据可以看出完全协作的大规模分布式天线系统容量与 Massive MIMO 相近；一些研究结果表明在相同频谱效率下，协作多天线系统所需的天线数少于非协作多天线系统的；还有研究通过计算得出结论，若天线数相同，引入协作机制可直接让多天线系统的容量翻一番。

8.4 波形的革新

8.4.1 波形革新的原因

移动通信物理层中最基本的内容之一是波形。第四代移动通信已采用多载波技术，特别是 OFDM 在 LTE 系统中得到了广泛应用，上一章已对此作了介绍。需要注意的是，子载波的正交性会被电磁波的多径效应破坏，导致 OFDM 的载波间和符号间的干扰，因而需要插入循环前缀来对抗多径衰落，但频谱效率和能量效率会随之下降。此外 OFDM 尚有其他一些不尽如人意之处，如对频率偏移高度敏感，需要通过预编码改善峰均功率比，对载波的同步性要求高，频谱的使用不灵活等。

第五代移动通信的业务具有更明显的多样性和不确定性，为此需要引入新的波形技术来解决或缓解 OFDM 带来的上述问题。国际上已相应地提出若干种新的技术，这些技术的共性是通过引入了滤波机制减少子载波的频谱泄漏，从而在一定程度上降低了时频同步的要求。这里简要介绍其中最受业界关注的滤波 OFDM（F-OFDM）技术。

8.4.2 滤波 OFDM 技术

滤波 OFDM 技术由华为公司提出，它是一种可变子载波带宽的自适应空口波形调制技术，其基本思想是将 OFDM 载波带宽划分成多个不同参数的子带，并对子带进行滤波，而在子带间尽量留出较少的隔离频带。表 8-4 给出了典型网络环境下滤波 OFDM 技术的应对方式。

表 8-4　不同网络环境下的滤波 OFDM

网络环境	性能需求	滤波 OFDM 的应对方式
物联网	低功耗、高覆盖	在选定的子带中采用单载波波形
实时传输网	低空口时延	采用更小的传输时隙长度
多径网络	对抗多径效应	采用更小的子载波间隔和更长的循环前缀

 对滤波 OFDM 而言，不同带宽的子载波不再正交，所以需要引入保护带宽，这在保证了灵活性的同时对频谱利用率有何影响？而滤波 OFDM 通过优化滤波器的设计大幅压缩带外泄漏，使不同子带间的保护带开销显著降低，这对于频谱利用率又有何影响？如何综合评价上述两种影响？

总的来说，滤波 OFDM 继承了 OFDM 在高频谱利用率、自适应 MIMO 等方面的优点，同时克服了 OFDM 的一些固有缺陷，使频谱利用率和灵活性都得到进一步提高。

选学课文

广义频分复用

广义频分复用也是第五代移动通信新波形技术中的一种。由于其低带外发射水平低,广义频分复用很适合在非连续频带上传输。循环前缀的使用使它在多径信道的稳健性和易于均衡方面保持了 OFDM 的优点。它可通过在数字域中的信号处理来实现,对应发射机的结构见图 8-4。

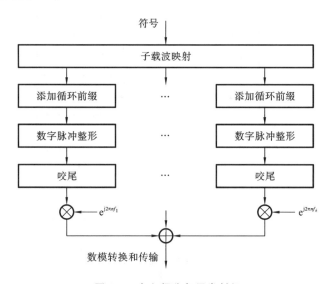

图 8-4　广义频分复用发射机

广义频分复用是在载波频率 $f_1, f_2, \cdots, f_k$ 上传送并行数据流的纯多载波方案。循环前缀用于抵抗所有滤波器通过信道引起的时间色散,循环前缀的长度原则上应大于发射整形滤波器、传播信道和接收滤波器的脉冲响应之和。不过也存在减少循环前缀长度的方法,不考虑发射滤波器的脉冲响应长度。带外发射限制通过使用的脉冲实现,所需的带外发射越低,在时域中的脉冲长度越长。

一种接收机的结构如图 8-5 所示。在去除循环前缀后,在接收机的第 k 个通用分支上具有的 m 个数据样本被 FFT 化,以便获得频点 $Z_{m,k}$,即

$$Z_{m,k} = S_{m,k} H_{m,k} + W_{m,k} \tag{8-14}$$

式中:$S_{m,k}$ 是初始 QAM 数据符号的第 m 个 FFT 系数;$H_{m,k}$ 是复合信道脉冲响应的第 m 个 FFT 系数,由发射滤波器、传播信道和接收滤波器的卷积获得;$W_{m,k}$ 是经过滤波的总加性干扰的第 m 个 FFT 系数。

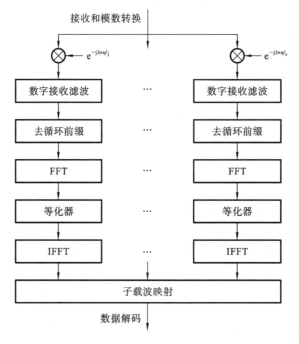

图 8-5　广义频分复用接收机

8.5　频谱利用

8.5.1　移动通信的稀缺资源

　　频谱是移动通信中的一类非常特殊的资源,以稀缺而闻名,这在学习移动通信伊始就已明确。对移动通信而言,频谱有多种类型,包括高/低频段、授权/非授权频谱、对称/非对称频谱、连续/非连续频谱等。受传输距离、射频期间等因素的影响,第四代及以前的移动通信系统一般使用不超过 6 GHz 的中/低频段;而随着系统部署的不断推进,中/低频段频谱资源已越来越稀缺。不断增长的移动用户量和业务量迫使第五代移动通信在频谱利用上有新的举措:进一步提高中/低频段频谱的利用率,或者开拓更高频段的频谱资源。

　　结合之前所学的内容,思考为什么第二、三、四代移动通信系统普遍采用的是中/低频段?

　　与中/低频段相比,当前高频段空闲的频谱资源较为丰富。军事通信、无线局域网等领域已经应用了高频通信,但民用蜂窝通信对高频段的发掘尚处于初级阶段。

8.5.2　高频段分配

6 GHz 以上的高频段电磁波目前多用于点对点的大功率系统,如卫星通信、微波系统等。欲合理地分配和利用高频段,需要利用其带宽大、波长短等优势,并克服其传播特性差的缺陷。高频段选取包括如下原则。

1. 频段的业务类型

高频段的主要业务类型包括固定业务、移动业务、固定卫星业务、无线定位等。候选频段必须支持相应的业务类型。

2. 电磁兼容

确保所使用的高频段与其他系统的电磁兼容,避免系统间存在干扰共存问题。

3. 频谱的连续性

第五代移动通信系统要求在高频段有较宽的连续频谱(如不少于 500 MHz)。

4. 频谱的有效性

考虑所选频段的传播特性和通信器件的工业制造水平等因素,为确保通信系统具有较好的可实现性来选择合适的频谱。

以中国对高频段的使用现状为例,6 GHz～100 GHz 对应的业务可归纳为如表 8-5 所示。

表 8-5　中国高频段对应业务

频段/GHz	业务类别	业务详情
6～8.75	主业务	固定业务、移动业务
	辅业务	卫星固定业务、空间研究业务、气象卫星业务、地球勘测卫星业务、无线定位业务
8.75～10	主业务	无线定位业务
	辅业务	无线电导航业务、地球勘测卫星业务、空间研究业务
10～15	主业务	固定业务、移动业务
	辅业务	无线定位业务、地球勘测卫星业务、空间研究业务、卫星固定业务、广播业务、无线电导航业务
17.1～18.6	主业务	固定业务、移动业务、卫星固定业务
	辅业务	卫星气象业务
18.8～21.2	主业务	固定业务、移动业务、卫星固定业务、卫星移动业务
	辅业务	卫星标准频率和时间信号业务
22.5～23.6	主业务	固定业务、移动业务、地球勘测卫星业务、空间研究业务、卫星广播业务、射电天文业务、卫星间业务、无线定位业务
24.45～27	主业务	短距离车载雷达业务

续表

频段/GHz	业务类别	业务详情
27～29.5	主业务	移动业务
	辅业务	卫星固定业务
40.5～42.3,48.4～50.2	主业务	端到端无线固定业务
42.3～47,47.2～48.4	主业务	移动业务
50.4～52.6	主业务	移动业务
59～64	主业务	短距离设备通信
71～76,81～86	主业务	固定业务、卫星固定业务
92～94,94.1～95	主业务	固定业务、无线定位业务

 选学课文

高频信道的大气衰减和雨水衰减

已知在电磁波传播过程中,反射、折射、绕射都会带来衰减。不过 6 GHz 以上的高频段电磁波在地表传输时,还需要将大气衰减和雨水衰减纳入考量。

1. 大气衰减

干燥空气和水汽共同造成电磁波在大气中的衰减,一些研究通过累加氧气和水汽各自谐振的方法,已经比较准确地获得该衰减率。在 1 个标准大气压、温度 288 K、水汽密度为 7.5 g/m³ 的条件下,大气衰减率 D_G 随电磁波频率 f 的变化趋势如表 8-6 所示。

表 8-6　部分高频频段的大气衰减变化

f/GHz	1↗23	23↗31	31↗60	60↗75
D_G/(dB/km)	0.005↗0.2	0.2↘0.1	0.1↗13	13↘0.35

2. 雨水衰减

天气条件的变化同样会影响电磁波的衰减,例如降雨达到一定强度时雨水衰减不能忽略。在已知降雨强度为 R mm/h 时,雨水衰减为

$$G_R = c_1 d R^{c_2} \tag{8-15}$$

式中:d 是电磁波的传播路径长度,单位为 km;c_1 和 c_2 的计算式为

$$c_1 = 10^{\left[\sum_{i=1}^{4} a_i e^{-\left(\frac{\lg f - b_i}{c_i}\right)^2} + m_1 \lg f + n_1\right]} \tag{8-16}$$

$$c_2 = \sum_{i=1}^{5} a_i e^{-\left(\frac{\lg f - b_i}{c_i}\right)^2} + m_2 \lg f + n_2 \tag{8-17}$$

式中:f 为电磁波频率,单位为 GHz。

鉴于不同电磁波存在极化特性的差异,将水平极化波与垂直极化波分开分析。对于水平极化波而言,式(8-16)、式(8-17)中的其他参数分别见表 8-7 和表 8-8。

表 8-7　c_1 计算式中的参数值(水平极化波)

i	a_i	b_i	c_i	m_1	n_1
1	−5.33980	−0.10008	1.13098		
2	−0.35351	1.26970	0.45400	−0.18961	0.71147
3	−0.23789	0.86036	0.15354		
4	−0.94158	0.64552	0.16817		

表 8-8　c_2 计算式中的参数值(水平极化波)

i	a_i	b_i	c_i	m_2	n_2
1	−0.14318	1.82442	−0.55187		
2	0.29591	0.77564	0.19822		
3	0.32177	0.63773	0.13164	0.67849	−1.95537
4	−5.37610	−0.96230	1.47828		
5	16.1721	−3.29980	3.43990		

对于垂直极化波而言,式(8-16)、式(8-17)中的其他参数分别见表 8-9 和表 8-10。

表 8-9　c_1 计算式中的参数值(垂直极化波)

i	a_i	b_i	c_i	m_1	n_1
1	−3.80595	0.56934	0.81061		
2	−3.44965	−0.22911	0.51059	-0.16398	0.63297
3	−0.39902	0.73042	0.11899		
4	0.50167	1.07319	0.27195		

表 8-10　c_2 计算式中的参数值(垂直极化波)

i	a_i	b_i	c_i	m_2	n_2
1	−0.07771	2.33840	−0.76284		
2	0.56727	0.95545	0.54039		
3	−0.20238	1.14520	0.26809	−0.053739	0.83433
4	−48.2991	0.79167	0.11623		
5	48.5833	0.79146	0.11648		

8.6　非正交多址接入

8.6.1　对多址接入新技术的需求

多址技术用于区分基站并同时服务多个用户终端,这一点在之前的章节中已有论述。不过直到第四代移动通信为止，系统中采用的均为正交多址。各用户的资源在特定维度（如频率、时间、空间、码字）上正交，从而使得用户量未超出正交限制时，系统能够很好地辨别不同用户；LTE 系统利用 OFDMA 实现多址接入就是一个典型的例子。随着移动通信的普及与发展，在系统容量、传输时延等方面的要求越来越高，传统的正交多址接入模式逐渐显得"力不从心"。由此，非正交多址接入方式开始引起了研究人员的关注。

非正交多址接入一般通过在频域、时域、空域或码域上的非正交设计，让同一资源服务于更多用户，从而使系统容量和用户接入能力得到有效提升。表 8-11 列出了当前业界提出的主要的非正交多址接入技术，本节简要介绍其中的稀疏码分多址接入技术。

表 8-11　部分常用的非正交多址接入技术

技术名称	英文缩写	核心原理
稀疏码分多址接入	SCMA	基于多维调制和稀疏码扩频
多用户共享接入	MUSA	基于复数多元码及增强叠加编码
图样分割多址接入	PDMA	基于非正交特征图样
功率叠加非正交多址接入	NOMA	基于功率叠加

8.6.2　稀疏码分多址接入

稀疏码分多址接入技术是有华为公司提出的第五代移动通信网络全新空口核心技术之一。作为一种典型的非正交多址技术，它使用稀疏编码将用户信息在时域和频域上进行扩展，然后叠加不同用户的信息来提升无线频谱资源的利用率。换言之，该技术在时域和频域的基础上增加码域的复用，目的是提升系统容量与频谱效率。在同等资源量的条件下，非正交叠加的码字数目成倍增加，可以同时服务更多用户。

稀疏码分多址接入的码本设计有两个关键技术——低密度扩频和高维 QAM 调制。

8.6.3　低密度扩频技术

第五代移动通信系统的设计面临用户承载压力大的问题。在很多情况下，一个用户难以独占一个子载波。例如某组 OFDM 载波中包含 4 个子载波，但同时有 6 个用户需要接入到系统，传统的正交多址接入方式无法承载，这时可以利用低密度扩频技术把单个子载波的用户数据扩频到 4 个子载波上，然后 6 个用户共享这 4 个子载波，如图 8-6 所示。

需要注意的是，每个用户数据只占用其中部分子载波（图 8-6 中占用 2 个），其他子载波空载，用这样的办法让 6 个用户共享 4 个子载波。正因为子载波有大量空载存在，所以这种技术称为低密度扩频，这也是稀疏码分多址接入中"稀疏"的由来。

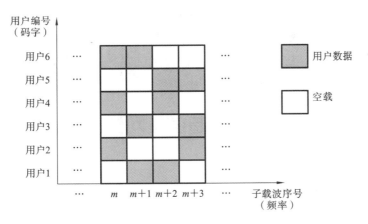

图 8-6　低密度扩频中的用户数据分布

 稀疏码分多址接入中"稀疏"的意义是什么？如果将子载波的空载部分全部用于传播用户数据，会有什么问题？

8.6.4　高维 QAM 调制技术

传统的 QAM 调制涉及幅度和相位这两个维度，将 QAM 调制扩展到更高维之后，调制的对象依然是幅度和相位。提高维度的意义在于，多个接入用户星座点之间的欧氏距离可以随维度的升高而增大，这就增强了多用户解调的抗干扰能力，如图 8-7 所示。

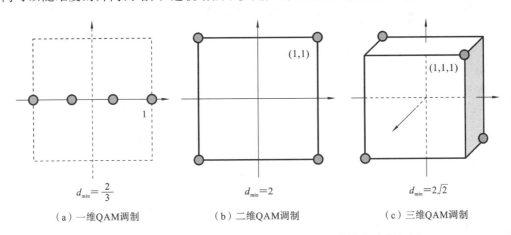

$$d_{min} = \frac{2}{3}$$

（a）一维QAM调制

$$d_{min} = 2$$

（b）二维QAM调制

$$d_{min} = 2\sqrt{2}$$

（c）三维QAM调制

图 8-7　不同维度下的 4 星座点 QAM 调制（d_{min} 为最小欧式距离）

在应用稀疏码分多址技术时，系统为各用户统一分配稀疏编码并创建对应的码本；需要传输用户数据前依照此码本进行高维 QAM 调制。由于码本已知，不同用户的数据即使在子载波彼此不相互正交的情况下，仍然能够进行解调。

假设调制信号在星座图的任一维度上幅度存在相同的最大值。在同一解调难度的情形下,为什么 QAM 调制的维度越高,系统能同时容纳的用户数越多?(提示:结合图 8-7,解调难度对应最小欧式距离)

8.7 超密集网络

8.7.1 超密集网络部署

随着移动通信的普及,入网的各种智能终端数量飞速增长,数据流量可用"井喷"来形容。传统的无线物理层技术,如编解码技术、调制解调技术、多址技术等,虽然能够提高频谱效率,但提高的程度有限。一般而言,这些技术将频谱效率或传输速率提升至原来的几十倍已是极限,远不能满足第五代移动通信的需求。一种常见的解决方案是进一步减小小区半径,通过部署超密集网络来更大程度地复用频谱资源,使频谱效率的增益达到千倍以上,从而能够应对第五代移动通信的容量需求。

所谓超密集网络部署,是指通过进一步缩小基站间距,更密集地应用各种频段资源在满足无线接入方式多样化的条件下,将各种类型的基站组成宏微异构的超密集组网架构。超密集网络部署在网络覆盖、系统容量、频谱效率等指标上有显著优势,它突破了传统的扁平式宏蜂窝小区覆盖,构建起多层立体异构网络。

📖 阅读材料

立体异构网络

立体异构网络是超密集网络引出的一个概念。它最本质的特征是在宏蜂窝网络层中布置大量微蜂窝和微微蜂窝的接入点,以满足网络容量方面不断增长的需求。第五代移动通信的立体异构网络对原有的宏蜂窝进行更大程度的细分,部署了大量密集的小基站;网络承载的流量在不同层级相应地"此消彼长"——宏基站占比下降,而微微基站占比大幅上升。在这种设计下,系统容量随小区数和信道数的增加而成倍提升,同时立体异构网络为超密集网络提供更灵活的网络部署和更高效的频率复用。

8.7.2 多连接技术

多连接技术是超密集网络的关键技术之一,它的目的是实现用户终端与宏基站、微基站等多个无线网络节点的同时连接。不同网络节点可以使用相同或者不同的无线接入技术。由于微基站的用户平面不归宏基站负责,因而宏蜂窝和微蜂窝之间对同步的要求不严格,这易于宏蜂窝和微蜂窝之间的回传链路达到性能要求。在双连接模式(即用户终端同时连接宏基站和微基站的模式)下,宏基站作为主基站提供集中统一的控制平面,微基站作为辅基站仅提供用户平面的数据承载。

　　具体来说,主基站中存在对应用户终端无线资源控制(RRC)实体,而辅基站不提供与用户终端的控制平面连接。主基站和辅基站对无线资源管理(RRM)功能进行协商后,辅基站通过 Xn 接口将配置信息传给主基站,最终无线资源控制消息只通过主基站发送给用户终端,移动终端也只响应主基站的这个无线资源控制实体。而用户平面在宏基站和微基站中均有分布,宏基站提供的数据基站功能可以协助解决微基站覆盖盲点的业务传输问题。

■∥ 8.7.3　新型无线回传技术

　　新型无线回传技术是超密集网络的另一项关键技术。它的主要工作在微波和毫米波频段,工作环境主要是视距传播。传统的无线回传技术与无线空口接入技术使用的技术方式和资源不同。目前基站之间的直接横向通信效果有限,且基站的部署和维护成本高昂,这与基站本身的属性有关,也受限于底层的回传网络功能。为了更灵活地部署节点,降低部署成本,新型无线回传技术的内容有了一些调整,其频谱和技术与接入链路相同,这就让无线资源既能为用户终端服务,又可为网络节点提供中继服务。

　　鉴于新型无线回传技术中无线网络资源的共享特性,相应的空中接口、分级/分层调度机制需要进行与之匹配的设计。超密集网络中节点之间的距离小,邻近节点传输损耗差别小,导致干扰严重,系统性能下降。因此,新型无线回传技术融合了多点协作传输技术,协调处理多个小区间的无线信号,可实现小区间的干扰抑制甚至加以利用,提升超密集网络的通信质量。

　　结合之前所学的知识,将合适的选项填入以下语段的空白处:
　　第五代移动通信网络规划采用_____广覆盖、_____应对热点高业务流量区域,同时采用_____方式来解决覆盖问题,提升_____和业务速率,采用_____的方式解决传输工程建设难实施的问题。
　　选项:① 高频段;② 低频段;③ 超密集组网;④ 新型无线回传;⑤频谱效率。

8.8　移动边缘计算和网络切片

　　有人将第五代移动通信的愿景简述为"信息随心至,万物触手及"。为满足其业务、用户、效率、可持续发展等一系列需求,相应的技术被不断地提出、认证和更新。本节对其中关注度较高的两项技术——移动边缘计算和网络切片作简要介绍。

　　1. 移动边缘计算的概念

　　对于移动边缘计算,欧洲电信标准协会给出的定义是:在移动网络边缘提供信息技术(IT)服务环境和云计算能力。第四代移动通信系统中,即使用户的大部分业务需要回传至核心网再进行处理,尚能满足当时对速率、时延和灵活性的要求,因而应用移动边缘计算的必要性不明显。与第四代移动通信相比,第五代移动通信业务显著地向网络边缘下沉。像这样将网络的核心功能下沉于网络边缘,服务位置更靠近用户终端,更容易满足低时延、高带宽的业务需求。

在第五代移动通信发展的初期,用户对于更高速移动宽带的需求是最迫切的需求。对于一个典型的高速率场景而言,用户体验速率为 1 Gbit/s,峰值速率达 10 Gbit/s,流量密度达到每平方千米 10 Tbit/s 以上,这给回传网络造成很大压力;再加上运营商期望低时延场景中端到端的时延不高于毫秒数量级,这就需要业务更接近无线侧的传输设备。

移动边缘计算把网络和云进行了无缝连接,在靠近移动用户端提供计算能力,使信息本地化并得到快速处理,提升了网络利用效率和价值。它还可以获得更实时的无线网络信息(如更精准的位置信息),为交通运输等领域提供更优质的服务。

此外,第五代移动通信巨大的数据量中有一部分来自于海量物联和大规模机器通信。在巨大的吞吐量之下,移动边缘计算把无线网络和互联网技术有效融合,在无线网络侧增加处理和存储功能,通过对无线网络与业务服务器之间的交互,将传统的无线基站智能化,为实现"物物对话"提供助力。

总之,在增强型移动宽带、关键业务型服务、海量物联网这三个场景中,移动边缘计算都为其性能提升发挥特定的作用;而这三个场景也是第五代移动通信统一的连接架构主要满足的三个应用场景。

2. 移动边缘计算的技术特征

移动边缘计算主要有四项技术特征:一是邻近性,指移动边缘计算服务器的布置非常靠近信息源,因此边缘计算尤其适用于捕获和分析大数据中的关键信息。边缘计算容易衍生特定的商业应用,这是边缘计算可以直接访问设备所致。二是低时延,指由于边缘计算服务靠近终端设备或者直接在终端设备上运行,时延因此大幅缩减。这使得网络在其他部分产生拥塞的可能性降低,改善了用户体验。三是高带宽,指移动边缘计算服务器可以在本地进行简单的数据处理,不必向云端上传所有数据或信息。这使得核心网传输压力下降,网络拥塞减少,网络速率显著提高。四是位置认知,指当网络边缘是无线网络的一部分时,本地服务可以利用相对少的信息来确定每个连接设备的具体位置。

3. 网络切片

网络切片是通过切片技术在一个通用硬件基础上虚拟出多个端到端的网络,每个网络以不同的网络功能适配不同类型的服务需求。尽管各个行业对网络功能的需求多种多样,但这些需求都可以解析成对网络带宽、连接数、时延、可靠性等性能的需求。因此,第五代移动通信标准将不同业务对网络的需求特点归纳为三种典型场景,对应三种网络切片类型,如表 8-12 所示。

表 8-12　第五代移动通信网络的典型切片

切片类型	性能说明	场景举例
eMBB(增强移动宽带)切片	峰值速率高于 10 Gbit/s	上网、云游戏、高清视频、语音……

续表

切片类型	性能说明	场景举例
mMTC(海量机器类通信)切片	连接密度为百万连接数每平方千米	智能家庭、智能抄表、安全城市……
uRLLC(高可靠低时延通信)切片	时延在毫秒量级	自动驾驶、远程医疗、高可靠性业务……

　　不同的切片网络可以用来承载第五代移动通信不同行业的业务。即使提供相同的业务,不同厂商可以作为切片网络的租户,购买、管理、运营各自的切片网络,从而为自己的终端客户提供通信服务。

8.9　机器间通信

8.9.1　机器间通信的概念

　　人与人通信在很长一段时间里占据通信的绝对主角,不过随着通信技术的不断演进,机器间通信(M2M)受到越来越多的关注。国际标准化组织 3GPP 将机器间通信命名为机器类型通信(MTC),它可以认为是通过蜂窝网络进行数据传输的机器间通信。一般情况下,可以把 MTC 看成 M2M 的一个子集,与蜂窝网络相关的机器间通信使用 MTC 作为技术名称,其他类型的机器间通信仍使用 M2M 作为技术名称。

8.9.2　机器间通信的标准进展

　　在物联网技术研发和技术推广的背景下,全球各通信标准化组织都在加强物联网标准化工作。为了促进国际物联网标准化活动的协调统一,欧洲电信标准化协会于 2011年联络美国、中国、日本、韩国的共七家通信标准化组织,提议参照 3GPP 的模式成立物联网领域的国际标准化组织"oneM2M"。2012 年 7 月,上述七家组织在美国签署伙伴协议,宣告 oneM2M 正式成立。该组织的成员单位包括行业制造商和供应商、用户设备制造商、零部件供应商及电信业务供应商等各行业的领军人物。在随后的几年中,oneM2M 收集了有关用例并发布了相应的研究报告,完成了需求技术规范,完成了各成员组织既有的架构分析和融合研究,确定了功能性架构技术规范中的基本架构和参考点,为后续标准化工作的进一步深入作了铺垫。

　　机器间通信在 3GPP 系列版本的标准中一直在发展和更新,如表 8-13 所示。可以看出产业界早已认可了机器间通信技术,并积极推动相关技术的标准化工作。可以预见,机器间通信技术的标准化研究在很长一段时间内仍会持续。

表 8-13   机器间通信在 3GPP 标准中的进展

3GPP 标准版本号	机器间通信标准的进展
R8	开始对机器间通信的标准化工作,针对它的通信方式、应用场景、市场前景、大规模终端设备的应用需求(如寻址、计费、管理、安全等)展开研究
R9	从安全角度出发,研究远程管理机器间通信终端应用的可行性;分析引入该应用之后带来的安全需求,以及需要增加的其他功能
R10	正式定义 MTC 并启动 MTC 网络增强项目;该项目由 3GPP 多个工作组协同参与,包含 MTC 整体需求和架构、核心网需求、无线接入网需求、防止核心网拥塞的无线接入网控制机制四个部分
R11	启动 MTC 系统增强项目,更新 MTC 架构;将用户层和控制层分离,定义新的接口,实现更灵活高效的组网
R12	深化针对 MTC 方面的网络优化工作,完成网络安全架构的增强规范
R13	进一步降低 MTC 设备的复杂性,完成 MTC 设备覆盖性能增强方面的研究,关注功耗问题

8.9.3   机器间通信的市场规模

机器间通信自 2012 年起呈现快速发展的趋势,全球机器间通信总连接数每五年增长超过 3 倍,并且这种增长在亚太、中东和非洲地区的势头更猛。机器间通信市场并非单一市场,而是围绕狭窄垂直行业和应用建立的一系列市场集合,例如能源和公共事业、运输业、制造业、医疗保健业等。大多数电信运营商都有兴趣为机器间的通信业务提供服务,以抓住提高收入的机会。随着机器间的通信部署变得复杂,市场的增长预计将逐渐以集成服务和应用开发为主要动力。

在中国,机器间通信市场起步较早。一个重要原因是政府将它视为国家战略重点之一,也看作是提高国内能源效率及服务大量高龄人口的关键技术。为此,政府与所有主要的本地电信服务商合作进行相应的开发,努力使我国成为该领域的国际领导者。

8.9.4   机遇与挑战

通信业务有自身的发展规律,不同阶段业务的用户量、数据量、收益有不同的增长趋势。机器间通信技术及相关产业对移动运营商的意义重大,这是由于机器间通信业务相较于传统的语音业务、固网宽带业务、移动数据业务而言还处于成长期,是一类缓解运营商经营压力的新型业务。伴随着应用领域的扩展和单一领域内用户数量的增长,运营商可以在较长时间内获得机器间通信的网络效应。截至 2020 年,全球机器间通信的连接占总连接的五分之一,达 23 亿(其中中国占 4.8 亿),而机器间通信的终端总数已超过 120 亿。从连接类型来看,虽然大多数机器间通信的终端可通过短距离接入技术或固网宽带入网,但直接接入蜂窝移动网的机器间通信终端和网关仍是移动运营商净增用户数的重要来源。

总的来说，传统电信业务市场已趋饱和、份额竞争激烈、价格快速下跌。这种时代背景下运营商纷纷重新谋篇布局，将机器间通信作为成长期的新兴业务来拓展市场，以期获得更大的份额和更多的收益。

本 章 小 结

随着移动通信的发展，系统采用的技术在不断地更新。相较于第四代移动通信而言，第五代移动通信中呈现了不少新技术。本章就其中一些重要的新技术作了介绍，这些技术涉及通信系统的物理层、数据链路层、网络层、应用层等。有的是上一代移动通信技术的深化和发展，如大规模天线技术；有的是对上一代技术进行变革，如非正交多址接入技术；有的对物理层资源进行了重新的发掘，如高频段频谱的利用；有的在网络上作了更具适应性的组织，如超密集网络部署。这些技术均在为第五代移动通信面临的时代背景和用户需求服务。

回顾本章时，对各节知识点的认识不应停留在相互孤立的层次，而应学会对这些技术进行类比，以及将它们与已学的其他章节内容相互参照，了解技术之间的内在联系，把握技术发展的大致脉络。

复 习 题

1. 第五代移动通信系统是面向_____和_____的智能网络，以技术的演进和创新为驱动力来满足包含广泛_____和_____的各种业务快速发展的需要，提升用户体验。

2. 面对国际上第五代移动通信研究的迅速开展，中国于 2013 年初成立了_____推进组。

3. 包含大量知识在内的_____信息是当代经济社会的关键生产要素，与交通网、能源网相并列的_____已成为必需的关键基础设施。

4. 第五代移动通信网络通过_____与_____融合、移动性管理、策略管理、网络功能重组来降低_____，活化_____，提供更优质的服务体验。

5. 第五代移动通信核心网由分离的_____和_____构成，无线接入网则由若干_____组成。

6. Massive MIMO 为 MIMO 技术朝_____化和_____化方向的发展创造了条件。

7. Massive MIMO 的主要理论依据是，随着基站天线数趋于_____，多用户间的信道趋于_____，致使高斯噪声和相互独立的小区间干扰趋于_____，从而用户的发射功率可以降得很低。

8. 滤波 OFDM 技术是一种可变子载波带宽的自适应空口波形调制技术，其基本思想是将_____带宽划分成多个不同参数的子带,并对子带进行_____,而在子带间尽量留出较少的_____。

9. 6 GHz以上的高频段电磁波目前多用于_____。欲合理地分配和利用高频段,需要利用其_____、_____等优势,并克服其_____的缺陷。

10. 高频频段选取包括哪些原则?

11. 非正交多址接入一般通过在频域、时域、空域或码域上的_____设计,让同一资源服务于_____,从而使_____和_____得到有效提升。

12. 提高QAM调制维度的意义在于,多个接入用户星座点之间的_____可以随维度的升高而_____,这就增强了多用户解调的_____能力。

13. 所谓超密集网络部署,是指通过进一步缩小_____间距,更密集地应用各种_____资源、在满足无线接入方式多样化的条件下,将各种类型的_____组成宏微异构的超密集组网架构。

14. 在多连接技术的双连接模式下,宏基站作为主基站提供集中统一的_____平面,微基站作为辅基站仅提供_____平面的数据承载。

15. 国际标准化组织3GPP将机器间通信命名为_____,它可以认为是通过_____进行数据传输的机器间通信。

第9章

第六代移动通信

随着第五代移动通信商业部署的逐步完成,很多国家逐渐把研究的目光转向了第六代移动通信(6G)。作为新一代移动通信系统,它不仅仅能完善人、机、物之间的广泛互联,而且能实现巨量机器间的连接。第六代移动通信有很多能力的"加持",如海、陆、空一体化的网络实现通信的全球覆盖,任何边远地区都能实现自由通信;又如通过引入智能化进一步构建自动化系统,减少人类在许多行业的参与成本;再如应用节能网络适应全球能耗增大与资源紧缺的问题,助力全球可持续发展;还如扩展频带至更高频段,既缓解频谱稀缺问题又带来全新的数据速率体验。至于更高的系统容量、更稳定的数据传输、更低的时间延迟、更高的安全性,这些无疑都是第六代移动通信为更好的用户体验所追求的系列目标。

第六代移动通信相较于上一代系统采用了哪些不一样的技术,又带来了哪些让人们耳目一新的看点,这些问题需要在本章的学习中不断地体会和总结。

9.1 走向第六代移动通信

9.1.1 第五代移动通信的限制

第五代移动通信虽然在一些性能上有了很大进步,但仍然在提供高数据速率、高可靠性、低延迟服务上有限制。诸如增强现实、混合现实、虚拟现实就属于此类服务,它们需要通信、传感、定位、计算和控制功能的融合,这在第五代移动通信中鲜有涉及。于是很自然地,实现此类应用是第六代移动通信需要解决的问题。

不论从产品硬件的大量入网,还是从应用与服务软件的持续涌现来看,移动通信的流量都会在相当长一段时间内迅猛增长。到 2030 年,全球移动数据流量达到每月 5 ZB(约 5.9×10^{21} 字节),移动用户总数达到 171 亿,机器间通信的用户数量高达 970

亿。在如此庞大的网络规模之下,仍有很多应用对吞吐量和传输延迟的要求严格,如远程医疗和自动驾驶等,因而第五代移动通信系统的性能已难以很好地满足这样的需求。

9.1.2 外在驱动力

通信技术的发展一直离不开社会需求的驱动。对于第六代移动通信而言,该驱动力源于以下几个方面。

一是频谱管理。不同国家和地区之间使用的频段不同,而传统的网络中频段划分不平均,这直接驱使第六代移动通信减少这种不平均的程度,不区分收发双方、服务内容、应用类型、设备类别而平等地对待所有流量。当然,实现该目标也意味着频谱管理的复杂性进一步提高。

二是多维信息。在移动通信某些重要的应用领域里需要使用多维信息,一个典型的场景是网上授课:在一个强大的网上教育平台下,课堂教学突破了空间和时间的限制;即使教师和学生不在同一地点,也能够实现面对面的交流体验。这就需要第六代移动通信支持全息技术和触觉网络,处理并传输大量多维信息。

三是数据监管。信息数字化是现代社会的重要特征。数据的所有权是其创造价值的主要因素,但该所有权的泛滥会引发很大的利益问题。因此,第六代移动通信需要对数据进行有效管理,同时构建一个实时收集、转换、共享、分析数据的系统,为社会创造更大的价值。

四是重构平衡。在国家之间、地区之间的经济发展严重不平衡的阶段,通信技术是消除这些不平衡的重要力量。第六代移动通信需要规划一个更加开放、有序的网络,形成分散的商业模式,满足边远地区的社会和经济发展,提升当地的经济价值并释放发展机遇。

五是生态环境。虽然通信技术的进步带来了性能的提升,但能量消耗的问题也随之凸显,这就造成技术发展与生态保护之间的冲突。例如,第五代移动通信的超密集网络部署就带来了非常大的能量消耗,给环境带来压力。在这类驱动力作用下,第六代移动通信技术向绿色节能的方向发展,实现能源低消耗、基站低辐射、材料低污染、各项技术可持续发展。

9.1.3 总体愿景

第六代移动通信在无线技术和网络架构上实施创新,将物理世界中的人与人、人与物、物与物进行高效智能互联,打造一个实时精确地反映和预测物理世界真实状态的数字世界,即"万物智联、数字孪生"的愿景。该愿景的具体内容见表 9-1。

表 9-1 第六代移动通信的愿景

愿景的"分项"	对应内容
从物联网向万物互联发展	万物互联能扩大物联网的范围,形成一个连接人、数据和事务的互联世界。连接的生态系统包括异构传感器、用户设备、数据类型、服务和应用

续表

愿景的"分项"	对 应 内 容
宽频段	因为数据速率提至 1 Tbit/s 以上会引发对高频段频谱资源的需求,应用的高可靠性又在低频段容易实现,所以趋向使用更宽的频段
先进的通信技术	一部分技术得到保留,一部分技术加以改进,还有一部分技术以全新的身份引入,这些都为提升网络性能服务
通信、传感、定位、计算和控制的融合	通信网络汇聚计算资源、控制架构和其他用于传感和精确定位的基础设施;以人为中心的服务逐渐依赖于通信、传感、定位、计算和控制的融合服务
智能化	人工智能作为一种增强技术对网络各部分进行设计与优化,其他大量的通信服务如室外定位、多设备管理、电子医疗、网络安全等也体现出网络的智能性
全覆盖	移动通信覆盖地球的整个表面区域,包括海洋、森林、沙漠和天空
低能耗	降低能耗、提高能量利用率的方法包括研制低能耗与高容量电池,卸载计算任务至具有可靠电源或普及智能无线电空间的智能基站,使用各种能量收集方法,采用远程无线充电,等等

📖 阅读材料

全球第六代移动通信研究进展

中国启动第六代移动通信研究的时间不晚于 2018 年。2019 年底,由中国工业和信息化部牵头,联合中国科学技术部、中国国家发展和改革委员会,共同成立中国 IMT-2030(6G)推进组,宣布中国的第六代移动通信研究全面启动。在 2021 年到 2025 年间,中国将"超前布局 6G"作为通信领域的主要目标,中国相关企业、高校和科研机构在研发上积极布局。2020 年 4 月,通信网络基础设施纳入了卫星互联网,之后若干低轨卫星互联网计划相继问世且发射了实验卫星,在第六代移动双向通信、高速网络方面实现了突破。同年 11 月,中国首颗 6G 通信测试卫星在山西太原发射基地发射成功,它主要用于对地遥感观测,可为智慧城市建设、农林业灾情探测等行业提供服务。中国由此正式踏上第六代移动通信网络的赛道。

欧盟委员会于 2018 年 6 月发布新科技发展计划,致力于第六代移动通信等前沿科技开发。欧盟在多项战略中要求加快第六代移动通信的研发,目的是让欧洲成为本领域的全球领跑者。在 2021 年的世界移动通信大会上,成立第六代移动通信伙伴合作计划,又称为"欧洲地平线计划"。此外,芬兰、德国、英国等高校和科研机构加强第六代移动通信研发工作,开发更先进的技术和详细方案,并积极与亚洲国家开展研究合作。

美国也十分重视第六代移动通信的研发。2018 年 9 月,美国联邦通信委员会官员首次在公开场合展望第六代移动通信技术。2019 年,供第六代移动通信实验使用的新频段(Sub-6GHz 频段)得到开放。美国国防部资助成立了"Sub-6GHz 与感知融合技术研究中心",该组织致力于发展第六代移动通信,由 30 多所美国高校组成。另外,美国电信行业协会还成立了"6G 联盟",聚集了谷歌、苹果、高通、三星、微软、英特尔、诺基亚等科技公司,共同开发新一代移动通信系统。

日本政府于 2020 年启动了日本 B5G/6G 推广战略,以促进第六代移动通信服务的研发。2020 年上半年,日本相继发布以第六代移动通信作为国家发展目标和倡议的第六代移动通信发展纲要。该纲要显示日本计划在 2025 年突破关键核心技术,并于 2030 开始使用第六代移动通信网络。日本政府还设立了 200 亿日元的特别基金,以推动民营企业加入到第六代移动通信的研发工作中。

韩国作为全球首个实现第五代移动通信商业化的国家,早在第五代移动通信系统商用前就已成立第六代移动通信研发中心。韩国政府着力推动低轨道通信卫星、超精密网络技术等六大重点领域的十项战略。2020 年 6 月,韩国科学技术信息通信部开启"6G 研发实行计划",规划未来五年投入 2200 亿韩元研发第六代移动通信技术,并于 2028 年实现第六代移动通信系统的商用。同年 7 月,韩国三星电子发布 6G 白皮书,阐述了第六代移动通信的愿景与架构,并表示已通过了全球首个第六代移动通信原型系统的测试。

9.2 太赫兹传输

9.2.1 毫米波与太赫兹波

对于一般的移动通信而言,毫米波和太赫兹波均属于高频电磁波的范畴。从定义上看,毫米波是波长介于 1 mm~10 mm 之间的电磁波,对应的频率是 30 GHz~300 GHz;而太赫兹频段是 100 GHz~10000 GHz,对应的电磁波波长介于 0.03 mm~3 mm 之间。可见,毫米波与太赫兹波存在交集。毫米波在第五代蜂窝移动通信系统中已被正式采用,不过受带宽等因素的影响,毫米波系统难以支持 Tbit/s 的数据传输速率;而这一问题需要应用太赫兹频段中更高的频率来解决。因而有的研究把毫米波和太赫兹波合并讨论,但本章仍对二者加以分离,将太赫兹传输作为第六代移动通信的关键技术之一。

9.2.2 太赫兹波的传播特性

太赫兹波在整个电磁波谱中位于微波和红外波频段之间,这个特殊位置使它既具有微波频段的穿透性和吸收性,又具有红外波频段的光谱分辨特性。它弥补了毫米波频段和光频段之间的差距,其数据传输速率可以在无频谱效率增强技术的参与下达到 Tbit/s。由于波长短,太赫兹通信系统可以支持更高的链路方向性,不易受自由空间颜色和天线间干扰的影响,在小范围覆盖中更易实现。相较于其他频段,太赫兹通信的主要优势是带宽丰富。因为太赫兹波的频率比微波高出 1~4 个数量级,所以太赫兹频段的通信容量较大。

但是,也正是由于其高频特性,太赫兹波的传播损耗比较严重,穿透和绕射能力较差。在室外远距离覆盖的场景中,太赫兹传输需要结合其他覆盖增强技术,如超大规模阵列天线技术来满足覆盖需求。高频电磁波增强了直射和反射损耗中的分子吸收效应,使得大气衰减和雨水衰减得更加明显。

 想一想　　结合之前所学的知识,如何解释太赫兹波的传播损耗比微波和毫米波严重?太赫兹通信更适合用于什么场景?

阅读材料

太赫兹传输中的信道阻塞、散射和反射

太赫兹系统中主要存在三种信道阻塞:静态阻塞、动态阻塞和自身阻塞。静态阻塞由建筑物、树木等引起,具有确定性,室内太赫兹网络中的静态阻塞一般可忽略。动态阻塞和自身阻塞由用户自身的行为和环境类型共同决定,需要真实地将环境的独特特征进行表征。阻塞建模面对的一个难点是对大范围环境的概化。信道阻塞影响太赫兹波束成形和通信质量,因此需要对太赫兹信道阻塞进行合理建模和评估。

散射和反射是电磁波传输中经常考虑的两个因素。散射有弹性散射和非弹性散射之分,前者只有波的方向变化,后者带来能量的改变。当入射光的波长远大于散射粒子的尺度时,发生瑞利散射;当二者尺度相当时发生米氏散射。无论哪种类型的散射都会影响接收到的太赫兹信号。反射信号取决于反射面的电磁特性、光滑程度和具体位置。电磁波反射在室内场景中最为常见,此场景下接收端的接收信号可视作直射信号和所有反射信号的总和。

9.2.3　太赫兹通信场景

当前民用移动通信的场景主要位于地面。由于太赫兹无线收发设备可以用于代替光纤或电缆实现基站数据的高速回传,因而在高山、河流、沙漠等难以部署光纤的地域,可利用太赫兹无线链路实现高速数据传输。太赫兹通信支持的带宽和速率使其既可用于固定无线接入场景、无线数据中心,又可应用在无线个人局域网场景中,如个人电脑、手持终端和可穿戴终端等设备之间的无线连接。

太赫兹技术还能广泛应用于空间通信场景。与地面太赫兹通信相反,空间通信受大气衰减的影响程度很低,这显著增大了太赫兹频段的通信距离。如果配合使用特定的机载平台以减小大气水汽的影响,则太赫兹波的传输损耗还能进一步降低,同时提高传播的安全性。星间高速通信、星地间高速通信、空间飞行器通信等都是此类应用的具体场景。

太赫兹通信除了以上宏观尺度的应用,还有望成为无线纳米网络通信频段。太赫兹波的波长量级让它能够实现毫微尺寸甚至微纳尺寸的收发设备和组件。太赫兹网络可作为芯片通信的候选设备,实现极高速率的数据传输。使用具有自适应波束成形和导向的太赫兹链路,可以实现印刷电路板上的无线连接,降低有线连接的复杂性。由此设计出支持健康监测系统的可穿戴或植入式太赫兹设备,极大地丰富了纳米体域网、纳米传感器网络等多种微小尺度通信的应用。

9.3 可见光通信

9.3.1 基本特点

波长介于 375 nm～750 nm 之间的电磁波位于可见光频段,使用该频段内的电磁波作为传输载体进行移动通信的方式称为可见光通信。有时,它与频段相邻的红外线通信、紫外线通信以及激光通信一并称为光通信技术。可见光通信的提出是为了应对先进无线传输面临的两大问题:频率资源紧张和能量消耗过大。因为传输载体可用眼直接感知,所以可见光通信能够同时实现通信和照明两种功能。LED 光源是可见光通信系统经常使用的发射端光源。

与传统的射频移动通信相比,可见光通信具有速度高、容量大、电磁兼容性好、保密性高、健康安全等优点。

9.3.2 系统结构

可见光通信系统的结构如图 9-1 所示,它主要由光发射端和光接收端两部分组成。

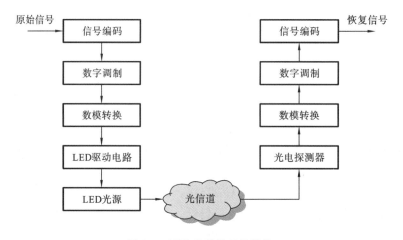

图 9-1 可见光通信系统结构

不难看出,可见光通信与普通无线电通信相比,在发射端多了 LED 驱动电路和 LED 光源,其中 LED 不仅作为发射端用于发送信号,而且承担照明的功能。在多数情况下,要求 LED 在工作时能发出白光。

目前,可见光通信的商用白光 LED 光源主要有两类:较为常见的一类是荧光粉白光 LED 光源,在它工作时荧光粉吸收 LED 光源发出的部分原色光,并激发出与原色光互补的荧光,该荧光再与原色光混合出白光;另一类是多芯片组合的白光 LED 光源,在它工作时由不同颜色的多个 LED 光源发出的光混合出白光。

对于通信系统来说,系统的调制带宽直接影响通信速率。为了提高光源的特质带宽,在可见光通信系统中通常使用红、绿、蓝三基色(参见插图七)或者红、绿、蓝、黄四色的 LED 光源作为通信光源。这样的一个 LED 光源中包含 3 个或 4 个不同波长的 LED 芯片,因而可以采用波分复用技术来累加调制带宽。这类光源唯一的缺点是价格高,在照明领域远没有荧光型 LED 使用得普遍,因此基于照明网络的通信在推广上有一定的难度。

相较于室外场景,可见光通信的室内应用受环境的干扰较小,信号传输的信道模型也相对简单,因此室内环境是可见光通信的主要应用场景。在室内场景中,发射端发出的可见光在传输过程中的能量损失主要由大尺度衰落和小尺度衰落两部分引起。前者源于发射端与接收端之间存在的空间位置距离,后者可视为多径效应的影响。

可见光通信的接收端需要将光信号转化为电信号,它的核心器件是能利用光电效应的光电探测器。光电探测器的工作原理是:在反向电压作用下,无光照时的反向电流(暗电流)极微弱,有光照时的反向电流(光电流)显著增大,光电流随入射光强度的变化而变化,从而将光信号转化为电信号。

📖 阅读材料

光电探测器

光电探测器属于半导体器件。可见光通信系统中的光电探测器主要包括正负本征光电二极管(PIN-PD)和雪崩光电二极管(APD)两类。PIN-PD 是在传统 PN 半导体之间加装了一个较宽的本征半导体区域,它的结构简单、成本低,且能够很好地处理较强暗电流引起的散粒噪声,适合低带宽、短距离的应用场景。APD 的增益较高,对于暗电流更敏感,但成本高,适合高速率、长距离的应用场景。这两类光电探测器的特性对比见表 9-2。

表 9-2　两种光电探测器的特性对比

光电探测器类型	PIN-PD	APD
电流增益	1	100~10000
电路要求	低	高反相电压和温度补偿
线性度	高	低
使用场景	低带宽、短距离	高速率、长距离
价格	低	高

▮▮ 9.3.3　关键技术

首先,为了让系统拥有更高的数据传输速率,可见光通信可以采用高效的调制技术,使一个符号发送更多信息。目前已应用于可见光通信系统中的调制方式有下列 8 种:开关键控(OOK)、脉冲位置调制(PPM)、差分脉冲位置调制(DPPM)、可变脉冲位置调制

（VPPM）、颜色转移键控（CSK）、离散多音频调制（DMT）、正交频分复用调制（OFDM）、无载波幅相调制（CAP）。

 无载波幅相调制采用了两个相互正交的数字滤波器，这使得调制过程不再需要电或光的复数信号到实数信号的转换，也无需采用离散傅里叶变换。这种调制最明显的优势是什么？它适用于何种需求的系统？

其次，为了改善通信的可靠性，系统还需要有较好的信道编码性能。目前，可用于可见光通信的信道编码包括线性分组码、循环码、卷积码、网格编码等。

第三，可见光通信系统还用到了多维复用技术，其目的是实现多路信号并行传输，同时克服调制带宽限制，提升系统容量。最常使用的多维复用方式包括波分复用、子载波复用和偏振复用。波分复用是将多路载有信息但不同波长的光信号经过自由空间光信道传输，在接收端分别使用对应颜色的滤光片进行光载波分离，最后由光接收机进行信号处理以恢复原始信息的通信手段。子载波复用指多路信号经不同的载波分别调制，再由同一波长的发射器件在自由空间传输的一种复用方式。偏振复用则是激光光纤通信借助偏振方向来实现的一种复用方式。虽然 LED 发出的光是非相干光，但它可利用外部偏振片获得线偏振光，实现偏振复用。

9.4　天线与射频技术

▧ 9.4.1　轨道角动量

为了增加无线链路的容量，传统的途径是复用频率、时间、空间、码和极化。从天线的角度来看，开发不同极化的 MIMO 天线也提高了数据性能。进入第六代移动通信以来，轨道角动量作为一种新的复用维度引起了广泛关注。

在轨道角动量中，天线可以产生正交模，每个模都与不同的轨道动量相关联。例如，信号可以具有 $e^{-j\varphi}$、$e^{-j2\varphi}$ 等相位因子。每个模可以携带不同的信息，因此多种轨道角动量模态可以共存，并通过单个通信链路同时传输数据。在接收端正确提取所需的轨道角动量模态，可以优化频谱效率。

轨道角动量技术在蜂窝网络回传、数据中心内互联等应用中具有很大潜力。它与大规模 MIMO 通信的结合能大幅提高数据速率，并实现更高的频谱效率。由于轨道角动量阵列的发射天线特性，第六代移动通信使用的轨道角动量系统频段在 20 GHz 以上，因此毫米波和太赫兹波是较好的候选频段。

▧ 9.4.2　片上天线和封装天线

片上天线的一个重要应用是实现尺寸小、成本低、成品率高、易于集成的太赫兹硅基集成电路。一种便捷方法是直接将太赫兹天线与硅衬底上的前端链路集成,但衬底中产生的表面波会干扰天线辐射,影响性能,因而一些研究者提出背面辐射透镜天线来应对此问题。

封装天线是另一种实现集成的方法。不过因为在太赫兹频率下,天线和单片微波集成电路之间的互联损耗较高,所以需要引入更有效的封装技术来降低该损耗。

9.4.3　光电导天线

在特定频率的激光束照射下,光电导天线可以在某些半导体衬底(如磷化铟、砷化镓)中产生光电导电流,随后该电流可以通过偏置天线电极在空间中以太赫兹波的形式辐射。不过,单纯利用光电导天线实现的光电转换效率通常很低。为了提高光电转换效率,一些额外的技术被引入。例如,在光电导间隙中沉积纳米结构以增加波散射或激发等离子体波,从而提高光电耦合效率,还有一种常用的方法是利用介质透镜来辅助准直射波束,最终增加天线增益。

9.4.4　反射阵列和发射阵列

反射阵列和发射阵列都具有体积小、效率高、可重构的优点,因而能够很容易地集成到各种系统中。当前,它们已应用于通信距离扩展、无线功率传输、空间调制、高增益天线等诸多领域。

反射阵列使用印刷在表面上的各种电磁散射体,散射体可使用微带贴片的形式。每个散射体经过精心设计以产生预期相移,模拟曲面发射面,从而反射预定的电磁波束,如图 9-2(a)所示。散射体可以在不改变入射场极化的情况下实现共极化、双极化或交叉极化,以独立控制或改变入射极化。通过应用可独立控制的先进的可调谐材料(如液晶和石墨烯),能产生可重构的相位剖面,以此增加可重构性以便在不同时间反射不同方向的电磁波束。

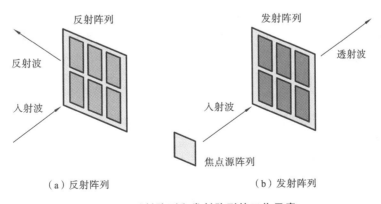

（a）反射阵列　　　　　　　　　（b）发射阵列

图 9-2　反射阵列和发射阵列的工作示意

发射阵列由平面衬底组成,该衬底有许多预定相位分布的印刷谐振器。当焦点源阵列照射发射阵列时,入射波穿过发射阵列平面并转换为所需的波束形态,如图 9-2(b)所示。源平面和阵列平面可配合实现波束控制功能。在大多数情况下,发射阵列就像一个平面介质透镜。

9.4.5 超表面

超表面可看作反射阵列和发射阵列的"升级版"。从微观上看,超表面上每个单元的频率响应都会进行振幅和相位方面的不断变化。为了实现独立控制,可以在每个单元上应用可调元素。从宏观上看,多个单元可以设计成一个电磁互联网络,该网络依循特定的预期功能去运行,如波吸收、表面波消除、天线去耦合、波束成形等。针对超表面天线(参见插图八),通过精心设计单元响应,可使振幅和相位与可用空间中所需波束形态的振幅和相位相匹配。每个单元都是一个特定形态的小辐射器,这使得来自所有单元的组合波束可以按需成形。发射天线和接收天线可集成在同一衬底上,通过单独的波导结构将辐射器连接到输入或输出信号端口。

超表面为许多新兴应用提供了有吸引力的辐射解决方案。由于控制灵活,超表面通过数字平台实现"可编程";又由于其尺寸紧凑,能够在各种平台中实现低成本集成,当印刷在柔性衬底上时,超表面能设计成可穿戴设备,可用于通信、成像和更先进的应用。

 超表面的有趣应用是全息术,当它被具有特定配置的波照射时能生成特定对象的三维全息图。试推测其原理并简要说明。

9.5 一体化通信

9.5.1 一体化通信的优势

一体化通信表现为将非地面通信集成到地面蜂窝系统的形式,第六代移动通信系统通过该形式真正实现全球覆盖。一体化的地面网络与非地面网络有利于通过非地面节点扩大蜂窝网络的覆盖范围,确保用户能随时随地接入网络。这样组织通信的好处至少有以下三点:

(1)原来的无服务或欠服务地区可以享受移动宽带服务,这些地区包括山区、森林、海洋或其他难以部署地面接入点或基站的偏远地区;

(2)无论用户是在城区还是在偏远地区,都可以利用非地面节点的广覆盖优势增强多播和多种应用的服务能力;

(3)即使发生自然灾害,系统也能保持较高的可用性和稳健性。

一体化通信中的地面网络和非地面网络除了能增强服务,还可带来不少新的业务和应用,如连接、遥感、被动感知和定位、导航、跟踪、自主配送等。这就需要统一的网络设计,从功能上将非地面网络节点、地面网络节点全部视为基站,从而保证用户终端可以无缝接入地面及非地面基站。

第六代移动通信网络的一个关键需求是精准定位,而一体化通信框架有助于实现这一需求。例如,非地面网络的广覆盖和直射特点可以帮助用户更好地接收到定位参考信号,甚至接收多个基站的直射信号以提高定位性能。此外,还可以通过测量反射的卫星广播信号被动感知和定位附近的目标。

各种非地面网络节点的主要信息见表 9-3。

表 9-3　非地面网络节点的主要特征和用例

非地面通信节点	海拔高度	传播时延	用例
地球同步轨道卫星	35786 km	120 ms	广覆盖
			媒体广播
			公共内容广播
			固定/移动小区回传连接
			城市/偏远地区用户通信
低轨卫星	400 km~1600 km	1.3 ms~5 ms	固定/移动小区回传连接
			城市/偏远地区用户通信
			媒体多播业务
			广域物联网业务
极低轨卫星	100 km~400 km	0.33 ms~1.3 ms	固定/移动小区回传连接
			城市/偏远地区用户通信
			媒体多播业务
			广域物联网业务
			宽带互联网
高空平台站	15 km~25 km	50 μs~83 μs	空中/地面基站回传连接
			城市/偏远地区用户通信
			媒体多播业务
			本地物联网业务
无人飞行器	0.1 km~10 km	0.33 μs~33 μs	地面基站回传连接
			空中中继/收发点
			热点点播
			区域应急服务

9.5.2　一体化多层网络设计

将非地面通信节点融入地面通信系统会产生一个包含多个层级的异构网络。地面网络与非地面网络一体化设计的主要目标是通过高效的多链路联合工作、灵活的功能共享、地面与非地面网络之间快速的物理层链路切换来提升整体性能。

一体化多层网络包含了不同轨道的卫星、高空平台站和其他空中或地面接入点,其中的任一层在单独使用时可能无法达到期望的性能水平,但不同层通过紧密融合,能够因地制宜地选择最合适的通信路径。也就是说,正是由于这种异构性和多样性,它可以为用户提供多个跨层连接,从而提高网络覆盖率及可靠性。

9.5.3　增强型非地面通信

第六代移动通信网络基础设施包括无人飞行器、高空平台站、极低轨卫星等非地面网络节点。这些节点的设计经过改进,可实现若干种增强型非地面通信。以下选择其中最典型的几种作介绍。

1. 高频谱效率传输技术

多波束预编码是一种高频谱效率传输技术。传统的卫星系统整体频谱效率远低于蜂窝网络,一个重要原因是卫星通信中的同频干扰大,卫星通信常常以降低频谱效率为代价来缓解相邻波束的同频干扰。多波束预编码在卫星通信环境下可以有效缓解同频干扰,实现全频率复用,提升地面与非地面一体化网络的整体用户体验。

由于卫星通常会配备圆极化天线,因而使用极化复用技术也可以提高频谱效率。根据直射信道特性,右旋圆极化信号和左旋圆极化信号可以不受长距离传输过程中交叉极化的影响。在传统的时间、频率维度基础上,极化提供了一种新的正交维度;卫星通信中根据不同极化方向的相互隔离性,相邻点波束能够利用不同极化方向来避免同频干扰。在两个隔离的极化信道上还可以应用其他先进的传输方案(如 MIMO)来进一步提高传输效率。

还有一个提高传输效率的解决方案是多卫星联合传输。它通过使一个用户同时接收多个卫星信号,或者使多颗卫星借助分布式 MIMO 技术检测同一用户的上行信号,以达到提高实际传输速率的目的。分布式 MIMO 可以有效缓解由于用户传输功率有限而导致的上行链路预算瓶颈,还可以实施物理层的联合发送和接收,从而获得处理增益。

2. 智能按需覆盖

如果非地面网络节点之间有理想的回传连接,则可以把空中设备看作一个资源池,池中所有的资源都可以同时调度,从而提高整体资源效率,如图 9-3 所示。网络在感知到用户需求之后,通过管理时频资源的分配和部署高度定向点波束来动态协调可用资源以满足用户需求。当某个热点区域有突发需求时,将空中可视区域内的所有资源集中服务于突发需求所在的区域,以提升区域容量密度;当某个卫星节点发生故障时,其他卫星能立即顶替,降低突发的容量损失。

3. 高效移动性管理

非同步轨道卫星在移动中会产生波束频繁切换的问题,因而卫星网络具备高效移动性管理能力,其目标是减少信令开销、缩短中断时间、降低功率消耗。和地面通信不同,一体化通信需要一些基于用户和卫星波数相对位置的新指标,也需要针对特定切换场景优化重选和切换流程,包括星内切换、星间切换、卫星和蜂窝切换等。为了保证业务的连

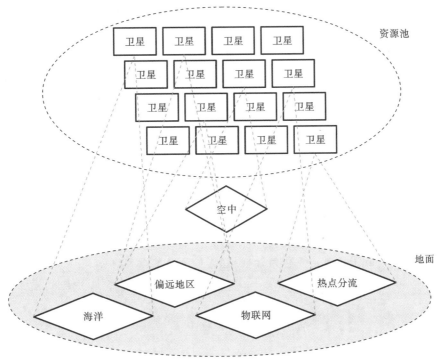

图 9-3　卫星按需覆盖

续性,一体化通信采取资源预留机制,保证切换后用户仍能获得所需的资源。因此,地面网络可以辅助非地面网络上的移动流程,反之亦然。

 为了减少切换信令的开销,一体化通信大多预测卫星的运动轨迹而很少预测用户的位置变化,为什么?

4. 高精度快速定位

低轨卫星的大范围排布具有提供内置定位的能力,能减少用户端对常规卫星导航系统的依赖,同时可保证更好的用户体验。由于低轨卫星的特性,它的大范围排布可以大幅提高定位精度;在精度需求相当的情况下,它能够降低载荷时钟的精度要求,对于扰动带来的轨道误差有更大的容忍度。高精度快速定位能快速、准确地测量波束的到达时间和到达频率,从而协助系统实现更有效的资源调度并降低干扰。

9.6　区块链技术

▉▉ 9.6.1　区块链的概念

区块链是一种由多方共同维护,使用密码学保证传输和访问安全,能够实现数据一致存储、难以篡改、防止抵赖的记账技术,又称为分布式账本技术。在典型的区块链系统中,各参与方按照事先约定的规则共同存储信息并达成共识。为防止共识信息被篡改,系统以区块为单位存储数据,区块之间按照时间顺序并结合密码学算法构成链式数据结构,通过共识机制选出记录节点,由该节点决定最新区块的数据,其他节点共同参与最新区块数据的存储、验证和维护。数据一经确认,就难以更改和删除,只能进行授权查询操作。

根据系统的节点准入机制,区块链可分为许可链和非许可链两类。许可链中节点的加入和退出需要区块链系统的许可;非许可链则是完全开放的,节点可以随时自由加入和退出。

想一想

许可链根据拥有控制权限的主体是否集中又可分为联盟链和私有链,后者的集中程度更高。试为以下安全需求选择合适类型的区块链:

①不对信息传播加以限制,信息对整个系统公开;

②只允许认证后的机构参与共识,信息根据共识机制进行局部公开;

③信息严格限制于特定的机构之内。

9.6.2 区块链的特征

区块链技术本质是一种带时间戳的"网络共享"分布式账本,区块链中每个主体都可以拥有一个完整的账本副本,通过实时结算更新保证多个主体之间数据的一致性,规避了复杂的多方对账过程,因此数据具有真实、有效、不可伪造、难以篡改等特点。

传统的数据库具有增加、修改、删除和查询四个常规操作。而对于全网账本而言,区块链技术只有增加和查询两个操作,通过区块和链表的组合结构,加上相应的时间戳进行凭证固化,形成环环相扣、难以篡改的可信数据集合。这一特点尤其适用于协作方不可信、利益不一致或缺乏权威第三方介入的行业应用。

对各个主体而言,传统的数据库无论是分布式架构还是集中式架构,都对数据记录具有高度控制权。区块链则采用多方共同维护、不存在单点故障的分布式信息系统。数据的写入和同步不是局限在一个主体范围之内,而是需要通过多方验证数据达成共识。此外,类似于自动化程序,区块链的智能合约技术通过基于事先约定的规则,自动执行代码来实现交易的主体内容,将信息流和资金流进行有效整合。

综上所述,区块链具有分布式账本、数据可信、多方维护、内置智能合约四项主要特征。这些特征是区块链技术应用于移动通信领域的先决条件。

9.6.3 技术架构

区块链的技术架构并不统一,但整体上存在共性。图9-4给出其中一种典型的方案,该方案对应的架构分为 9 个部分,下面分别予以说明。

（1）基础设施——该层提供区块链正常运行所需的操作环境和硬件设施,包括网络资源、存储资源和计算资源。该层为上层提供物理资源和驱动,是区块链系统的基础支持。

（2）基础组件——该层实现区块链系统中信息的记录、验证和传播,其功能模块主要包含网络发现、数据收发、密码库、数据存储和消息通知五类。

（3）账本——该层负责区块链系统的信息存储,包括收集交易数据、生成数据区块、对本地数据进行合法性校验,以及将校验通过的区块加到链上。

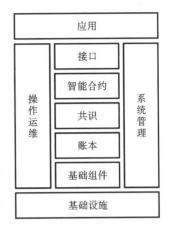

图 9-4　区块链的典型技术架构

（4）共识——该层负责协调保证全网各节点数据记录的一致性。

（5）智能合约——该层负责将区块链系统的业务逻辑以代码的形式实现、编译并部署,完成既定规则的条件触发和自动执行,最大限度地减少人工干预。

（6）接口——该层主要用于完成功能模块的封装,为应用层提供简洁的调用方式。

（7）应用——该层作为最终呈现给用户的部分,主要作用是调用智能合约层接口,适配区块链的各类应用场景,为用户提供各种服务和应用。

（8）操作运维——该层主要负责区块链系统的日常运维工作,包括日志、监控、管理、扩展等。

（9）系统管理——该层负责对区块链体系结构中其他部分进行管理,主要包含权限管理和节点管理两类功能。

9.6.4　区域链在第六代移动通信中的应用

第六代移动通信网络中的网元和终端设备将拥有海量空间,基于区块链的公钥安全基础设施可使第六代移动通信网络和终端设备在出厂之前自行产生并配置私钥和数字证书,可大大提高证书配置效率和安全性。此外利用这种技术,芯片商和设备商无需自行建设和维护认证系统,也无需向商业认证机构申请证书,即可支持大量现有基于数字证书的安全机制,降低设备成本。同时,在第六代移动通信网络覆盖末端场景中,各种网关、基站设备可作为区块链节点,对所覆盖的区域设备配置数字证书并在区块链安全基础设施中发布证书,从而可以在本地实现对设备的安全认证。不同设备相互之间也可以使用数字证书进行双向认证,特别是对不同厂商物联网设备之间的自治化通信具有重要意义,这种技术可以规避用户关注的内容经过网关、服务器层层转发带来的安全风险。

另一项重要应用是在动态频谱共享方面。第六代移动通信网络是一个面向全频谱的通信网络,随着无线服务的发展,传统独占式频谱分配方式会导致频谱资源的匮乏,大量的授权频谱在时间和空间上均未得到充分的利用。动态频谱共享模式允许二级用户在授权的频谱带宽中获得丰富的频谱空隙,对降低第六代移动通信网络服务成本,增强系统极限容量具有重要意义。而区块链是分布式数据库,使用区块链技术可作为动态频谱共享技术的低成本方案。在区块链技术支持下不再通过集中式数据库来支持频谱共享接入,不但可以降低动态频谱接入系统的管理成本,提升频谱效率,而且能够进一步增加接入等级和接入用户。

9.7 频谱技术和人工智能应用

9.7.1 灵活频谱技术

在实际网络中,频谱需求往往具有不均衡性,包括不同网络间的不均衡、同一网络内不同节点之间的不均衡和同一节点收发链路之间的不均衡等,这些不均衡限制了频谱利用率。灵活频谱技术是为解决上述频谱需求不均衡的问题而提出的。该技术包含频谱共享技术和全自由度双工技术两方面的内容。

频谱共享技术主要用于解决不同网络间的频谱需求不均衡的问题。传统的蜂窝网络主要采用授权载波的使用方式,这种方式在具备较高稳定性和可靠性的同时,也存在着因授权用户独占频段造成的频谱闲置、利用不充分等问题,加剧了频谱供需矛盾。因而打破独占授权频谱的静态频谱划分使用规则,采用频谱资源共享的方式是更好的选择。频谱共享技术的设计通常需要系统间广泛的信息交换,但第六代移动通信动态和复杂的网络环境给动态频谱管理的实现带来了难度。一种解决方案是利用人工智能与频谱共享技术相结合,实现智能的动态频谱共享和高效频谱监管。

全自由度双工技术主要用于解决同一网络内不同节点之间和同一节点收发链路之间的频谱需求不均衡问题。随着双工技术的进步和设备制造工艺的成熟,第六代移动通信的双工方式中不再有频分双工和时分双工的区分,而是根据收发链路间的业务需求,自适应地调度为灵活双工或全双工模式,彻底打破双工机制对收发链路之间频谱资源利用的限制。全自由度双工模式通过收发链路之间全自由度(频域、时域、空域等)灵活的频谱资源共享,可实现更高效的频谱资源利用,达到提升吞吐量、降低传输时延的目的。

▇▎ 9.7.2 人工智能在核心网中的应用

人工智能技术(参阅附录C)的发展与成熟有力地推动了新一代核心网的发展。对第六代移动通信而言,多样化的目标、多变的服务场景和个性化的用户需求,要求网络不仅要具有大容量、超低时延,而且要具有较大的灵活性和可塑性。面对分布式场景中不断变化的业务需求,第六代移动通信网络服务体系结构具有足够的灵活性和可扩展性,能够在控制层对网络进行极细粒度的调整。因此,第六代移动通信核心网引入重要的认知功能,使之能够准确识别目标行为、场景语义和用户特征,从而对业务需求的变化进行细致的感知。随后核心网根据获取的信息,通过规则匹配或近似推理进行决策;同时核心网还需评估服务的运行状态,为决策提供参考。通过统一的业务描述方法,核心网对网络业务进行自适应动态调整。

第六代移动通信核心网功能将进一步下沉到网络的边缘,即边缘核心。借助核心网智能和边缘核心智能,第六代移动通信形成多中心架构,提供高效、灵活、超低时延、超大容量的网络服务。核心网向边缘下沉,降低了网络响应时延,提高了网络管理的灵活性;又由于核心网的下沉部署,核心网智能将实现从核心网直至用户终端的全网覆盖。同时,具有各种人工智能技术的终端设备将与各种边缘和云资源无缝协作,这种"设备+边缘+云"的分布式计算体系结构可以按需提供动态的、极细粒度的服务计算资源。随着人工智能技术的成熟和人工智能硬件成本的降低,智能终端设备不断增多,它们不断丰富着用户的日常生活。分布式终端设备之间的协同人工智能服务成为第六代移动通信的一项重要的赋能技术。

想一想　平时你能接触到哪些智能终端设备？它们如何影响着日常生活？

通过核心智能、边缘智能和终端设备智能的全方位协作,第六代移动通信进一步从"人机交互"发展到"人-机-物-灵"交互。这些新的、无处不在的、社会化的、基于上下文的、意识驱动的通信和控制场景需要现实世界和虚拟世界的智能服务协调,以及各种终端设备和网络节点的高效协调计算。在这种智能协同计算方案的帮助下,第六代移动通信网络通过感知各种主客观信息,充分提供无处不在的包括虚拟场景和真实场景的沉浸式"万物互联"服务。

本 章 小 结

本章简要介绍了第六代移动通信的部分新技术,总体而言,这些技术呈现出两项特征:第一项特征是灵活性,如太赫兹传输和可见光通信进一步打破了第五代移动通信的限制,将移动通信的频谱向高频段大幅扩展,这就为无线传输挖掘出更丰富的资源;又如新的阵列天线技术能够根据需求来灵活地调整波束,为提升通信效率服务。第二项特征是综合性,如一体化通信综合了地面通信和非地面通信,涉及部分卫星通信的内容;又如区块链技术与移动通信的结合为信息安全作出更好的保障;再如人工智能技术也成为新兴移动通信系统的综合领域,通信的智能化发展能够为用户提供更优质的服务体验。

移动通信理论的不断发展将会使相关领域的边界变得模糊,也就是与相关学科表现出越来越广泛和深入的融合,很多全新的系统设计和改进思路蕴含其中。因此,回顾本章内容应保持开放的思维,争取能在学科知识相互渗透的背景下深化自己对本学科的理解。

复习题

1. 第六代移动通信在无线技术和网络架构上实施创新，将物理世界中的人与人、人与物、物与物进行_____，打造一个实时精确地反映和预测物理世界真实状态的_____世界。

2. 太赫兹波在整个电磁波谱中位于微波和红外波频段之间，这个特殊位置使它既具有微波频段的_____性和_____性，又具有红外波频段的_____分辨特性。

3. 在室外远距离覆盖的场景中，太赫兹传输为什么需要结合其他覆盖增强技术来满足覆盖需求？

4. 因为传输载体可用眼直接感知，所以可见光通信能够同时实现_____和_____两种功能。

5. 可见光通信的接收端需要将光信号转化为_____，它的核心器件是能利用光电效应的_____。

6. 反射阵列使用的每个电磁散射体经过精心设计以产生_____，模拟曲面发射面，从而反射预定的_____。

7. 对于超表面天线，通过精心设计单元响应，可使_____与可用空间中所需波束形态的_____相匹配。每个单元都是一个特定形态的小辐射器，这使得来自所有单元的组合波束可以_____。

8. 一体化通信表现为将_____集成到地面蜂窝系统的形式，第六代移动通信系统通过该形式真正实现_____覆盖。

9. 一体化多层网络包含了不同轨道的_____、高空平台站和其他空中或地面接入点；由于这种异构性和多样性，它可以为用户提供多个_____连接，从而提高网络覆盖及_____性。

10. 多卫星联合传输通过使一个用户同时接收多个卫星信号，或者使多颗卫星借助分布式_____技术检测同一用户的上行信号，达到提高_____的目的。

11. 在第六代移动通信网络覆盖末端场景中，各种网关、基站设备可作为区块链节点，对所覆盖的区域设备配置_____并在区块链安全基础设施中_____，从而可以在本地实现对设备的_____。

12. 通过_____智能、_____智能和_____智能的全方位协作，第六代移动通信进一步从"人机交互"发展到"_____"交互。

第10章

短距离移动通信

移动通信从来没有停止对覆盖的追求,世界上越来越多的区域有了移动通信的身影,在很多人看来,移动通信朝着距离越来越远的方向发展,似乎希望能通过移动网络联系到地球上任何一个地方,甚至地球以外的空间。的确,通信距离的不断增大反映出移动通信技术的演进与成熟,但让很多人意想不到的是,移动通信还有一种脚步正迈向越来越短的距离。这样短的距离曾是有线通信独占的领域,相关技术已非常成熟,但移动通信仍然利用其"移动"之便利,在短距离通信这片领域打开了一片天地,并呈现出蓬勃发展的势头。

蓝牙、紫蜂、超宽带是当今短距离移动通信的三种典型方式,它们都遵从IEEE802.15标准。IEEE802.15标准是 IEEE 关于短距离无线网络的协议族,定义了无线信号的收发方式,并为之分配了灵活的频段资源。学习短距离移动通信,除了认识其原理和标准规范之外,不妨就地取材、亲身体验,感受移动通信带来的便利。毕竟,它更好地诠释了移动通信以人为本的核心价值。

10.1　蓝 牙 概 览

▐▌▌ 10.1.1　蓝牙产生的缘由

很多电子产品给人们的生活带来了巨大影响,如计算机、电信设备、网络设备、家用电器甚至汽车的自动控制部分等,这些电子产品在问世之初大多是被独立设计并独立发挥作用。随着生产力和人们生活水平的提高,电子产品的种类迅速增长,它们之间的需要越来越多地需要建立联系、实现信息的交互。传统的做法是进行有线连接,但当需要连接的设备超过一定数量后,有线连接在布线、接口设计、设备体积等方面的问题会凸现出来。于是很自然地想到,如果这些设备采用无线连接的方式,就能有效地解决这些问题。

不过无线连接存在一些固有特质,需要认真应对,譬如无线信号不能像电缆那样由发射源直达接收端,而是向周围空间散射,接收的可靠性有所降低,信息泄漏的可能性则大幅增加。在这种背景下,一种近距离地保证可靠接收和信息安全的通信技术被设计并应用,满足人们对短距离移动通信日益增加的需求,这种技术就是蓝牙(Bluetooth)。

■■ 10.1.2　蓝牙的功能与技术要求

蓝牙技术将各类电子产品以无线方式连接,形成一个以使用者个人为中心的无线网络,称为无线个人区域网(PAN)。这个网络具有可移动性和自动接入性,前者表示能随时随地连接或断开网络,进出网络的终端不受限制;后者指蓝牙设备具有的入网方式不受接入点或服务器的制约,在短距离(如 10 m)空间范围内满足接入数量规定的情况下,自动建立与其他蓝牙设备之间的联系,联系过程可以不需要人为干预。

用蓝牙的短距离无线传输替代传统电缆的有线传输,必须符合一系列技术要求。首先,无线信道中信号传播受到的干扰比有线信道多得多,传播环境更复杂,蓝牙必须在这种条件下保证收发数据准确无误。其次,由于无线电波在空间传播时有散射现象,无线信道传输的保密难度远高于有线信道,信息安全问题必须解决。最后,蓝牙是为方便多个设备的连接而引入,因此需要有适应设备数量的传输速率,并且无线收发需要支持这些设备对应的信息类型。一般而言,蓝牙数据传输速率的有效值应达到每信道721 kbit/s,最高达1 Mbit/s,为普通电话线的 10 倍以上。此外,为了使用的安全和便利,蓝牙设备的发射功率不能过高,体积也不宜太大,这就对硬件的集成度提出了很高要求。

■■ 10.1.3　蓝牙技术的应用

蓝牙技术具有很强的实用性,电子产品如果内嵌蓝牙芯片并支持蓝牙传输协议,就可归入蓝牙产品的范畴。可见,蓝牙产品不仅绝对数量多,涉及的领域也非常广泛。这些产品大体有两种类型:一类是在已有的电器产品上增添蓝牙功能,如手机、耳机、笔记本电脑、照相/摄像机等;另一类是以蓝牙功能为主的新产品,如蓝牙移动硬盘、蓝牙笔、蓝牙手表、蓝牙收音机、蓝牙标签等。

在蓝牙产品中,蓝牙手机对蓝牙技术的推广无疑具有极其重要的作用。2000 年在新加坡举行的亚太通信技术展览会上,爱立信公司推出了世界上第一台外挂蓝牙模块手机。该手机能以无线方式连接到其他蓝牙设备,例如需要拨打电话或来电振铃时,可以通过按动蓝牙耳机上的功能键发出或接收呼叫。不久之后,爱立信又设计出蓝牙芯片集成在机体内部的手机,从而结束了此前移动电话需要外挂蓝牙插件才能具备蓝牙功能的状况。此后其他一些通信公司,如诺基亚、摩托罗拉、阿尔卡特等,也相继推出自主研制的蓝牙手机。

蓝牙耳机是一款与蓝牙手机配套的产品,它最大的优点是在信息传递过程中解放了双手。传统意义上的耳机只有接收功能,而蓝牙耳机兼有接收和发射功能。世界上第一款蓝牙耳机由爱立信公司于 1999 年在 Comdex 展会上推出,并于 2001 年初正式上市。此外,研制蓝牙耳机的公司还有诺基亚、摩托罗拉、Plantronics 等。不同公司的产品有不同的特点和优势,有的体积很小,有的安全性高,有的佩戴舒适,有的具备人性化设计(参见插图九)。

　　和手机类似,笔记本电脑上装配的蓝牙部件也有外挂和内嵌两种。外挂蓝牙部件分为通用和专用两类,通用蓝牙卡使用计算机通用插槽工作,专用蓝牙卡为专门品牌(或专门型号)的笔记本电脑而设计,通常不占用通用插槽或集成在机体内部。蓝牙数码照相/摄像机是将拍摄到的静态图片或动态视频通过蓝牙发送到对应计算机存储器内或打印机上。另外值得一提的产品是蓝牙笔(参见插图十),它在外观上与普通钢笔一样,内置微型摄像头、图像处理器和蓝牙数据发射器。蓝牙笔工作时在配套的数码纸上书写,并将所写的内容以无线方式发送到对应计算机的显示器或存储器上,也可发送到手机等设备中。较先进的蓝牙笔内置存储器,可在无蓝牙环境中暂时存储书写的信息,并在条件允许时通过蓝牙将信息导出至相关设备。

📖 阅读材料

蓝牙名称的由来

　　对一种技术的命名,常常反映出技术规范研制人的思维方式。蓝牙技术的首次提出和命名是在 1994 年,为什么将这种近距离移动通信技术称为"蓝牙",目前有两种解释。

　　一种解释与狼的牙齿有关,狼牙在月夜里能反射出闪闪的蓝光。从生物特性角度看,单个狼牙形状尖锐,容易刺破猎物;整排狼牙虽然参差不齐,但能紧密啮合,在撕咬和咀嚼功能上相互配合而成为功能上的整体。由此类比至人们生活中使用的多种电子产品。这些原理各不相同的产品都能给生活带来方便,蓝牙规范却能让它们相互联系从而成为一个整体。

　　另一种解释与 1000 多年前的一位丹麦国王有关。公元 10 世纪时丹麦有一位名叫 Harald Gormsson 的国王,他曾是一个海盗首领。不过这位国王为臣民做了许多好事,它穿梭于各种派别之间进行沟通和协调,不依靠武力而是通过协商和谈判来解决。他的努力使曾经种族冲突不断、海盗猖獗、酋长分割的丹麦和挪威统一起来,建立起横跨斯卡格拉克海峡两岸的 Danes 王朝。他让国民生活好转起来,并从此信奉基督教。这位国王有一个嗜好——酷爱吃蓝莓,这使他的牙齿被染成了蓝色;1000 多年后,瑞典人竟还记得他的蓝牙齿。今天在瑞典 Lund 城爱立信研发中心的大门口,一块于 1999 年树立的蓝牙纪念碑上,依旧刻着这位国王信奉的耶稣圣像;只不过耶稣一手拿着掌上计算机,一手拿着移动电话,象征着蓝牙技术将计算机领域、通信领域和电子产品联系到了一起。

10.2　蓝牙传输技术

10.2.1　蓝牙协议体系

　　蓝牙协议体系由三层组成,自下而上依次是底层、中间层和应用层。
　　底层又称底层硬件模块,细分为射频、基带和链路管理协议三个子层。其中,射频的功能是完成数据流的过滤和传输。射频的功率定义有 1 mW、2.5 mW 和 100 mW 三种，对应不同的传输距离指标，如射频功率为 1 mW 时，发射半径约为 10 m。射频除了使用功率控制技术来控制发射功率外，还采用跳频技术来减小干扰和衰落。底层中基带层的功能是实现蓝牙数据或信息帧的传输，传输业务存在电路交换和分组交换两种不同类型。底层中链路管理协议用于规定如何建立和清除连接，且对链路的控制和安全负责。

中间层又称中间协议层软件模块，包括逻辑链路控制和适配协议、服务发现协议、电话通信协议和串口仿真协议。其中，逻辑链路控制和适配协议具有拆装数据、控制服务质量和协议复用等功能，为中间层其他协议提供实施基础，是蓝牙协议栈的核心之一。服务发现协议为应用层给出一种能发现并解释网络中可用协议的机制。电话通信协议用于提供蓝牙设备间语音和数据的呼叫控制指令。串口仿真协议实现蓝牙设备对传输控制协议（TCP）/网际协议（IP）、点对点协议（PPP）、无线应用协议（WAP）等高层协议的支持，并通过特定命令集实现蓝牙设备与调制解调器之间的无线连接。

应用层位于最上层，对应各种应用模型，每种模型有相应的功能和协议规范。使用相同应用模型的电子产品之间能够以蓝牙互通。常见的应用模型包括文件传输、数据同步、局域网接入、拨号网络、耳机、对讲机、无绳电话等。随着蓝牙技术的发展，新的蓝牙应用模型还会不断出现。

蓝牙协议体系中各子层和协议的层级关系如图 10-1 所示。

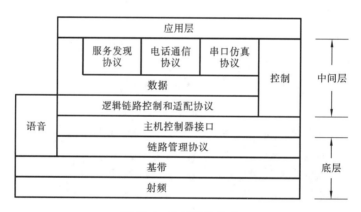

图 10-1 蓝牙协议体系

从图 10-1 中可以看出，在底层和中间层之间有一个主机控制器接口。该接口连接硬件和软件，其功能是解释并传递两层之间的信息和数据。接口以下的功能由蓝牙设备实施，接口以上的功能由运行在主机上的软件实现。

10.2.2 蓝牙频段分配

在国际频率使用规范中，2.4000 GHz～2.4835 GHz 是用于工业、科学和医疗的频段，简称 ISM 频段，无需授权即可使用。蓝牙的工作频段就位于 ISM 频段中，将该频段划分出 79 个跳频信道，每个信道带宽为 1 MHz。不过由于少数国家将该 ISM 频段的下限设定为 2.4465 GHz，蓝牙便存在第二种运行信道分配方案，跳频信道数变为 23，单信道带宽不变。表 10-1 列出了这两种方案。为了减少带外辐射及干扰,信道设置都留有保护带,如第一种方案的下边频保护带为 2 MHz,上边频保护带为 3.5 MHz。

表 10-1　蓝牙频段信道分配

分配方案	使用频段/GHz	跳频信道数	信道频率/MHz
方案一	2.4000~2.4835	79	$2402+n(n=0,1,\cdots,78)$
方案二	2.4465~2.4835	23	$2454+n(n=0,1,\cdots,22)$

蓝牙规范为信道分配设计了专门的跳频算法,发射端和接收端按照约定的伪随机序列进行跳频。跳频虽然能有效抑制干扰,但每个信道上的干扰一直存在,相邻两个频率间隔仅为 1 MHz,导致跳频瞬间的频带宽度很窄。解决此问题的办法是使用跳频扩频技术,将窄频带扩展为宽频带,减小单一频率上的干扰。

10.2.3　蓝牙设备的硬件配置

蓝牙设备主要由射频单元、链路控制单元、链路管理和主机输入输出端口(I/O)、主机四部分组成。其中,射频单元发射和接收蓝牙无线电波;链路控制单元执行基带协议和其他底层蓝牙协议,负责跳频频率选择和跳频次数的稳定;链路管理部分承担建立和管理链路的正常运行、执行链路管理协议;主机 I/O 部分承担与主机的接口;主机负责协调指挥蓝牙设备各单元电路的动作,运行蓝牙软件,包括处理蓝牙无线信号、执行高层协议和应用。蓝牙设备结构如图 10-2 所示。

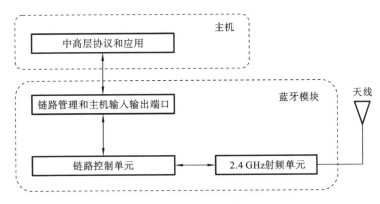

图 10-2　蓝牙设备

从物理形态上看,蓝牙设备是一个完整的实体,蓝牙模块是一个硬件模块,其中的射频和链路控制单元都是硬件电路,链路管理和主机 I/O 已制成固件。

任何蓝牙设备都必然包含射频单元、基带单元、微控制器和存储器四个模块,不过由于制作工艺条件的差异,对这些模块的集成方式也有不同。有的将每个模块分别制成一个芯片(四芯集成),有的将基带和微控制器集成在一个芯片内(三芯集成),还有的将四个模块全部集成在一个芯片内(单芯集成)。总的来说,单芯集成的运行效果最佳,因为存储器中存放的上层协议软件也固化在芯片中,这样芯片内部就能自行处理协议,成为一个智能终端,避免了底层与中上层协议连接的许多问题。这种芯片只需通过一个接口与主机相连,而主机的处理器则不必考虑协议处理。

10.2.4 蓝牙信号的发射与接收

蓝牙无线信号在发射之前同样对数据进行载波调制,接收之后也需对高频信号解调;发射和接收过程均伴随着一系列数据信息和控制信息的传输,它们使用各自的接口。数据信息经由空中接口收发,控制信息控制无线射频收发器的各项操作。具体来说,控制信息在信号发射时控制发射载频、发射功率级别、数据码元流向等;在信号接收时控制数据码元流向、高频信号解调、噪声分析等。蓝牙信号的收发示意如图 10-3 所示,图中未显示功放电路、时间基准电路、数据接口和控制接口,但实际设计时必须考虑。

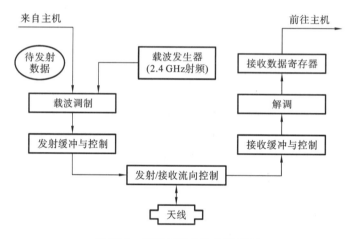

图 10-3 蓝牙信号的收发示意图

根据蓝牙的射频功率定义,无线信号的发射功率可分为三个级别。最低级别为 1 mW;中间级别为 0.25 mW～2.5 mW,即对功率的控制电路要求射频部分的发射功率介于 0.25 mW 和 2.5 mW 之间;最高级别为 1 mW～100 mW。

如果以 dBm 为单位,如何表示以上发射功率的三个级别?

10.2.5 蓝牙网

个人区域网络有两种不同的拓扑结构,一种是微微网(见图 10-4(a)),其特征是只有一个主节点,允许若干个从节点与之通信;另一种是散射网(见图 10-4(b)),它由若干个微微网连接而成,不同微微网之间联通的节点既可以是主节点也可以是从节点。

蓝牙网既是一种微微网,又是一种散射网。从微微网的角度看,蓝牙网单个主节点对应的从节点数最多为 7,不同从节点通过不同的频率与主节点通信。主节点按照跳频

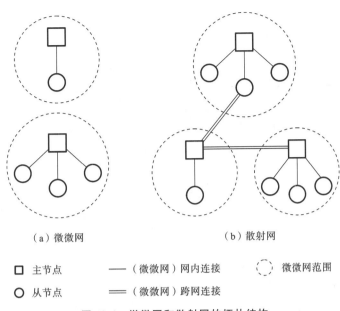

（a）微微网　　　　　　　（b）散射网

□ 主节点　　　——（微微网）网内连接　　　⟨ ⟩ 微微网范围

○ 从节点　　　══（微微网）跨网连接

图 10-4　微微网和散射网的拓扑结构

序列中的不同频率识别不同的从节点,但跳频序列中包含的频率远不止 7 个,多出的频率称为识别频率,用于区分散射网中各个不同的微微网。同一微微网中所有节点必须与每一个识别频率同步,因此从散射网的角度看,蓝牙网中的每一个从节点都要识别跳频序列中的两个不同频率:一是相对其他微微网的识别频率,二是所在微微网中的通信频率。

微微网中主节点主要负责寻找从节点并发送指令控制其他从节点的运行。蓝牙网中的主节点是发起连接的设备,它根据蓝牙设备地址确定跳频序列中的从节点频率及信道识别码。一个蓝牙设备的节点类型(主节点或从节点)按需要设置,只有当蓝牙设备成为主节点或从节点后,微微网的网络控制才有实际意义。另外从散射网的结构可以看出,一个微微网中的主节点在另一个微微网中可能成为从节点。因此,蓝牙网中的从节点虽然是被动连接的设备,但在一定条件下主节点和从节点的身份可以相互转换。

选学课文

蓝牙网的同步传输和异步传输

蓝牙网的信号传输同样使用了信道复用技术,目前蓝牙信号在微微网内采用时分复用技术完成信号传输。蓝牙设备能够支持 3 条同步语音信道和 1 条异步数据信道(部分蓝牙设备还额外有 1 条同时支持同步语音和异步数据的信道)。

下面以时分复用方案为例说明同步传输和异步传输。设信号传输以帧为单位,同步传输的特征为:每一帧数据由同步字符和若干等长的时隙构成。同步字符的功能是使接收方与发射方同步,通常每个时隙长度可以是 1 位、8 位或 1 个分组,每路信号占用一个时隙。

异步传输的数据同样以帧为单位,帧结构中无同步字符。不过发送方有必要告诉接收方数据开始的位置,因而异步传输的数据以时隙标头信息为起始,不同数据的时隙标头信息也不同。接收方在接收到这些数据后,按不同的时隙标头信息分类暂存于多个缓冲器内,需要时再从缓冲器内取出数据。蓝牙网的异步数据格式如图10-5所示。

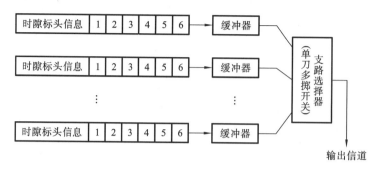

图 10-5 蓝牙网的异步数据格式(每帧含 6 个时隙)

由于异步传输需要以时隙标头作数据识别,因而异步传输的时隙较长,没有单字节(1位)时隙长度的情况,通常需要使用分组,所以异步时分传输是一种分组传输。异步传输有两个优点:第一,发射端和接收端可以省去同步的需求,各自独立地安排工作;第二,同步传输按照发射端的数目来分配时隙,即使无信号发送也需分配,而异步传输中无信号发送的发射端可以不占用时隙,这就提高了信道资源的利用率。

最后补充一点,蓝牙信号在微微网外、散射网内进行传输时,采用的是信道频分复用方案。组成散射网的每一个微微网有各自的跳频信道,所有节点与跳频信道保持时间和跳频频率同步。

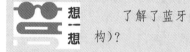 了解了蓝牙网的异步数据格式后,你能否画出同步数据格式(帧结构)?

10.3 紫　蜂

10.3.1 低速无线个人区域网

紫蜂(ZigBee)是另一种应用广泛的短距离移动通信技术标准,它应用于低速无线个人区域网(LR-WPAN),故本节首先对LR-WPAN作简要介绍。无线个人区域网的概念在前文中已有所涉及,针对此类网络制定应用标准是IEEE802.15工作组的主要任务。在IEEE802.15工作组内有四个任务组,其中第四任务组针对LR-WPAN制定标准,该标准以低能量消耗、低速率传输、低成本作为主要特色,为小范围内不同设备之间的低速无线互连提供统一标准。

LR-WPAN的目标是建立一个易于安装、有可靠的数据传输、通信距离短、成本低、电池寿命长的网络,并且它能保持简单灵活的网络协议。因此,它常应用于一些功率有限和对网络吞吐量无严格要求的设备之间的无线连接。LR-WPAN 含有两种不同类型的设备:全功能设备和简单功能设备。前者可作为整个网络的协调器、路由器或网络中的应用设备,后者在网络中主要是一个简单的应用设备,如灯的开关或红外传感器,它不传输大规模的数据。全功能设备可以与任何种类的设备通信,简单功能设备只能与全功能设备直接通信,且在某一时刻只能与一个全功能设备通信。

LR-WPAN 有两种拓扑结构。第一种称为星形拓扑结构,这种结构中通信在一个中心协调器与其他设备之间进行,中心协调器是整个网络的控制设备。这里的通信是双向的,任何设备既可以是发起设备,也可以是响应设备;中心协调器还可作为路由器。星形拓扑结构主要用于家庭自动化、个人计算机外围、玩具、游戏设备、个人卫生保健设备等。第二种称为对等拓扑结构,这种结构中任何设备只要在其他设备的通信范围内,它们之间就可直接进行通信而不一定通过中心协调器中转。这种结构的网络大多是自组织、自愈合的,其组网实现形式有时很复杂。对等拓扑结构主要用于工业控制与监测、无线传感器网络、智能农业等。这两种拓扑结构如图 10-6 所示。

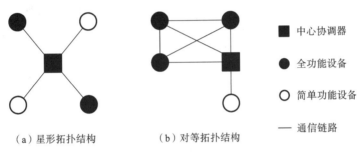

（a）星形拓扑结构　　　　（b）对等拓扑结构

■ 中心协调器
● 全功能设备
○ 简单功能设备
— 通信链路

图 10-6　LR-WPAN 的两种拓扑结构

LR-WPAN 的体系结构由若干层构成,其中物理层包含射频收发器和它的低电平控制机制,MAC 层负责物理信道的接入方式,网络层提供网络配置、操作和信息路由,应用层提供设备的目标功能。在 MAC 层和网络层之间还存在逻辑链路控制和服务协议汇聚层,如图 10-7 所示。LR-WPAN 体系结构的实现方式可以是独立设备或嵌入式设备。

| 应用层 |
| 网络层 |
| 逻辑链路控制 |
| 服务协议汇聚层 |
| MAC层 |
| 物理层 |

图 10-7　LR-WPAN 的
体系结构

▌▌ 10.3.2　紫蜂的物理层

紫蜂的物理层使用三个分离的频段。较低频率的频段位于 868 MHz 和 915 MHz 附近,分别被欧洲和美国/澳洲所使用;较高频率的频段位于 2.4 GHz 附近,供全世界使用。这三个频段共有 27 个信道,编号为 0～26,其中低频率频段有 11 个信道,高频率频段有 16 个信道,各信道的编号 k 与中心频率 $f_c(k)$（单位为 MHz）的函数关系如下:

$$f_c(k)=\begin{cases} 868.3, & k=0 \\ 906+2(k-1), & k=1,2,\cdots,10 \\ 2405+5(k-11), & k=11,12,\cdots,26 \end{cases} \qquad (10\text{-}1)$$

各频段对应的扩频和数据参数如表 10-2 所示。

表 10-2　紫蜂物理层的扩频参数和数据参数

频段 /MHz	扩 频 参 数		数 据 参 数		
	调制方式	码片速率 /(kchip/s)	码元速率 /(kbit/s)	符号格式	符号速率 /(ksymbol/s)
868～868.6	BPSK	300	20	二进制	20
902～928	BPSK	600	40	二进制	40
2400～2483.5	OQPSK	2000	250	十六进制(正交)	62.5

868 MHz/915 MHz 物理层采用直接序列扩频,对码片使用 BPSK 调制,数据符号编码方式为差分编码。二进制数据依次经过差分编码器、扩频码片产生器和 BPSK 调制器变成调制信号。这里的差分编码是用已编码码元与原始数据码元进行模二加法。设 R_n 为被编码的原始数据码元,E_{n-1} 是前一个差分编码码元,则与 R_n 对应的差分编码码元为

$$E_n = R_n \oplus E_{n-1} \tag{10-2}$$

式中:$\oplus$ 代表模二加法。

对于每个分组数据,预设 $E_0 = 0$,R_1 是第一个原始数据码元。反过来在执行解码过程时,同样预设 $E_0 = 0$,E_1 是第一个被解码的码元,则解码操作可描述为

$$R_n = E_n \oplus E_{n-1} \tag{10-3}$$

想一想　如果 E_0 的预设值不同,编码码元会出现怎样的变化? 接收端还能够正确解码吗?

扩频码片产生器将单个二进制码元映射至 15 位长度的伪随机噪声码片序列,具体来说,码元 0 映射为 111101011001000,码元 1 映射为 000010100110111。

2.4 GHz 物理层采用十六进制正交调制技术。在扩频与调制功能模块中,二进制码元数据首先被转换为十六进制符号,随后被转换为各符号对应的码片序列,最后以 OQPSK 方式调制到载波上传输。码片序列是 32 位长度的伪随机噪声码片序列,符号到码片的映射关系如表 10-3 所示,表中的数据码元从低位向高位读取,对应的书写顺序自左向右,所以二进制码元以常规数学表示的逆序显示。

表 10-3　2.4 GHz 物理层符号到码片的映射

数据码元(二进制)	数据符号(十六进制)	码 片 序 列
0000	0	1101 1001 1100 0011 0101 0010 0010 1110
1000	1	1110 1101 1001 1100 0011 0101 0010 0010
0100	2	0010 1110 1101 1001 1100 0011 0101 0010
1100	3	0010 0010 1110 1101 1001 1100 0011 0101
0010	4	0101 0010 0010 1110 1101 1001 1100 0011

续表

数据码元(二进制)	数据符号(十六进制)	码 片 序 列
1010	5	0011 0101 0010 0010 1110 1101 1001 1100
0110	6	1100 0011 0101 0010 0010 1110 1101 1001
1110	7	1001 1100 0011 0101 0010 0010 1110 1101
0001	8	1000 1100 1001 0110 0000 0111 0111 1011
1001	9	1011 1000 1100 1001 0110 0000 0111 0111
0101	A	0111 1011 1000 1100 1001 0110 0000 0111
1101	B	0111 0111 1011 1000 1100 1001 0110 0000
0011	C	0000 0111 0111 1011 1000 1100 1001 0110
1011	D	0110 0000 0111 0111 1011 1000 1100 1001
0111	E	1001 0110 0000 0111 0111 1011 1000 1100
1111	F	1100 1001 0110 0000 0111 0111 1011 1000

 想一想 紫蜂 2.4 GHz 物理层码元数据的每个字节对应的数据符号长度为多少? 对应的码片序列长度为多少?

10.3.3 紫蜂的 MAC 层帧结构

紫蜂的 MAC 层需要处理高层的物理信道接入等事务。MAC 数据以帧的形式组织,一个 MAC 帧由三部分构成:①MAC 帧头——包含帧控制域、序列号和地址信息;②MAC净载荷域——包含帧类型信息;③MAC 帧尾——包含帧校验序列。完整的帧格式如图 10-8 所示。

MAC帧头:	帧控制域	序列号	地址域			
			目的PAN标识符	目的地址	源PAN标识符	源地址
包含字节:	2	1	0/2/8	0/2	0/2/8	0/2

MAC净载荷域和MAC帧尾:	帧净载荷	帧校验序列
包含字节:	可变	2

图 10-8　MAC 帧的完整格式

MAC 帧头中的地址域长度不定,有的帧无地址域;MAC 净载荷域长度也是可变的。MAC 帧尾的帧校验序列由帧头和净载荷域决定,校验算法为 16 位长度的 CRC-ITU 校

验,即 CRC 生成多项式为

$$G(X) = X^{16} + X^{12} + X^5 + 1 \qquad (10\text{-}4)$$

CRC 校验算法在前面章节中已经介绍,这里不再重复。

紫蜂的网络层概述

网络层的主要功能是确保正确地操作 MAC 层和为应用层提供服务接口。为了与应用层连接,网络层从概念上包括数据实体和管理实体两个服务实体。

网络层数据实体为数据传输服务,它允许应用进程在同一网络中的多个设备之间传输应用协议数据。除了产生协议数据单元之外,数据实体还有拓扑指定路由的功能,将协议数据发送给合适路径上的设备以完成路由。

网络层管理实体利用数据实体完成一些管理事务,并维护网络信息数据库。具体说来,该实体提供的服务包括配置新设备、建立网络、加入和退出网络、地址写入、发现路由、接收控制等。

10.3.4 紫蜂的应用层功能

紫蜂的应用层包含应用支持(APS)子层、紫蜂设备对象(ZDO)和制造商定义的应用对象。APS 子层负责维护匹配表,该表根据设备之间的服务和它们的需求使设备相互匹配,同时在它们之间转发信息;ZDO 负责定义设备在网络中的角色(如协调器、路由器、终端设备等)、发现设备、决定应用服务的种类、发起或响应匹配请求、建立网络设备间的关联。

APS 子层通过 ZDO 和制造商定义的应用对象所使用的服务,为网络层和应用层提供接口,这里的服务由 APS 子层的数据服务实体(APSDE)和 APS 子层的管理服务实体(APSME)给出。APSDE 为网络层、ZDO 和应用对象提供数据服务,以实现同一网络中两个或更多设备之间应用协议数据的传输。具体来说,APSDE 产生应用级协议数据单元,并根据设备之间的服务和需求进行匹配;一旦两个设备匹配成功,APSDE 就能从一个设备向另一个设备传输信息。APSME 在 APSDE 匹配功能的基础上,建立和维护匹配表以存储匹配信息,此外它还能通过使用安全密钥提高设备间关联的可靠性。

ZDO 是一种应用解决方案,在应用层中位于 APS 子层之上。ZDO 负责初始化 APS 子层、网络层、安全服务来源设备和其他部分紫蜂设备层,但不初始化终端应用。相应地,ZDO 从终端应用处汇集配置信息以检查和执行特定功能,这些功能包括设备发现和服务发现功能、节点管理、匹配管理、网络管理和安全管理。

紫蜂的应用

紫蜂因其自身的特性,主要应用在短距离范围内低传输速率的电子设备之间,因此非常适用于家电和小型电子设备的无线控制指令传输(参见插图十一)。其典型的传输数据类型包括周期性数据(如传感器)、间歇性数据(如照明控制装置)和重复的短时数据

(如鼠标)。近年来使用紫蜂技术的无线传输已扩展到人类生产和生活中的许多领域。

在工业领域,传感器和紫蜂网络使数据的自动采集、分析和处理更容易,因而可作为决策辅助系统的重要组成部分,例如危险化学成分的监测、火警的早期预报、机器活动部件的检测与维护、矿工的井下定位、小区车辆的管理等。这些应用不需要很高的数据吞吐量和频繁的状态更新,而其低功耗特性最大限度地延长电池的使用寿命,降低网络的维护成本。紫蜂网络在汽车控制上的用途别具特色,由于很多传感器只能内置于高速旋转的车轮或发动机中,这就要求内置的移动通信设备使用的电池有较长的寿命(如轮胎气压监测设备的电池寿命应不小于轮胎本身的寿命),而紫蜂无线传感网络容易满足这类要求。

传统农业主要使用孤立的、无通信功能的机械设备,同时依靠人力监测农作物的生长状况。应用了传感器和紫蜂网络后,农业可以逐渐地转向以信息和软件为中心的生产模式,使用更多的自动化、网络化、智能化和远程控制的设备来进行耕种。传感器可收集温度、湿度、气压、降水量、土壤氮浓度、酸碱度等信息并通过紫蜂网络传送到中央控制设备供人参考,这样,技术人员就能及早且准确地发现问题,从而有助于提高农作物的产量。这种有别于传统农业的耕种方式称为精确农业。精确农业中无线电传播特性良好,但传感器数量大,网络结构比较复杂。

在医学领域,传感器和紫蜂网络能帮助医生实时且准确地监测病患者的生理指标,如体温、血压、心率等,这样既减小了病房查房的工作量,又有助于医生做出快速反应。特别是在对危重病患者的监护和治疗过程中,它们具有很高的应用价值。

紫蜂技术最有潜力的市场是家电自动化市场。家用设备引入紫蜂技术后,将大幅改善居住环境的舒适度,特别适合儿童、高龄人士和残障人士使用。紫蜂技术使家电实现自动化,将各种电器和电子产品以无线组网方式连接,比传统的红外遥控技术先进。使用者只需使用一个遥控器就可在规定的空间内操控多种电器,并且遥控模块可以嵌套在诸如手机之类的便携电子设备中,使用非常便利。据估测,每个家庭的紫蜂设备需求量将超过 100 个,可连入紫蜂控制网络的家用设备,包括电视机、录像机、个人电脑、玩具、门禁系统、窗户和窗帘、照明设备、空调设备等,从而实现真正意义上的智能家居。

附录 D 中介绍了紫蜂的应用实例,供读者参阅。

紫蜂技术弥补了低成本、低功耗和低速率移动通信市场的空缺,其立足的关键不是技术本身,而在于丰富且便捷的应用。在规范化协议公布之后,越来越多的关注和研发力量转移到应用方案设计、入网设备研制、网络规划和调试、市场推广等方面。可以预见在不远的将来,会有更多的内置紫蜂功能的设备问世,它们将极大地改善人们的工作和生活。

想一想

紫蜂技术在以下场景可以发挥怎样的作用?

①食品零售部门需要按时将一批巧克力运输到指定商店,并且运输过程中温度不能太高;

②酒店需要各房间的使用信息(有人或无人入住),并关闭空置房间的空调设备;

③高尔夫球场的洒水系统需要根据降雨调整洒水时间,维持地表合适的湿度。

10.4 超宽带简述与下层技术

10.4.1 超宽带技术的特点

超宽带(UWB)最初用于高速数据传输、低速率通信和成像应用,其中的高速数据传输预示着巨大的市场潜力。超宽带技术的特点可大致概括为以下几条:第一,超宽带能够获得很高的吞吐量,这在大文件传输和视频流应用中非常必要;第二,超宽带产品的价格低,这在消费电子领域也是必要的;第三,超宽带具有厘米级精度的定位能力;第四,传输功耗很低,这使得超宽带能够成为电池供电设备中的无线传输方式。

传输速率是通信模式中最重要的技术指标之一。例如,将一个双层蓝光 DVD 的内容(大小约 50 GB)进行无线传输,在峰值传输速率下,一般的无线局域网至少需要 5 小时,而超宽带可将此传输时间缩短至 17 分钟。高速率超宽带设备已于 2007 年进入市场,对外宣传的速率可以达到 480 Mbit/s(距离 3 m)和 110 Mbit/s(距离 10 m),并计划将下一代产品的最大速率提升到 1 Gbit/s 以上。

成本低廉是超宽带技术的又一个主要优势,其成因是多方面的。首先,超宽带技术的发射功率非常低,甚至低于普通电视或音响的辐射功率,这意味着超宽带无线收发设备不需配备昂贵的外部功率放大器。其次,超宽带无线电设计主要采用数字化方式,这表示随着时间的推移,数字电路的尺寸会随着绝大多数无线电器件体积的下降而减小,这就缩减了电路制造材料的使用量,自然降低了成本。最后,规模经济和竞争也促使超宽带设备的价格下降。超宽带芯片组于 2007 年在美国以 10~15 美元的价格投入市场,在其后的 5 年中,该芯片组的价格已逐渐降至 5 美元以内。此外,单个无线电设备可能集成了多个芯片以兼容多种无线技术,而芯片集成工艺有效地合并了相关功能,减小了整体芯片的规模。因此,新的集成手段和工艺的改善也使成本进一步降低。

很多人将一个价值 100 元的超宽带设备添加到价值 8000 元的个人电脑上,而少有人将价值 100 元的超宽带设备植入价值 300 元的手机中。根据这一现象,你如何理解"降低超宽带设备成本是其开拓新兴市场的重要保证"这句话?

超宽带接收机具有高分辨率的定位能力。换言之,接收机利用附近区域的网络连接节点能够知道发射机的位置,定位误差通常只有几厘米。这使其产生了在定位方面的一系列应用,如监测仓库或店铺中商品的位置,监视办公室的访问人员等。

想要实现定位功能,发射机必须处于至少 N 个接收机的接收区域之中。对于二维平面定位,N 的值为多少?对于三维空间定位,N 的值又是多少?

低功耗是超宽带无线设备的第四个特点。前面已提到超宽带具有很低的发射功率,那是低功耗的一种表现。在由电池供电的设备上（如手机和笔记本电脑），低功耗的优势体现得最明显。和其他短距离移动通信技术相比，超宽带的峰值功率较高，同时峰值吞吐率也很高。如果按照传输一定量的数据所消耗的能量来度量功耗，超宽带的功耗较低。不过需要注意的是，传输方式会影响这种优势的存在。如果是应用于连续不间断的数据流传输，则超宽带的功耗反而较高。

从功耗角度考虑，为什么超宽带设备传输普通文件优于传输流媒体？如果希望降低传输流媒体的功耗，设备的工作模式可作怎样的变化？（提示：考虑工作状态的时域分配）

10.4.2 多频带正交频分复用

和其他通信技术类似，超宽带的物理层功能是与上层交换数据，并通过无线信道将这些数据发射或接收。为了应对大量高速率无线传输需求，超宽带采用多频带正交频分复用（MB-OFDM）的调制方案。

顾名思义，超宽带的信号频谱很宽，比现有的窄带无线信号带宽高出至少一个数量级，比扩频信号的带宽也要高出不少，如图 10-9 所示。在多频带技术中，超宽带频谱被分成若干子频带，每个子频带的最小带宽为 500 MHz。这些子频带以串行或并行方式传输，而后被变频接收机接收或通过多径接收。

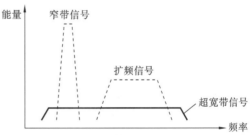
图 10-9 超宽带信号的带宽示意

超宽带的多频带系统分为两类。第一类是脉冲多频带系统，它使用脉冲定位进行时域信号调制，或使用 BPSK 进行相位调制。这种调制方法可行但存在性能缺陷，最明显的缺陷是它无法使用单一射频链路面对多径衰落——单一链路只能跟踪一个信号路径，想要获得多径信号的能量就需要多个射频链路。第二类是 MB-OFDM 系统。它将每个频带进一步分成多个子载波，信号的带宽和频谱一般由发射机上的时频变换（如 IFFT）来定义。MB-OFDM 系统的接收机可以使用单一射频链路获得多径信号的能量，因此它的性能优于脉冲多频带系统。

MB-OFDM 系统接收机的结构与一般的无线 OFDM 接收机相似，如图 10-10 所示。二者的主要区别在于 MB-OFDM 的多频带部分要求电路产生适合传输每个 OFDM 符号的跳频模式，因为射频信号随参考频率的不同而变化。

分割频谱的目的是将较宽的频段子信道化，以增加无线抗干扰的能力，提高应对环境变化的灵活性。MB-OFDM 通过两种方法使用分割的频谱。一种称为时频交织，使用可变顺序的三个频带传输数据；它是一种调频方式，覆盖范围较大。另一种称为固定频率交织，在单一的频带上传输数据；它的覆盖范围较小，但在网络密集区域的抗干扰能力较强。几乎所有的超宽带物理层都同时支持时频交织和固定频率交织两种操作方法。

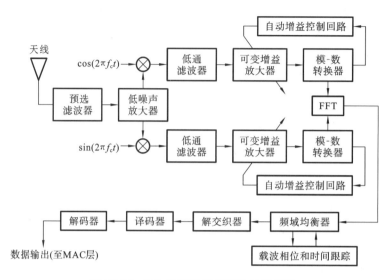

图 10-10   MB-OFDM 系统接收机的结构

10.4.3 功率控制和能源管理

无线链路质量有多个指标,包括信噪比、接收信号强度、误码率等。超宽带接收机会选用其中一种指标来进行评估。改善链路质量的一种重要方法是进行功率控制,超宽带MAC层的传输功率控制可以显著降低超宽带网络和其他网络设备之间的干扰。超宽带的最初功率设计是为了保证 10 m 范围内的无线传输,但根据 ITU 和欧洲标准化组织的调查和统计,实际应用中超过一半的超宽带传输距离在 1 m 至 3 m 的范围内,因而最初设计的发射功率可以适当降低,在实现无线传输的同时减小干扰。

前面提到,超宽带的应用实例中有很大一部分是依靠电池供电的设备,因此超宽带MAC层降低功耗的功能非常必要。控制发射功率显然属于这一功能,除此之外,MAC层还可使设备休眠以节约电能。

如果超宽带网络中的一个设备处于非活跃状态,并计划在一段时间内关闭其无线传输功能,则该设备向网络中的其他设备发送一个"休眠模式"信令用于告知自身状态,随后无线传输停止并进入休眠状态。现实中超宽带的网络业务大多是突发式的,如文件传输和人为交互式业务,相邻突发的业务之间会存在一段时间的静默状态。随着超宽带设备传输速率的增大,静默状态的时间会延长。休眠模式通过设备在静默时段内停止工作来节约电能,这种方法的作用明显,但同时降低了网络的稳定性。如果同时处于休眠状态的设备过多,可能导致整个网络停止工作;而当这些设备恢复至活跃状态时,网络结构需要一个重新建立的过程。

 进入休眠状态的设备是否需要确定休眠状态的预计终止时间? "休眠模式"信令中是否必须包含休眠状态的预计终止时间? 为什么?

为了减小重建网络结构的开销,可在网络中预先指定一些设备充当"锚节点"。这些"锚节点"保持自身的无线传输功能处于开启状态,并保存相邻休眠节点的状态恢复信息;其目的是在其他节点的休眠期内保持网络的稳定,且其他节点在开始和结束休眠状态时不会对网络带来大量附加开销或造成中断。网络中具有路由或交换功能的节点适合成为"锚节点";如果有节点的能耗直接取自稳定的外部电源(非自身电池),则它们也适合承担"锚节点"的功能。

📖 **阅读材料**

超宽带的发展历程

超宽带首次出现的时间是 20 世纪 60 年代后期。因为它具有特别强的穿透性,所以被应用于军事雷达。在军事通信领域,军方利用超宽带信号带宽极宽(对于大多数监听设备而言宽带信号与噪声相似)的特点进行保密通信。由于军事领域的重视,超宽带前十年的发展主要由军用企业推动。到了 20 世纪 90 年代,超宽带技术不再局限于军用而逐渐向商用方向发展,但是当时存在许多的管制和商业壁垒,因而超宽带的商用进程十分缓慢。当时的普遍观点是超宽带的使用不合法,并且成本高昂。后来,硅芯片制作工艺的发展使得超宽带设备的价格和功耗都有所降低,成本问题得到解决。

超宽带商用的另一个问题是合法性和管理的规范化。这个问题存在了很长时间,直到 1998 年,超宽带终于引起了美国联邦通信委员会(FCC)的注意。当 FCC 还在进行超宽带的可行性论证时,委员会中有些成员已经觉察到了商业机遇并开始着手建立公司。紧接着大量风险资金投入其中,旨在推广超宽带技术从而使其合法化,然后吸引更多的资金投入。超宽带还一度错误地被宣传为对现有的移动通信系统不会带来任何干扰,因此可以自由地使用这一段频谱。后来经过 FCC 的调查,发现干扰依然存在,只不过由于发射功率很低,有时可忽略这种干扰,并且超宽带能通过很宽的带宽来弥补低功率的缺陷。从这一层面出发,超宽带适宜用于短距离传输、高吞吐量的无线设备,这正好符合工业界的需求。有了前述基础,FCC 开始制定相关标准以规范化管理超宽带资源分配。

在 FCC 制定标准的同时,工业界开始改进超宽带调制技术,希望得到比原有的脉冲位置调制方案干扰更低和性能更好的系统。经过长达三年的激烈争论,最终确定使用 MB-OFDM 方式。2000 年,FCC 发布了关于超宽带的提案公告,出于复杂的商业原因,工业界对这个公告的评论褒贬不一,该争论又持续了两年之久。尽管有反对的声音,但 FCC 还是在 2002 年 2 月 14 日这一天公布了对超宽带的授权,这是超宽带发展史上一个重要的里程碑。在随后的时间里,超宽带终于逐步打开商业市场,世界各国相应的管理规定也正在逐渐成形,超宽带产品正越来越多地在短距离移动通信中得到应用。

已知蓝牙、紫蜂和超宽带都遵从 IEEE802.15 标准。根据以下信息,判断三者的应用标准分别由哪个任务组制定。

任务组 1:制定 IEEE802.15.1 标准。这是一个中等速率、近距离的无线个人区域网络标准,通常用于手机、掌上电脑等手持移动设备的短距离通信。

　　　　任务组 2：制定 IEEE802.15.2 标准。主要研究 IEEE802.15.1 与 IEEE802.11(无线局域网标准)的共存问题。

　　　　任务组 3：制定 IEEE802.15.3 标准。研究高传输速率无线个人区域网络标准。该标准主要考虑无线个人区域网络在多媒体方面的应用，追求更高的传输速率与服务品质。

　　　　任务组 4：制定 IEEE802.15.4 标准。针对低速无线个人区域网络制定标准。该标准以低能量消耗、低速率传输、低成本作为重点目标，为家庭范围内不同设备之间的低速无线互连提供统一标准。

10.5　超宽带干扰抑制措施

　　在超宽带通信中，干扰抑制的目标是将有害干扰去除或降低到可以接受的程度。干扰抑制措施得当时，可以获得额外的保护以对抗潜在的干扰。不同的国家和地区采用的干扰抑制措施有差异，以下对其中的主要措施作简要介绍。

10.5.1　低速数据传输

　　低速数据传输(LDC)是在欧洲授权的主要措施之一，它被设定为超宽带传感器网络应用的一种技术。设想利用超宽带在一个仓库中定位入库物品的位置，或通过超宽带监测和控制一个办公大楼的温度。这两个实例中传输数据的总量非常低，吞吐率一般不超过 1 Mbit/s；另外其中的传感器不是持续而是间断性地进行传输，这不仅延长了电池的寿命，而且不会产生大的干扰。不过随着该网络应用的发展，可以预见传感器的吞吐率会逐渐增大以至于有可能成为干扰源。为了避免这种情况发生，欧洲的超宽带监管机构倾向于短时高功率传输，即传感器限制自身在单位时间内的通信时长不超过一定比率。这种机制易于实现，只需配备计时装置即可，成本不高；同时低速数据传输要求没有额外的供电设施，所以不需要进行干扰功率预算。

10.5.2　检测与规避

　　欧洲授权的第二个主要措施是检测与规避(DAA)技术。采用该技术的设备对吞吐率的要求较高，对吞吐率峰值有明确限制，但对功率限制并不敏感。DAA 技术从概念上解释很简单：为了使用特定的频段，一个超宽带设备必须在该频段内监听现有的通信系统；如果检测到现有通信系统存在，该超宽带设备必须相应地调整其辐射强度以避免干扰或放弃使用这一频段。

　　不过在实际应用中，DAA 技术的实现难度较大。首先，超宽带设备必须将已有通信系统传输从正常的环境噪声中识别出来。如果识别能力不足，超宽带设备将对已有的通信系统造成干扰；如果识别过于敏感，设备会处在高虚警范围内而不能工作在最优状态，它会舍弃本可以合法使用的频谱。其次，DAA 需要考虑距离的通信系统特征。如果通过现有通信系统的下行信号来应用 DAA 技术，那么对通信系统信号必须有持续的检测，这时就没有能力共享频谱，这样违背了超宽带进行频谱共享的初衷。最后，规避操作的实施有难度。一旦有其他共存通信系统的用户被识别出来，则需要调整超宽带设备以规避干扰。理论上最简单的方法是将工作频率移动至一个空闲的频段中，但如果超宽带设备处于通信状态，则必须同时协调通信双方进行频率迁移，同步的细微偏差都将导致数据丢包。

针对上述这些挑战，欧洲相关机构系统地论证了 DAA 技术的可行性，并制定合适的衡量标准。这些标准有些已经定稿，有些还在讨论中。现在欧洲的超宽带业界已普遍认可 DAA 技术，不过要提高其性能和应用价值，许多工作还有待完成。

10.5.3　十秒规则和户外设施禁用

十秒规则和户外设施禁用是美国联邦通信委员会（FCC）提出的两类措施。十秒规则最初的考虑是超宽带设备会保持在一个持续搜寻新通信的状态，这种状态如果频繁出现并且持续时间长，就需要考虑潜在的干扰。对室外活动的设备而言，这种干扰表现得更明显。为了规避这种干扰，FCC 要求任何超宽带设备如果在十秒之内没有搜寻结果（即未能找到链接）的话就进入静默状态。至于下一次搜寻如何启动，则由用户进行自由设计，没有统一的规定。户外设施禁用是指禁止部署户外基础设施，实施该措施的原因也是 FCC 认为户外的超宽带设备会带来干扰。不过 FCC 并未对"户外"和"基础设施"进行严格定义，因此该措施要求根据具体应用场景而定。

 为了保护某个置于室外的物品，使用超宽带设备进行电子监控是否合适？

10.5.4　电源连接

和 FCC 的思维类似，日本政府也禁止超宽带设备在户外使用。最特别的一项规定是要求网络中的超宽带设备必须连接到电源插座上即由外部电源供电。这意味着超宽带的组网规模非常小。由于电源插座的位置特点，电源连接的措施可以有效地将绝大部分超宽带设备限制在室内。不过由于这一措施会排斥许多潜在的点对点应用，如手机间或汽车上的无线传输，因此它是争议较大的干扰抑制措施。国际电信联盟和欧洲国家表示电源连接的限制没有必要，他们相信户外设备在提供合理保护的条件下，能够进行适当的组网和通信。

本 章 小 结

本章讲述的移动通信具有短距离、高效率的特点，与前几章介绍的广覆盖、大用户量的标准及系统有明显差别。本章涉及的蓝牙、紫蜂和超宽带是比较典型的短距离移动通信标准,它们以终端用户为中心,组网方式灵活。蓝牙具有完整的协议体系和硬件规范,它的组网兼具微微网和散射网的特点。紫蜂以成本低、功耗小见长,其物理层使用了扩频技术,MAC 层含有 CRC 校验功能;它广泛用于各领域的传感器网络中,应用前景良好。超宽带占用的频带宽,具有很高的峰值传输速率;它具有较严谨的功率控制和能源管理机制,使其在保证链路质量的同时降低能耗。

学完本章之后,应当对移动通信的系统应用有一个较为全面的认识。这种认识包括从第一代模拟移动通信系统到 LTE 系统的发展历程,也包括从大区域覆盖的通用制式到以个人为中心的短距离局域传输技术。移动通信不论是从时间还是空间上,每次前进都凝聚着的人类的智慧。可以预见,这些智慧将为今后移动通信标准和系统的深层次发展起到不可或缺的启示与促进作用。

复 习 题

1. 无线个人区域网(PAN)具有_____性和_____性,前者表示能随时随地连接或_____网络,进出网络的终端不受限制;后者指蓝牙设备具有的入网方式不受_____的制约,在短距离空间范围内并满足接入数量规定的情况下,自动建立与其他蓝牙设备之间的联系,联系过程可以不需要人为干预。

2. 蓝牙的协议体系由哪三层组成?画出该协议体系中各子层和协议的层级关系。

3. 蓝牙设备由哪几部分组成?各部分的功能是什么?

4. 蓝牙网既是一种_____,又是一种散射网。从散射网的角度看,蓝牙网中的每一个从节点都要识别跳频序列中的两个不同频率:一是_____,二是_____。

5. 有人将低速无线个人区域网(LR-WPAN)的主要特色概括为"三低",即低_____、低_____和低_____。

6. LR-WPAN 有哪两种拓扑结构?简述它们各自的组网方式和适用场景。

7. 紫蜂的物理层使用三个分离的频段。较低频率的频段位于_____ MHz 和_____ MHz 附近,分别被欧洲和美国/澳洲所使用;较高频率的频段位于_____ GHz 附近,供全世界使用。

8. 紫蜂的应用层包含应用支持(APS)子层、紫蜂设备对象(ZDO)和制造商定义的应用对象。APS 子层负责维护_____;ZDO 负责定义_____、发现设备、决定应用服务的种类、发起或响应匹配请求、建立_____间的关联。

9. 超宽带技术的特点有哪些?

10. 在多频带技术中,超宽带频谱被分成若干子频带,每个子频带的最小带宽为_____ MHz。这些子频带以串行或并行方式传输,而后被_____接收或通过_____接收。

11. 超宽带网络中"锚节点"的作用是什么?什么样的节点适合成为"锚节点"?

附录A

爱尔兰呼损表

A.1 制表原理

在多信道共用的通信网中,流入话务量 A、共用信道数 n 和呼损率 B 之间的定量关系满足爱尔兰呼损公式:

$$B = \frac{A^n}{n! \sum_{i=1}^{n} \dfrac{A^i}{i!}} \qquad (A\text{-}1)$$

这样只要得知 A、n、B 三个量中的 2 个量值,就可以通过查阅爱尔兰呼损表快速得出第 3 个量值。将公式取若干组常用值制成爱尔兰呼损表,见表 A-1。

A.2 表格数据

表 A-1 爱尔兰呼损表

(对给定呼损率所确定的流入话务量 A)

信道数 n	呼损率 B												
	1.0%	1.2%	1.5%	2%	3%	5%	7%	10%	15%	20%	30%	40%	50%
1	0.010	0.012	0.015	0.020	0.031	0.053	0.075	0.111	0.176	0.250	0.429	0.667	1.00
2	0.153	0.168	0.190	0.220	0.282	0.381	0.470	0.595	0.796	1.00	1.45	2.00	2.73
3	0.455	0.489	0.535	0.600	0.715	0.899	1.06	1.27	1.60	1.93	2.63	3.48	4.59
4	0.869	0.922	0.992	1.09	1.26	1.52	1.75	2.05	2.50	2.95	3.89	5.02	6.50
5	1.36	1.43	1.52	1.66	1.88	2.22	2.50	2.88	4.45	4.01	5.19	6.60	8.44
6	1.91	2.00	2.11	2.28	2.54	2.96	3.30	3.76	4.44	5.11	6.51	8.19	10.4

续表

信道数 n	呼损率 B												
	1.0%	1.2%	1.5%	2%	3%	5%	7%	10%	15%	20%	30%	40%	50%
7	2.50	2.60	2.74	2.94	3.25	3.74	4.14	4.67	5.46	6.23	7.86	9.80	12.4
8	3.13	3.25	3.40	3.63	3.99	4.54	5.00	5.60	6.50	7.37	9.21	11.4	14.3
9	3.78	3.92	4.09	4.34	4.75	5.37	5.88	6.55	7.55	8.52	10.6	13.0	16.3
10	4.46	4.61	4.81	5.08	5.53	6.22	6.78	7.51	8.62	9.68	12.0	14.7	18.3
11	5.16	5.32	5.54	5.84	6.33	7.08	7.69	8.49	9.69	10.9	13.3	16.3	20.3
12	5.88	6.05	6.29	6.61	7.14	7.95	8.61	9.47	10.8	12.0	14.7	18.0	22.2
13	6.61	6.80	7.05	7.40	7.97	8.83	9.54	10.5	11.9	13.2	16.1	19.6	24.2
14	7.35	7.56	7.82	8.20	8.80	9.73	10.5	11.5	13.0	14.4	17.5	21.2	26.2
15	8.11	8.33	8.61	9.01	9.65	10.6	11.4	12.5	14.1	15.6	18.9	22.9	28.2
16	8.88	9.11	9.41	9.83	10.5	11.5	12.4	13.5	15.2	16.8	20.3	24.5	30.2
17	9.65	9.89	10.2	10.7	11.4	12.5	13.4	14.5	16.3	18.0	21.7	26.2	32.2
18	10.4	10.7	11.0	11.5	12.2	13.4	14.3	15.5	17.4	19.2	23.1	27.8	34.2
19	11.2	11.5	11.8	12.3	13.1	14.3	15.3	16.6	18.5	20.4	24.5	29.5	36.2
20	12.0	12.3	12.7	13.2	14.0	15.2	16.3	17.6	19.6	21.6	25.9	31.2	38.2
21	12.8	13.1	13.5	14.0	14.9	16.2	17.3	18.7	20.8	22.8	27.3	32.8	40.2
22	13.7	14.0	14.3	14.9	15.8	17.1	18.2	19.7	21.9	24.1	28.7	34.5	42.1
23	14.5	14.8	15.2	15.8	16.7	18.1	19.2	20.7	23.0	25.3	30.1	36.1	44.1
24	15.3	15.6	16.0	16.6	17.6	19.0	20.2	21.8	24.2	26.5	31.6	37.8	46.1
25	16.1	16.5	16.9	17.5	18.5	20.0	21.2	22.8	25.3	27.7	33.0	39.4	48.1
26	17.0	17.3	17.8	18.4	19.4	20.9	22.2	23.9	26.4	28.9	34.4	41.1	50.1
27	17.8	18.2	18.6	19.3	20.3	21.9	23.2	24.9	27.6	30.2	35.8	42.8	52.1
28	18.6	19.0	19.5	20.2	21.2	22.9	24.2	26.0	28.7	31.4	37.2	44.4	54.1
29	19.5	19.9	20.4	21.0	22.1	23.8	25.2	27.1	29.9	32.6	38.6	46.1	56.1
30	20.3	20.7	21.2	21.9	23.1	24.8	26.2	28.1	31.0	33.8	40.0	47.7	58.1
31	21.2	21.6	22.1	22.8	24.0	25.8	27.2	29.2	32.1	35.1	41.5	49.4	60.1
32	22.0	22.5	23.0	23.7	24.9	26.7	28.2	30.2	33.3	36.3	42.9	51.1	62.1
33	22.9	23.3	23.9	24.6	25.8	27.7	29.3	31.3	34.4	37.5	44.3	52.7	64.1
34	23.8	24.2	24.8	25.5	26.8	28.7	30.3	32.4	35.6	38.8	45.7	54.4	66.1
35	24.6	25.1	25.6	26.4	27.7	29.7	31.3	33.4	36.7	40.0	47.1	56.0	68.1
36	25.5	26.0	26.5	27.3	28.6	30.7	32.3	34.5	37.9	41.2	48.6	57.7	70.1
37	26.4	26.8	27.4	28.3	29.6	31.6	33.3	35.6	39.0	42.4	50.0	59.4	72.1

续表

信道数 n	呼损率 B												
	1.0%	1.2%	1.5%	2%	3%	5%	7%	10%	15%	20%	30%	40%	50%
38	27.3	27.7	28.3	29.2	30.5	32.6	34.4	36.6	40.2	43.7	51.4	61.0	74.1
39	28.1	28.6	29.2	30.1	31.5	33.6	35.4	37.7	41.3	44.9	52.8	62.7	76.1
40	29.0	29.5	30.1	31.0	32.4	34.6	36.4	38.8	42.6	46.1	54.2	64.4	78.1
41	29.9	30.4	31.0	31.9	33.4	35.6	37.4	39.9	43.6	47.4	55.7	66.0	80.1
42	30.8	31.3	31.9	32.8	34.3	36.6	38.4	40.9	44.8	48.6	57.1	67.7	82.1
43	31.7	32.2	32.8	33.8	35.3	37.6	39.5	42.0	45.9	49.9	58.5	69.3	84.1
44	32.5	33.1	33.7	34.7	36.2	38.6	40.5	43.1	47.1	51.1	71.0	71.0	86.1
45	33.4	34.0	34.6	35.6	37.2	39.6	41.5	44.2	48.2	52.3	61.3	72.7	88.1
46	34.3	34.9	35.6	36.5	38.1	40.5	42.6	45.2	49.4	53.6	62.8	74.3	90.1
47	35.2	35.8	36.5	37.5	39.1	41.5	43.6	46.3	50.6	54.8	64.2	76.0	92.1
48	36.1	36.7	37.4	38.4	40.0	42.5	44.6	47.4	51.7	56.0	65.6	77.7	94.1
49	37.0	37.6	38.3	39.3	41.0	43.5	45.7	48.5	52.9	57.3	67.0	79.3	96.1
50	37.9	38.5	39.2	40.3	41.9	44.5	46.7	49.6	54.0	58.5	68.5	81.0	98.1
51	38.8	39.4	40.1	41.2	42.9	45.5	47.7	50.6	55.2	59.7	69.9	82.7	100.1
52	39.7	40.3	41.0	42.1	43.9	46.5	48.8	51.7	56.3	61.0	71.3	84.3	102.1
53	40.6	41.2	42.0	43.1	44.8	47.5	49.8	52.8	57.5	62.2	72.7	86.0	104.1
54	41.5	42.1	42.9	44.0	45.8	48.5	50.8	53.9	58.7	63.5	74.2	87.6	106.1
55	42.4	43.0	43.8	44.9	46.7	49.5	51.9	55.0	59.8	64.7	75.6	89.3	108.1
56	43.3	43.9	44.7	45.9	47.7	50.5	52.9	56.1	61.0	65.9	77.0	91.0	110.1
57	44.2	44.8	45.7	46.8	48.7	51.5	53.9	57.1	62.1	67.2	78.4	92.7	112.1
58	45.1	45.8	46.6	47.8	49.6	52.6	55.0	58.2	63.3	68.4	79.8	94.3	114.1
59	46.0	46.7	47.5	48.7	50.6	53.6	56.0	59.3	64.5	69.7	81.3	96.0	116.1
60	46.9	47.6	48.4	49.6	51.6	54.6	57.1	60.4	65.6	70.9	82.7	97.6	118.1
61	47.9	48.5	49.4	50.6	52.5	55.6	58.1	61.5	66.8	72.1	84.1	99.3	120.1
62	48.8	49.4	50.3	51.5	53.5	56.6	59.1	62.6	68.0	73.4	85.5	101.0	122.1
63	49.7	50.4	51.2	52.5	54.5	57.6	60.2	63.7	69.1	74.6	87.0	102.6	124.1
64	50.6	51.3	52.2	53.4	55.4	58.6	61.2	64.8	70.3	75.9	88.4	104.3	126.1
65	51.5	52.2	53.1	54.4	56.4	59.6	62.3	65.8	71.4	77.1	89.8	106.0	128.1
66	52.4	53.1	54.0	55.3	57.4	60.6	63.3	66.9	72.6	78.3	91.2	107.6	130.1
67	53.4	54.1	55.0	56.3	58.4	61.6	64.4	68.0	73.8	79.6	92.7	109.3	132.1
68	54.3	55.0	55.9	57.2	59.3	62.6	65.4	69.1	74.9	80.8	94.1	111.0	134.1

信道数 n	呼损率 B												
	1.0%	1.2%	1.5%	2%	3%	5%	7%	10%	15%	20%	30%	40%	50%
69	55.2	55.9	56.9	58.2	60.3	63.7	66.4	70.2	76.1	82.1	95.5	112.3	136.1
70	56.1	56.8	57.8	59.1	61.3	64.7	67.5	71.3	77.3	83.3	96.9	114.3	138.1
71	57.0	57.8	58.7	60.1	62.3	65.7	68.5	72.4	78.4	84.6	98.4	115.9	140.1
72	58.0	58.7	59.7	61.0	63.2	66.7	69.6	73.5	79.6	85.8	99.8	117.6	142.1
73	58.9	59.6	60.6	62.0	64.2	67.7	70.6	74.6	80.8	87.0	101.2	119.3	144.1
74	59.8	60.6	61.6	62.9	65.2	68.7	71.7	75.6	81.9	88.3	102.7	120.9	146.1
75	60.7	61.5	62.5	63.9	66.2	69.7	72.7	76.7	83.1	89.5	104.1	122.6	148.0
76	61.7	62.4	63.4	64.9	67.2	70.8	73.8	77.8	84.2	90.8	105.5	124.3	150.0
77	62.6	63.4	64.4	65.8	68.1	71.8	74.8	78.9	85.4	92.0	106.9	125.9	152.0
78	63.5	64.3	65.3	66.8	69.1	72.8	75.9	80.0	86.6	93.3	108.4	127.6	154.0
79	64.4	65.2	66.3	67.7	70.1	73.8	76.9	81.1	87.7	94.5	109.8	129.3	156.0
80	65.4	66.2	67.2	68.7	71.1	74.8	78.0	82.2	88.9	95.7	111.2	130.2	158.0
81	66.3	67.1	68.2	69.6	72.1	75.8	79.0	83.3	90.1	97.0	112.6	132.6	160.0
82	67.2	68.0	69.1	70.6	73.0	76.9	80.1	84.4	91.2	98.2	114.1	134.3	162.0
83	68.2	69.0	70.1	71.6	74.0	77.9	81.1	85.5	92.4	99.5	115.5	135.9	164.0
84	69.1	69.9	71.0	72.5	75.0	78.9	82.2	86.6	93.6	100.7	116.9	137.6	166.0
85	70.0	70.9	71.9	73.5	76.0	79.9	83.2	87.7	94.7	102	118.3	139.3	168.0
86	70.9	71.8	72.9	74.5	77.0	80.9	84.3	88.8	95.9	103.2	119.8	140.9	170.0
87	71.9	72.7	73.8	75.4	78.0	82.0	85.3	89.9	97.1	104.5	121.2	142.6	172.0
88	72.8	73.7	74.8	76.4	78.9	83.0	86.4	91.0	98.2	105.7	122.6	144.3	174.0
89	73.7	74.6	75.7	77.3	79.9	84.0	87.4	92.1	99.4	106.9	124.0	145.9	176.0
90	74.7	75.6	76.7	78.3	80.9	85.0	88.5	93.1	100.6	108.2	125.5	147.6	178.0
91	75.6	76.5	77.6	79.3	81.9	86.0	89.5	94.2	101.7	109.4	126.9	149.3	180.0
92	76.6	77.4	78.6	80.2	82.9	87.1	90.6	95.3	102.9	110.7	128.3	150.9	182.0
93	77.5	78.4	79.6	81.2	83.9	88.1	91.6	96.4	104.1	111.9	129.7	152.6	184.0
94	78.4	79.3	80.5	82.2	84.9	89.1	92.7	97.5	105.3	113.2	131.2	154.3	186.0
95	79.4	80.3	81.5	83.1	85.8	90.1	93.7	98.6	106.4	114.4	132.6	155.9	188.0
96	80.3	81.2	82.4	84.1	86.8	91.1	94.8	99.7	107.6	115.7	134.0	157.6	190.0
97	81.2	82.2	83.4	85.1	87.8	92.2	95.8	100.8	108.8	116.9	135.4	159.3	192.0
98	82.2	83.1	84.3	86.0	88.8	93.2	96.9	101.9	109.9	118.2	136.8	160.9	194.0
99	83.1	84.1	85.3	87.0	89.8	94.2	97.9	103.0	111.1	119.4	138.3	162.6	196.0
100	84.1	85.0	86.2	88.0	90.8	95.2	99.0	104.1	112.3	120.6	139.7	164.3	198.0

附录B

矩阵的奇异值分解

B.1 奇 异 值

矩阵分解是高等代数的一项内容，奇异值分解是矩阵分解的主要内容之一。在介绍奇异值分解的方法之前，首先对奇异值作初步了解。

设 $A \in C^{m \times n}$，将矩阵 $A^H A$ 的 n 个特征值记为 $\lambda_i (i=1,2,\cdots,n)$。称 λ_i 的算术平方根 $\sigma_i = \sqrt{\lambda_i} (i=1,2,\cdots,n)$ 为矩阵 A 的奇异值。

容易证明，矩阵 $A^H A$ 和矩阵 AA^H 均为半正定矩阵，并且它们的非零特征值相等。因此，通过矩阵 AA^H 特征值的算术平方根也可定义出矩阵 A 的非零奇异值。矩阵的奇异值最直接反映的是矩阵的秩，这是因为矩阵 A、$A^H A$ 和 AA^H 具有相同的秩，所以矩阵 A 的秩等于矩阵 A 非零奇异值的数目，该性质对于所有 $A \in C^{m \times n}$ 都成立。

有些矩阵因其特殊性，奇异值具有更多特性，下面分别介绍。

（1）正规矩阵的各奇异值等于该矩阵各特征值的模长。

证明　设 $A \in C^{n \times n}$ 为正规矩阵，其特征值为 $\xi_i (i=1,2,\cdots,n)$，则有酉矩阵 $U \in C^{n \times n}$，使

$$A = U \begin{bmatrix} \xi_1 & & & \\ & \xi_2 & & \\ & & \ddots & \\ & & & \xi_n \end{bmatrix} U^H \tag{B-1}$$

所以

$$A^H A = U \begin{bmatrix} |\xi_1|^2 & & & \\ & |\xi_2|^2 & & \\ & & \ddots & \\ & & & |\xi_n|^2 \end{bmatrix} U^H \tag{B-2}$$

上式表示矩阵 $\boldsymbol{A}^H\boldsymbol{A}$ 的特征值为 $|\xi_i|^2(i=1,2,\cdots,n)$，从而矩阵 $\boldsymbol{A}$ 的奇异值为

$$\sigma_i=\sqrt{|\xi_i|^2}=|\xi_i|, \quad i=1,2,\cdots,n \tag{B-3}$$

（2）正定 Hermite 矩阵的各奇异值等于该矩阵的各特征值。

证明 设 $\boldsymbol{A}\in\boldsymbol{C}^{n\times n}$ 为正定 Hermite 矩阵，其特征值为 $\xi_i(i=1,2,\cdots,n)$，则 $\xi_i\in\boldsymbol{R}^+$。又因为 Hermite 矩阵都是正规矩阵，所以 $\boldsymbol{A}$ 的奇异值为

$$\sigma_i=|\xi_i|=\xi_i, \quad i=1,2,\cdots,n \tag{B-4}$$

（3）酉等价（酉相似）矩阵的各奇异值对应相等。

证明 设矩阵 $\boldsymbol{A}$ 和矩阵 $\boldsymbol{B}$ 酉等价，则存在酉矩阵 $\boldsymbol{U}$ 和 $\boldsymbol{V}$，使 $\boldsymbol{B}=\boldsymbol{UAV}$，所以

$$\boldsymbol{B}^H\boldsymbol{B}=\boldsymbol{V}^H\boldsymbol{A}^H\boldsymbol{U}^H\boldsymbol{U}\boldsymbol{A}\boldsymbol{V}=\boldsymbol{V}^H\boldsymbol{A}^H\boldsymbol{A}\boldsymbol{V} \tag{B-5}$$

这意味着矩阵 $\boldsymbol{A}^H\boldsymbol{A}$ 与矩阵 $\boldsymbol{B}^H\boldsymbol{B}$ 酉等价，因此矩阵 $\boldsymbol{A}^H\boldsymbol{A}$ 和矩阵 $\boldsymbol{B}^H\boldsymbol{B}$ 的各特征值对应相等，从而矩阵 $\boldsymbol{A}$ 和矩阵 $\boldsymbol{B}$ 的各奇异值对应相等。

B.2 奇异值分解的存在性

对于任意矩阵，它的奇异值分解是否总是存在？下面给出一个定理来说明这一问题。

奇异值分解的存在性定理 设矩阵 $\boldsymbol{A}\in\boldsymbol{C}^{m\times n}$ 有 r 个非零奇异值，记为 $\sigma_i(i=1,2,\cdots,r)$ 且 $\sigma_1\geqslant\sigma_2\geqslant\cdots\geqslant\sigma_r>0$，它们构成的 r 阶对角矩阵记为 $\boldsymbol{D}=\mathrm{diag}(\sigma_1,\sigma_2,\cdots,\sigma_r)$。令 $m\times n$ 矩阵 $\boldsymbol{\Sigma}$ 具有如下的分块形式：

$$\boldsymbol{\Sigma}=\begin{bmatrix}\boldsymbol{D} & \boldsymbol{O}\\ \boldsymbol{O} & \boldsymbol{O}\end{bmatrix} \tag{B-6}$$

则存在酉矩阵 $\boldsymbol{U}\in\boldsymbol{C}^{m\times m}$，$\boldsymbol{V}\in\boldsymbol{C}^{n\times n}$，使

$$\boldsymbol{A}=\boldsymbol{U}\boldsymbol{\Sigma}\boldsymbol{V}^H \tag{B-7}$$

证明 因为 $\boldsymbol{A}^H\boldsymbol{A}$ 是 n 阶半正定 Hermite 矩阵矩阵，必存在 n 阶酉矩阵 $\boldsymbol{V}$，使

$$\boldsymbol{V}^H(\boldsymbol{A}^H\boldsymbol{A})\boldsymbol{V}=\begin{bmatrix}\sigma_1^2 & & & & & &\\ & \ddots & & & & &\\ & & \sigma_r^2 & & & &\\ & & & 0 & & &\\ & & & & \ddots & &\\ & & & & & 0\end{bmatrix}=\begin{bmatrix}\boldsymbol{D}^2 & \boldsymbol{O}\\ \boldsymbol{O} & \boldsymbol{O}\end{bmatrix} \tag{B-8}$$

上式右端为 $n\times n$ 矩阵。将 $\boldsymbol{V}$ 分块成

$$\boldsymbol{V}=\begin{bmatrix}\boldsymbol{V}_1 & \boldsymbol{V}_2\end{bmatrix} \tag{B-9}$$

式中：$\boldsymbol{V}_1\in\boldsymbol{C}^{n\times r}$，$\boldsymbol{V}_2\in\boldsymbol{C}^{n\times(n-r)}$。

因为 $\boldsymbol{V}$ 是酉矩阵，所以 $\boldsymbol{V}_1^H\boldsymbol{V}_1=\boldsymbol{I}_r$，$\boldsymbol{V}_2^H\boldsymbol{V}_2=\boldsymbol{0}$。由

$$\begin{bmatrix}\boldsymbol{V}_1^H\\ \boldsymbol{V}_2^H\end{bmatrix}(\boldsymbol{A}^H\boldsymbol{A})\begin{bmatrix}\boldsymbol{V}_1 & \boldsymbol{V}_2\end{bmatrix}=\begin{bmatrix}\boldsymbol{D}^2 & \boldsymbol{O}\\ \boldsymbol{O} & \boldsymbol{O}\end{bmatrix} \tag{B-10}$$

得到

$$V_1^{\mathrm{H}} A^{\mathrm{H}} A V_1 = D^2 \tag{B-11}$$

$$V_2^{\mathrm{H}} A^{\mathrm{H}} A V_2 = \boldsymbol{0}, \quad \text{即} \quad A V_2 = \boldsymbol{0} \tag{B-12}$$

另一方面

$$A = A V V^{\mathrm{H}} = A \begin{bmatrix} V_1 & V_2 \end{bmatrix} \begin{bmatrix} V_1^{\mathrm{H}} \\ V_2^{\mathrm{H}} \end{bmatrix} = A V_1 V_1^{\mathrm{H}} + A V_2 V_2^{\mathrm{H}} = A V_1 V_1^{\mathrm{H}} = A V_1 D^{-1} D V_1^{\mathrm{H}} \tag{B-13}$$

令 $U_1 = A V_1 D^{-1}$，$U_1 \in C^{m \times r}$，则 $A = U_1 D V_1^{\mathrm{H}}$，且

$$U_1^{\mathrm{H}} U_1 = D^{-1} V_1^{\mathrm{H}} A^{\mathrm{H}} A V_1 D^{-1} = D^{-1} D^2 D^{-1} = I_r \tag{B-14}$$

这样就能够将 U_1 扩展成酉矩阵 $U = \begin{bmatrix} U_1 & U_2 \end{bmatrix}$，并有

$$U \boldsymbol{\Sigma} V^{\mathrm{H}} = \begin{bmatrix} U_1 & U_2 \end{bmatrix} \begin{bmatrix} D & O \\ O & O \end{bmatrix} \begin{bmatrix} V_1^{\mathrm{H}} \\ V_2^{\mathrm{H}} \end{bmatrix} = \begin{bmatrix} U_1 D & O \end{bmatrix} \begin{bmatrix} V_1^{\mathrm{H}} \\ V_2^{\mathrm{H}} \end{bmatrix} = U_1 D V_1^{\mathrm{H}} = A \tag{B-15}$$

证毕。

这一定理给出的分解形式就是矩阵 A 的奇异值分解。

B.3 奇异值分解的方法

根据奇异值分解的存在性定理，任何矩阵都具有奇异值分解的形式。这里通过一个例子来说明奇异值分解的方法。

例 求矩阵 $A = \begin{bmatrix} 1 & 1 \\ 1 & -2 \\ 2 & 1 \end{bmatrix}$ 的奇异值分解。

解 第一步，计算奇异值。因为

$$A^{\mathrm{H}} A = \begin{bmatrix} 6 & 1 \\ 1 & 6 \end{bmatrix} \tag{B-16}$$

其特征值为 $\lambda_1 = 7$，$\lambda_2 = 5$，所以矩阵 A 的奇异值为 $\sigma_1 = \sqrt{7}$，$\sigma_2 = \sqrt{5}$。

第二步，得出对角矩阵 D 和后置酉矩阵 V。由 $A^{\mathrm{H}} A$ 的特征值得出对应的单位正交特征向量为

$$v_1 = \begin{bmatrix} \dfrac{1}{\sqrt{2}} \\ \dfrac{1}{\sqrt{2}} \end{bmatrix}, \quad v_2 = \begin{bmatrix} \dfrac{1}{\sqrt{2}} \\ -\dfrac{1}{\sqrt{2}} \end{bmatrix} \tag{B-17}$$

因而

$$D = \begin{bmatrix} \sqrt{7} & 0 \\ 0 & \sqrt{5} \end{bmatrix}, \quad V = \begin{bmatrix} v_1 & v_2 \end{bmatrix} = \begin{bmatrix} \dfrac{1}{\sqrt{2}} & \dfrac{1}{\sqrt{2}} \\ \dfrac{1}{\sqrt{2}} & -\dfrac{1}{\sqrt{2}} \end{bmatrix} \tag{B-18}$$

第三步，求前置酉矩阵 U。先求出

$$U_1 = AV_1 D^{-1} = \begin{bmatrix} 1 & 1 \\ 1 & -2 \\ 2 & 1 \end{bmatrix} \begin{bmatrix} \dfrac{1}{\sqrt{2}} & \dfrac{1}{\sqrt{2}} \\ \dfrac{1}{\sqrt{2}} & -\dfrac{1}{\sqrt{2}} \end{bmatrix} \begin{bmatrix} \dfrac{1}{\sqrt{7}} & 0 \\ 0 & \dfrac{1}{\sqrt{5}} \end{bmatrix} = \begin{bmatrix} \dfrac{2}{\sqrt{14}} & 0 \\ -\dfrac{1}{\sqrt{14}} & \dfrac{3}{\sqrt{10}} \\ \dfrac{3}{\sqrt{14}} & \dfrac{1}{\sqrt{10}} \end{bmatrix} \tag{B-19}$$

然后将矩阵 U_1 扩展成酉矩阵 $U = \begin{bmatrix} U_1 & U_2 \end{bmatrix}$，则有 $U_1^{\mathrm{H}} U_2 = \mathbf{0}$。设 $U_2 = \begin{bmatrix} x_1 \\ x_2 \\ x_3 \end{bmatrix}$，那么

$$\begin{bmatrix} \dfrac{2}{\sqrt{14}} & -\dfrac{1}{\sqrt{14}} & \dfrac{3}{\sqrt{14}} \\ 0 & \dfrac{3}{\sqrt{10}} & \dfrac{1}{\sqrt{10}} \end{bmatrix} \begin{bmatrix} x_1 \\ x_2 \\ x_3 \end{bmatrix} = \mathbf{0} \tag{B-20}$$

该线性方程组的通解为 $x = \begin{bmatrix} x_1' \\ x_2' \\ x_3' \end{bmatrix} = \begin{bmatrix} 5k \\ k \\ -3k \end{bmatrix}, k \in \mathbf{R}$。再将该通解向量的模长归一化，

得到单位向量

$$U_2 = \frac{x}{|x|} = \begin{bmatrix} \dfrac{5}{\sqrt{35}} \\ \dfrac{1}{\sqrt{35}} \\ -\dfrac{3}{\sqrt{35}} \end{bmatrix} \tag{B-21}$$

因此

$$U = \begin{bmatrix} U_1 & U_2 \end{bmatrix} = \begin{bmatrix} \dfrac{2}{\sqrt{14}} & 0 & \dfrac{5}{\sqrt{35}} \\ -\dfrac{1}{\sqrt{14}} & \dfrac{3}{\sqrt{10}} & \dfrac{1}{\sqrt{35}} \\ \dfrac{3}{\sqrt{14}} & \dfrac{1}{\sqrt{10}} & -\dfrac{3}{\sqrt{35}} \end{bmatrix} \tag{B-22}$$

第四步，归纳奇异值分解结果。将对角矩阵 D 以补零方式扩展成矩阵 Σ，使矩阵 Σ 与矩阵 A 的阶数一致，因而

$$\Sigma = \begin{bmatrix} \sqrt{7} & 0 \\ 0 & \sqrt{5} \\ 0 & 0 \end{bmatrix} \tag{B-23}$$

最后，得到矩阵 A 的奇异值分解形式为

$$A = U\Sigma V^{\mathrm{H}} = \begin{bmatrix} \dfrac{2}{\sqrt{14}} & 0 & \dfrac{5}{\sqrt{35}} \\ -\dfrac{1}{\sqrt{14}} & \dfrac{3}{\sqrt{10}} & \dfrac{1}{\sqrt{35}} \\ \dfrac{3}{\sqrt{14}} & \dfrac{1}{\sqrt{10}} & -\dfrac{3}{\sqrt{35}} \end{bmatrix} \begin{bmatrix} \sqrt{7} & 0 \\ 0 & \sqrt{5} \\ 0 & 0 \end{bmatrix} \begin{bmatrix} \dfrac{1}{\sqrt{2}} & \dfrac{1}{\sqrt{2}} \\ \dfrac{1}{\sqrt{2}} & -\dfrac{1}{\sqrt{2}} \end{bmatrix}^{\mathrm{H}} \tag{B-24}$$

解毕。

上例中的四步为求矩阵奇异值分解形式的一般步骤。如果读者希望检验上述方法掌握与否，不妨试试以下练习。

练习　求下列矩阵的奇异值分解：(1) $A_1 = \begin{bmatrix} 1 & 0 \\ 0 & 1 \\ 1 & 1 \end{bmatrix}$；(2) $A_2 = \begin{bmatrix} 1 & 0 & 0 \\ 2 & 0 & 0 \end{bmatrix}$。

答案　(1) $A_1 = \begin{bmatrix} \dfrac{1}{\sqrt{6}} & -\dfrac{1}{\sqrt{2}} & -\dfrac{1}{\sqrt{3}} \\ \dfrac{1}{\sqrt{6}} & \dfrac{1}{\sqrt{2}} & -\dfrac{1}{\sqrt{3}} \\ \dfrac{2}{\sqrt{6}} & 0 & \dfrac{1}{\sqrt{3}} \end{bmatrix} \begin{bmatrix} \sqrt{3} & 0 \\ 0 & 1 \\ 0 & 0 \end{bmatrix} \begin{bmatrix} \dfrac{1}{\sqrt{2}} & -\dfrac{1}{\sqrt{2}} \\ \dfrac{1}{\sqrt{2}} & \dfrac{1}{\sqrt{2}} \end{bmatrix}^{\mathrm{H}}$；

(2) $A_2 = \begin{bmatrix} \dfrac{1}{\sqrt{5}} & -\dfrac{2}{\sqrt{5}} \\ \dfrac{2}{\sqrt{5}} & \dfrac{1}{\sqrt{5}} \end{bmatrix} \begin{bmatrix} \sqrt{5} & 0 & 0 \\ 0 & 0 & 0 \end{bmatrix} \begin{bmatrix} 1 & 0 & 0 \\ 0 & 1 & 0 \\ 0 & 0 & 1 \end{bmatrix}^{\mathrm{H}}$。

附录C

人工智能基础

C.1　智能和人工智能

　　智能是对自然智能的简称。从生理角度看,智能是中枢神经系统的信号加工过程及产物;从心理角度看,智能是智力和能力的总称,其中智力侧重于认知,能力侧重于活动。按照认知科学的观点,智能所包含的能力主要包括感知能力、记忆和思维能力、学习和自适应能力、行为能力四个方面。

　　在人工智能的发展过程中,本领域的学者对它的理解各有不同。综合各种人工智能观点,可以从"能力"和"学科"两方面对人工智能进行定义。从能力的角度看,人工智能是指用人工的方法在机器上实现的智能;从学科的角度看,人工智能是一门研究如何构造智能机器或智能系统,使其能模拟、延伸和扩展人类智能的学科。

C.2　人工智能的不同学派

　　由于智能问题的复杂性,具有不同学科背景或不同研究应用领域的学者,在从不同角度、用不同方法、沿着不同途径对人工智能本质进行探索的过程中,逐渐形成了符号主义、连接主义和行为主义三大学派。

　　从理论上,符号主义认为:认知的基元是符号,认知过程就是符号运算过程;智能行为的充要条件是物理符号系统,人脑、计算机都是物理符号系统;智能的基础是知识,其核心是知识表示和知识推理;知识可用符号表示,也可用符号进行推理,因而可以建立基于知识的人类智能和机器智能的统一的理论体系。从研究方法上,符号主义主张:人工智能的研究应采用功能模拟的方法,即通过研究人类认知系统的功能和机理,再用计算机进行模拟,从而实现人工智能。

从理论上,连接主义认为:思维的基元是神经元而不是符号,思维过程是神经元的连接活动过程而不是符号运算过程;反对符号主义关于物理符号系统的假设,认为人脑不同于计算机;提出连接主义的人脑工作模式以取代符号主义的计算机工作模式。从研究方法上,连接主义主张:人工智能研究应采用结构模拟的方法,即着重于模拟人类神经网络的生理结构;功能、结构与智能行为是密切相关的,不同的结构表现出不同的智能行为。

从理论上,行为主义认为:智能取决于感知和行动,不需要知识、表示或推理;人工智能可以像人类智能那样逐步进化,智能只有在现实世界中通过与周围环境的交互作用才能表现出来。从研究方法上,行为主义主张:人工智能研究应采用行为模拟的方法;功能、结构和智能行为是不可分的,不同的行为表现出不同的功能和不同的控制结构。

C.3　人工智能的技术特征

人工智能有其独特的技术特征,主要表现在以下几个方面。

1. 利用搜索

人工智能技术常常要使用搜索来补偿知识的不足。人们在遇到从未经历过的问题时,由于缺乏经验知识,不能快速地解决它,但往往采用尝试-检验的方法,即凭借人们的常识性知识和领域专业知识对问题进行试探性地求解,逐步解决问题直到成功。这就是人工智能问题求解的基本策略中的生成-测试法,用于指导在问题状态空间中的搜索。

2. 利用知识

知识在求解问题的过程中发挥着重要作用,但知识体系非常庞大,难以精确表达且经常变化,因此有人认为人工智能技术就是一种开发知识的方法。另外,知识还具有不完全性和模糊性,因而对于知识的处理必须能抓住一般性,能够被提供和接受知识的人所理解,易于修改且能通过搜索技术缩小要考虑的范围。知识可以指导搜索,修剪不合理的搜索分支,从而减少问题求解的不确定性以大幅减少状态空间的搜索量。

3. 利用抽象

借助抽象可将待处理问题中的重要特征和变式与大量非重要特征和变式区分开来,使对知识的处理变得更加有效和灵活。人工智能技术利用抽象还表现在人工智能程序中采用陈述性的知识表示方法,这种方法把知识当作一种特殊的数据来处理,在程序中只是把知识之间的联系表达出来,与知识的处理分开。这样,知识将十分清晰、明确并易于理解。用户往往只需陈述"是什么问题""要做什么",而把"怎么做"留给人工智能程序来完成。

4. 利用推理

基于知识表示的人工智能程序主要利用推理在形式上的有效性,亦即在问题求解过程中智能程序所使用知识的方法和策略较少依赖于知识的具体内容。因此,通常的人工智能程序系统中都采用推理机制与知识相分离的体系结构,这种结构从模拟人类思维的一般规律出发来使用知识。目前,人工智能工作者已研究出各种逻辑推理、似然推理、定性推理、模糊推理、非精确推理、非单调推理和次协调推理等各种更为有效的推理技术和控制策略，它为人工智能的应用开辟了广阔的前景。

5. 利用学习

人工智能的研究认识到人的智能表现在人能学习知识，能了解、运用已有的知识并学习新的知识。要让计算机"聪明"起来，首先要解决计算机如何学会一些必要知识，以及如何运用学到的知识来解决问题。仅对一般事物的思维规律进行探索不可能解决较高层次的问题。人工智能研究的开展改变为以知识为中心来进行，而这种知识不是完全靠人的灌输来完成，而是通过学习来积累。

6. 遵循有限合理性原则

人工智能要求解的问题大多是在一个组合爆炸的空间内搜索，因此有限合理是人工智能技术遵循的原则之一，即在一定的约束条件下制定尽可能好的决策，尽管这样制定决策具有一定的随机性，且往往不是全局最优的。

附录D

紫蜂应用实例

D.1 物联网与传感器网络

从公众的视角看,物联网(Internet of Things)是一个基于互联网、传统电信网等信息载体,让所有能够被独立寻址的普通物理对象实现互联互通的网络。关于物联网的定义,目前学术界仍未形成统一的说法,不过对物联网的三个基本特征已大致达成共识——全面感知、可靠传输和智能处理。全面感知指利用传感器网络、射频识别等随时随地获取对象信息;可靠传输指通过各种通信网络与互联网的融合来实现对信息实时、准确地传输;智能处理指利用云计算、模糊识别等各种智能计算技术对海量的数据进行分析和处理,从而对物体实施智能化的控制。

传感器网络和射频识别是物联网的起源,其中传感器网络又大量应用了短距离移动通信技术,与紫蜂传输关系密切。在 20 世纪中叶,与传感器网络相关的研究工作起步于传感器节点平台的研制,随后以应用为驱动扩展到网络通信协议、数据信息处理等研究领域,目前已经在数据信息的采集、处理、传输、应用等方面取得了相当的技术成果并积累了宝贵经验。从技术和应用两方面的经验总结来看,传感器网络最显著的技术特征和最重要的应用目标是感知现实物理世界。

传感器网络的移动通信部分继承于传统通信网络,因此传统通信网络中遇到的问题在传感器网络的设计中同样存在,如无线信道的多径衰落问题、信道带宽和发射功率限制问题等。此外,还有一些要求是传感器网络所特有的,例如:

(1)传感器节点的体积较小,因此要求无线收发模块的尺寸也较小,以便安装在限定的空间内;同时它的传输能力和通信范围有限。

(2)因为传感器节点的布设数量大,在实际场景中有较大冗余,所以要求无线收发模块的成本较低,对单个节点的通信可靠性要求可适当降低。

(3)在部分应用场景中,传感器网络的拓扑结构变化很频繁,并经常应用广播和多播通信,这就要求网络的无线收发技术能够与上层协议紧密配合,以降低信息传输的功耗。

基于上述考虑,传感器网络中的无线传输模块在设计上的复杂度不能太高。在通信技术的选择上,信息传输特性和实现的复杂度是两个重点考虑的因素,有时需要根据应用需求作适当折中。理论上传感器网络可以依托 CDMA、LTE 等移动通信系统,也可以使用蓝牙、紫蜂、无线局域网之类的短距离通信技术。在这些可选技术中,紫蜂以其低功耗、低成本、短延时的优势获得传感器网络设计者和用户的青睐,具有最广的应用面。

下面选取部分实例说明紫蜂在实际传感器网络中的应用情况。

D.2 智能农业系统实例

智能农业系统是指通过在温室大棚中布设温度/湿度传感器、二氧化碳浓度传感器、土壤水分传感器、光照传感器、风向传感器、风速传感器等环境信息采集设备,实时采集大棚温度、湿度、二氧化碳浓度、光照强度、风向、风速及土壤湿度等环境参数,并将所采集的信息通过通信网络上传到上层监控平台,经过分析、处理后,可利用移动智能终端或计算机实时监控温室大棚的情况,并可对排风扇、水泵、喷头、遮阳帘、补光灯、加热灯等可执行设备进行远程操控(参见插图十二)。智能农业系统的空间架构如图 D-1 所示。

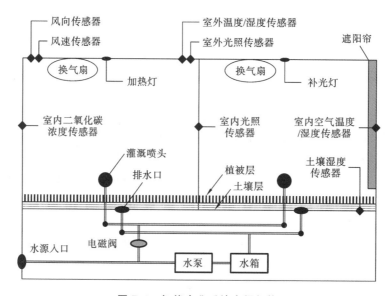

图 D-1　智能农业系统空间架构

根据物联网行业的整体架构,本系统由应用层、传输层、感知层这三个层次构成。

(1)应用层:智能农业系统采用物联网应用开发平台作为应用和管理平台。用户可通过电脑上的平台实现智能农业的实时监控、远程监控、节点管理、信息管理、可控设备管理等功能。

(2)传输层:系统可通过有线和无线的通信网络,将感知层中的终端机采集的数据上传到应用层,同时将应用层的指令下发给感知层中的设备,作为中间数据交互的承载体。

(3)感知层:主要包含排风扇、喷头、加热灯、遮阳帘、传感器等设备,通过传感器采集环境信息并通过通信网络层上传给平台;通过接收上层下发的控制命令,可实现对排风扇、喷头、遮阳帘、加热灯等设备的控制。

考虑到农业场景中的温度、湿度及土壤环境对有线传输线路的侵蚀和风化作用,这里的传输层应用了紫蜂无线传输技术。从各传感器到用户端,再从用户端到执行操作的设备,都安装了紫蜂收发模块,传感信息和控制信息均以无线信号方式传输。农业场景中紫蜂天线及内部模块加以适当的防护,可有效运行很长时间,并且在电力不足时能够很方便地更换紫蜂的内置电源。

D.3　智能家居系统实例

智能家居是以住宅为平台,兼备网络通信、信息家电和设备自动化,集系统、结构、服务、管理为一体的智能化控制系统,可满足实现高效、舒适、安全、便利、环保的人文居住环境。随着家居智能化的快速兴起,现代家居中的监视、安防、管理及控制等更多的功能被集成应用,从而使得家庭安防到家居的灯光、电器等的智能控制系统越来越多。在满足不断增长的功能需求的同时,提高系统的集成度,进一步提升系统的性价比,使安装及维护工作更为简单化,并能保证很好的灵活性,是现代家居智能化的发展趋势。

根据物联网行业的整体架构,智能家居系统由平台和业务层、通信网络层、终端和传感网层这三个层次构成。

(1)平台和业务层:以物联网应用开发平台作为智能家居系统应用和管理的平台,本层主要包括实时监控、远程控制、智能控制、节点管理、报警管理、信息管理等功能。

(2)通信网络层:系统可通过无线网及以太网等通信网络,将终端和传感网层中的节点设备采集的数据上传到平台和业务层,同时将平台的控制指令下发给终端和传感网层中的传感器节点、家居控制器等设备。

(3)终端和传感网层:主要包含信息采集设备和可控设备,通过传感器节点、射频识别读写器等信息采集设备采集信息,并通过通信网络层上传给平台;通过家居控制器、全视角红外遥控器等设备接收上层下发的控制命令,可实现对家电、门窗等设备的控制。

虽然智能家居系统在平台和业务层的数据收发上可使用公共移动通信网(如 CDMA 网络),但信息采集和控制终端的数据传输普遍采用紫蜂传输。家居环境很适宜紫蜂设备的运行和保养,同时紫蜂设备低功耗、低辐射的特性又能满足健康的家居环境需求。智能家居室内布置的温度传感器、热释电传感器、全视角红外遥控器、窗帘控制器以及传感网关等都是紫蜂模块的典型应用场景。

智能家居系统的网络架构如图 D-2 所示,该架构由以下六部分组成。

(1)物联网应用开发平台:作为智能家居系统的支撑平台,物联网应用开发平台是一个集成的部署、测试、开发环境,具有完善的业务接入系统、业务处理系统、数据库管理系统和高效的运营支撑系统,提供基础数据配置、传感网节点通信和设备控制接口,实现与传感网节点信息交换、智能化跟踪、监控和管理等功能,并且提供丰富的公共开发包和分

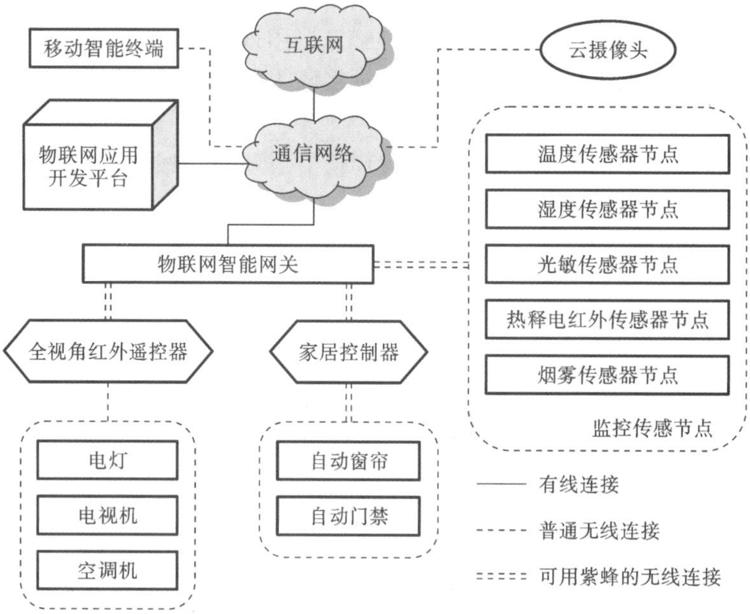

图 D-2　智能家居的网络架构

布式环境,具备强大的物联网应用二次开发能力,可以快速构建新的物联网应用。用户可通过电脑、移动终端上的平台实现智能家居的实时监控、智能控制及远程控制等功能。

(2)物联网智能网关:作为通信网和传感网之间的网关,物联网智能网关一方面负责接收节点上传的数据,并通过通信网络转发到上层物联网应用开发平台,如果节点上传的数据超过了设定的阈值,智能网关可通过板载发射装置发送信息到用户终端上触发警报;另一方面接收平台的控制指令并下发给节点设备,实现对节点、家电、门窗等设备的控制。

(3)云摄像头:云摄像头是基于云计算、云监控、云存储平台基础上的高清无线网络摄像头,无需连接电脑即可独立运作,可在任何地方通过电脑、移动终端经由网络使用浏览器或客户端软件实时监控家居情况。

(4)传感器节点:作为传感网中的核心设备,传感器节点一方面可灵活嵌入各种不同的传感器采集真实的家居信息,并通过板载紫蜂模块上传到物联网商用网关进行分析和处理;另一方面接收来自物联网商用网关对传感网节点的控制命令。

(5)全视角红外遥控器:作为电视、空调等家电的控制器,全视角红外遥控器集成了紫蜂、红外等模块,具有红外自我学习能力,通过接收物联网商用网关的控制命令,转换为相应的红外码,可实现对家电设备的统一控制。

(6)家居控制器:家居控制器集成了紫蜂、继电器等模块,通过接收物联网商用网关的控制命令,实现对窗帘、门禁等设备的控制。

应用紫蜂传输的智能家居可从两个方面进行系统升级:一是改进传输网络,采用更高效的组网方式和更低损耗的无线传输;二是增添传感应用,安装传感器及配套的紫蜂传输模块到更多类别的家居设备上,提升整个家居的智能度。

参 考 文 献

[1] 杨波,周亚宁.大话通信——通信基础知识读本[M].北京:人民邮电出版社,2009.

[2] 啜钢,王文博,常永宇,等.移动通信原理与系统[M].4 版.北京:北京邮电大学出版社,2019.

[3] 高翟.移动通信系统中的干扰控制研究[D].武汉:华中科技大学,2012.

[4] 郭俊强,李成.移动通信[M].北京:北京大学出版社,2008.

[5] Andrea Goldsmith. Wireless Communication[M]. Cambridge:Cambridge University Press,2005.

[6] 李建东,郭梯云,邬国杨.移动通信[M].5 版.西安:西安电子科技大学出版社,2021.

[7] 周康林,丁奇,阳桢.大话移动通信[M].2 版.北京:人民邮电出版社,2021.

[8] 广州杰赛通信规划设计院. LTE 网络规划设计手册[M].北京:人民邮电出版社,2013.

[9] 陈运,陈新,陈伟建.信息论与编码[M].4 版.北京:电子工业出版社,2023.

[10] Alan V. Oppenheim. Signals and Systems [M]. 2nd ed. New Jersey: Prentice-Hall,1997.

[11] Charles K. Alexander, Matthew N. O. Sadiku. Fundamentals of Electric Circuits [M]. New York:McGraw-Hill Companies,2000.

[12] David Tse, Pramod Viswanath. Fundamentals of Wireless Communication[M]. Cambridge:Cambridge University Press,2005.

[13] 黄载禄,殷蔚华,黄本雄.通信原理[M].北京:科学出版社,2007.

[14] Simon Haykin. Communication Systems[M].4th ed. New Jersey:John Wiley & Sons,2003.

[15] William A. Shay. Understanding Data Communications and Networks [M]. 3rd ed. NewYork:Thomson Learning,2004.

[16] 丁奇.大话无线通信[M].北京:人民邮电出版社,2010.

[17] 谢大雄,朱晓光,江华.移动宽带技术-LTE [M].北京:人民邮电出版社,2012.

[18] 陈宇恒,肖竹,王洪.LTE 协议栈与信令分析[M].北京:人民邮电出版社,2013.

[19] Erik Dahlman, Stefan Parkvall, Johan Sköld. 4G LTE/LTE-Advanced for Mobile Broadband [M]. New York:Elsevier Limited,2011.

[20] 胡金玲,陈山枝,王映民.LTE 移动通信术语与缩略词词典[M].北京:人民邮电出版社,2013.

[21] 同济大学应用数学系.矩阵分析[M].上海:同济大学出版社,2005.

[22] 杨明,刘先忠.矩阵论[M].武汉:华中科技大学出版社,2003.

［23］喻宗泉.蓝牙技术基础[M].北京:机械工业出版社,2006.

［24］金纯,罗祖秋,罗凤,等.ZigBee 技术基础及案例分析[M].北京:国防工业出版社,2008.

［25］马建.物联网技术概论[M].2 版.北京:机械工业出版社,2014.

［26］Stephen Wood, Roberto Aiello. Essentials of UWB[M]. Cambridge: Cambridge University Press, 2008.

［27］陈鹏.5G 关键技术与系统演进[M].北京:机械工业出版社,2016.

［28］罗锋华,李翔,汪波.5G 网络概述[M].北京:电子工业出版社,2020.

［29］刘毅,刘红梅,张阳,等.深入浅出 5G 移动通信[M].北京:机械工业出版社,2019.

［30］王映民,孙韶辉,高秋彬.5G 传输关键技术[M].北京:电子工业出版社,2017.

［31］Fa-long Luo, Charlie Zhang. Singal Processing for 5G[M]. New Jersey: John Wiley & Sons, 2016.

［32］周才健,陈慧鹏,屠宇飞,等.5G＋机器视觉实践与应用[M].北京:电子工业出版社,2021.

［33］郑凤.6G 潜在关键技术(上册)[M].北京:电子工业出版社,2022.

［34］郑凤.6G 潜在关键技术(下册)[M].北京:电子工业出版社,2022.

［35］张平,李文璟,牛凯,等.6G 需求与愿景[M].北京:人民邮电出版社,2021.

［36］Wen Tong, Peiying Zhu. 6G: The Next Horizon from Connected People and Things to Connected Intelligence[M]. Cambridge: Cambridge University Press, 2021.

［37］廖建新,王晶,王敬宇,等.6G 网络按需服务关键技术[M].北京:人民邮电出版社,2021.

［38］王万森.人工智能原理及其应用[M].4 版.北京:电子工业出版社,2018.

［39］朱福喜.人工智能[M].3 版.北京:清华大学出版社,2017.